计算机学科研究生系列教材

最优化理论与智能算法

魏静萱 ◎ 著

U0227859

清華大學出版社
北京

内容简介

智能算法是一类直接的、随机搜索的优化方法，它是基于模拟自然界的生物现象而产生的一类新型优化方法。本书在介绍优化理论的基础上，着重介绍求解复杂工程优化模型的新智能算法。

本书共有12章，第1～2章着重介绍智能算法的现状及最优化理论的基本概念；第3章着重介绍几种求解单目标约束优化问题的新型智能算法；第4～5章介绍求解多目标优化问题的粒子群算法及仿真实验；第6～9章着重讨论当优化问题维度变大时如何解决高维多目标优化问题；第10～11章讨论了复杂双层优化及其在视频服务器部署中的应用；第12章分析本书所用核心算法即粒子群优化算法的参数设计。

本书可作为计算机类各专业、运筹学专业和管理学科各专业研究生的教材，也可供相关科研人员和工程技术人员参考。

图书在版编目(CIP)数据

最优化理论与智能算法/魏静萱著. —北京：清华大学出版社，2024.4
计算机学科研究生系列教材
ISBN 978-7-302-66069-9

Ⅰ. ①最… Ⅱ. ①魏… Ⅲ. ①最佳化理论－研究生－教材 ②最优化算法－研究生－教材 Ⅳ. ①O242.23

中国国家版本馆CIP数据核字(2024)第072574号

责任编辑：白立军
封面设计：杨玉兰
责任校对：郝美丽
责任印制：宋 林

出版发行：清华大学出版社
网　　址：https://www.tup.com.cn，https://www.wqxuetang.com
地　　址：北京清华大学学研大厦A座　　**邮　　编**：100084
社 总 机：010-83470000　　**邮　　购**：010-62786544
投稿与读者服务：010-62776969，c-service@tup.tsinghua.edu.cn
质量反馈：010-62772015，zhiliang@tup.tsinghua.edu.cn
课件下载：https://www.tup.com.cn，010-83470236
印 装 者：三河市龙大印装有限公司
经　　销：全国新华书店
开　　本：185mm×260mm　　**印　　张**：11.25　　**字　　数**：274千字
版　　次：2024年5月第1版　　**印　　次**：2024年5月第1次印刷
定　　价：59.00元

产品编号：085033-01

前言

随着计算机科学的迅猛发展，利用计算机通过新的计算模型和方法解决过去一些无法解决的难题已经成为可能，而且新的计算模型和方法还在不断涌出。最优化理论与智能算法就是在这种背景下产生的一种模拟生物进化过程的新型计算模型和方法。

早在20世纪40年代，就有学者开始研究如何利用计算机模拟生物进化过程。到了20世纪60年代，美国密歇根大学的Holland教授及其学生们发展了一种模拟生物遗传和进化机制的随机优化技术——遗传算法。与此同时，20世纪60—70年代，Rechenberg和Schwefel教授独立发展了智能算法的另一个分支——进化策略；Fogel教授等提出智能算法的第三个分支——进化规划；20世纪90年代，Koza教授等提出了智能算法的第四个分支——遗传程序设计。此后，智能算法的研究引起了国内外学者的广泛关注和重视。

近年来，智能算法已被成功应用于工业、经济管理、交通运输、工业设计等不同领域，解决了许多有价值的实际问题，如可靠性优化、流水车间调度、作业车间调度、机器调度、设备布局设计、图像处理及数据挖掘等，但新的应用问题不断出现，已有的算法和理论还不能完全满足解决这些应用问题的需要，故有必要对智能算法及其优化模型进行深入的研究。

本书试图从优化理论与智能方法及其应用几个方面系统介绍优化方法的主要特点、基本原理以及已有的典型算法和理论，同时重点介绍一些新的优化算法及相关理论，希望对相关领域的研究生和科技工作者有所帮助。

书中的彩图和有颜色的表都在旁边附有二维码，可扫描二维码查看。

由于作者水平有限，书中不妥之处在所难免，敬请专家和读者批评指正，作者将不胜感激。

魏静萱

2024年4月

目 录

第 1 章 绪论

本章主要是用智能优化技术——智能算法(intelligent algorithm,EA)来有效地处理单目标和多目标优化问题。本章首先介绍智能算法产生的背景,介绍智能算法的现状与研究发展。其次介绍单目标和多目标优化问题的数学描述及相关概念、智能算法的研究现状。最后介绍本文的主要内容及结构安排。

1.1 引言

近 30 年来,人们从不同的角度对生物系统及其行为特征进行了模拟,产生了一些对现代科技发展有重大影响的新兴学科。对自然界中动、植物免疫机理的模拟产生了免疫算法;对自然界中生物智能机制的模拟产生了进化计算(evolutionary computation,EC)。

进化计算最初有三大分支:遗传算法(genetic algorithm,GA,由 J. H. Holland 于 1975 年提出)、进化规划(evolutionary programming,EP,由 L. J. Fogel 等于 1966 年提出)和进化策略(evolutionary strategy,ES,由 I. Rechenberg 于 1973 年提出)。20 世纪 90 年代初,在遗传算法的基础上又形成了一个分支:遗传程序设计(genetic programming,GP,由 J. Koza 于 1990 年提出)。虽然这几个分支在算法实现方面有一些差异,但是这些差异正在逐渐缩小,它们的一个共同特点是借助生物智能的思想和原理来解决实际问题。

近年来,粒子群算法(particle swarm optimization,PSO,由 Kennedy 和 Eberhart 等于 1995 年提出)是继蚁群算法之后提出的又一种新型智能计算技术。其基本思想来源于对鸟类社会模型的研究及行为模拟。群体中的鸟被抽象为没有质量和体积的"粒子",通过这些粒子的相互协作和信息共享,其运动速度受到自身和群体的历史运动状态信息的影响,能较好地协调粒子本身和群体运动之间的关系,在复杂的解空间中寻找到最优解。粒子群算法被提出后,由于其概念简明,实现方便,在短期内迅速得到了国际智能计算研究领域的认可,并在算法实现模式及应用领域得到很大的发展。目前一般将粒子群算法归纳到智能算法。

本章主要研究了智能算法在单目标和多目标优化问题中的应用。下面对智能算法的现状与发展做一简单回顾。

1.2 智能算法的现状

智能计算是指以智能原理为仿真依据,在计算机上实现的具有智能机制的算法和程序。目前,智能计算侧重于算法的研究,因此,有时也称为智能算法,若由性质来区分,现有的智能算法可细分为如下几种。

(1) 最具有代表性的遗传算法。

(2) 侧重于数值分析的智能策略。

(3) 介于数值分析与人工智能间的智能规划。

(4) 偏向于智能的自组织和系统动力学特性的智能动力学。

(5) 偏向以程序表现人工智能行为的遗传程序设计。

(6) 适应动态环境学习的分类系统。

(7) 用于观察复杂系统交互的各种生态模拟系统。

(8) 研究人工生命的元胞自动机。

(9) 模拟蚂蚁群体行为的蚁元系统。

智能算法是一种基于自然选择和遗传变异等生物智能机制的全局性概率搜索算法，其求解的一般过程包括以下步骤。

(1) 随机给定一组初始解。

(2) 评价当前这组解的性能。

(3) 根据(2) 的评价结果，从当前解中选择一定数量的解作为基因操作对象。

(4) 对所选择的基因进行操作(交叉、变异)，得到一组新的解。

(5) 返回(2)，对该组新的解进行评价。

(6) 若当前解满足要求或智能达到一定的代数，计算结束，否则转向(3) 继续进行。

与其他搜索技术(如梯度搜索技术、随机搜索技术、启发式搜索技术和枚举技术)相比，智能算法具有以下特点。

(1) 智能算法的搜索过程是从一群初始点开始搜索，而不是从单一的初始点开始搜索。这样，其获得全局最优解的概率大大提高了。

(2) 智能算法使用的是目标函数的评价信息，其具有良好的普适性。

(3) 智能算法具有显著的隐式并行性。

(4) 智能算法具有很强的鲁棒性。

目前，智能算法作为一种具有自适应调节功能的寻优技术，其独特的性能已在众多领域内获得了成功的应用，着重用于解决结构性优化、非线性优化、并行计算等复杂问题。其中，遗传算法的研究最为深入、持久，应用面也最广。下面介绍几种典型的智能算法。

1. 智能策略

20 世纪 60 年代初，柏林工业大学学生 L. Rechenberg 和 H. P. Schwefel 等在进行风洞实验时，由于设计中描述物体形状的参数难以用传统的方法进行优化，因而利用生物变异的思想来随机改变参数的数值，获得了较好的效果。随后，他们对这种方法进行了深入的研究和发展，形成了智能计算的另一个分支——智能策略。

Schwefel 于 1977 年提出了$(\mu+\lambda)$-ES 和 (μ,λ)-ES，其基本做法是：种群内含有 μ 个个体，随机选取一个个体进行变异，然后取代种群中最差的个体。假设组成智能种群的每个个体有两部分组成，其中一部分是可以连续取值的向量，另一部分是一个微小的变动量。这个变动量由步长 $\sigma\in\mathbf{R}^n$(正态分布的标准差)和回转角 $\alpha\in\mathbf{R}^{n(n-1)/2}$(正态分布的协方差)组成的，它们可以来调整对个体进行变异操作时变异量的大小与方向。因此，种群中的每

个个体 $\boldsymbol{X}$ 可表示为 $\boldsymbol{X}=\{x,\sigma,\alpha\}$，这样，对于每个个体，它就是空间 I 中的一个点，即 $\boldsymbol{X}\in I=\mathbf{R}^{n+n(n-1)/2+n}$，一般情况下可以不考虑回转角这个参数，则有 $\boldsymbol{X}\in I=\mathbf{R}^{2n}$，此时种群中的每个个体可表示为 $\boldsymbol{X}=\{x,\sigma\}$。在智能策略中，变异操作是产生新个体的一种主要方法，而交叉操作只是一种辅助的搜索运算。在智能策略中，选择操作是按一种确定的方式进行。目前智能策略中所适应的选择操作主要有两类：一类根据种群内的 μ 个个体产生 λ 个个体（用交叉和变异），然后将这 $\mu+\lambda$ 个个体进行比较，从中选取 μ 个最优者。这类方法记为 $(\mu+\lambda)$ 选择。另一类是在新产生的 λ 个个体中选取 μ 个最优者，将它们保留到子代种群中，这类方法记为 (μ,λ) 选择。将这两种智能策略进行比较，$(\mu+\lambda)$-ES 较好地继承了父代的优良特性，收敛性好，但是易于陷入局部最小。(μ,λ)-ES 则易于跳出局部最小，但由于放弃了上一代的结果，所以收敛较慢。

智能策略的主要特点有以下两方面。

(1) 智能策略是直接在解空间上进行操作，它强调智能过程中从父代到后代行为的自适应和多样性；遗传算法要将原问题的解映射到位串空间中，然后再实施遗传操作，它强调个体基因结构的变化对其适应度的影响。

(2) 智能策略中的各个个体的适应度直接取自它所对应的目标函数，选择操作是按照确定的方式来进行的，每次从种群中选择最好的若干个体，将它们保留到下一代的种群中；另外，个体的变异运算是智能策略的主要的搜索技术，而个体之间的交叉只是作为辅助搜索技术。这些均与遗传算法不同。

2. 智能规划

智能规划的基本思想也源于对自然界中生物智能的一种模仿，其技术构成与智能策略的构成相类似。此方法最初由 L. J. Forgel 等在 20 世纪 60 年代提出，20 世纪 90 年代，D. B. Forgel借助智能策略方法对智能规划进行了发展，并在数值优化及人工神经网络的训练等问题的应用中获得了成功。与遗传算法和智能策略不同的是，智能规划是从整体的角度出发来模拟生物智能过程，它着眼于整个种群的智能，强调的是物种智能的过程。所以在智能过程中不使用个体交叉之类的遗传操作，个体的变异操作是唯一的一种最优个体搜索方法，这是该算法的独特之处。

智能规划的基本思想也是源于对自然界中生物智能过程的一种模仿。其构成与智能策略相似。在智能规划中搜索空间是一个 n 维空间，与此相对应，搜索点就是一个 n 维向量。算法中组成智能种群的每一个个体 $\boldsymbol{X}$ 就直接用这个 n 维向量表示：$\boldsymbol{X}=\boldsymbol{x}\in\mathbf{R}^{n}$。个体适应度 $F(\boldsymbol{X})$ 是由它所对应的目标函数 $f(\boldsymbol{X})$ 通过某种比例转化而得到。

与遗传算法和智能策略不同的是，智能规划是从整体角度出发来模拟生物智能过程的，它着眼于整个种群的智能。所以在智能规划中不使用交叉之类的遗传操作，个体的变异操作是唯一的最优个体搜索方法。

在智能规划中，选择操作是按照一种随机竞争的方式进行的，其基本做法类似于遗传算法中的排序选择。首先将 μ 个个体 $P(t)$ 和经过一次变异运算后产生的 μ 个子代 $P'(t)$ 合并在一起，组成一共含 2μ 个个体的集合 $\{P(t)\cup P'(t)\}$，对这个集合中的每个个体 $\boldsymbol{X}_k$，再从这个集合中随机选择 q 个个体，比较这 q 个个体与 $\boldsymbol{X}_k$ 之间的适应度大小，以其中适应度比 $\boldsymbol{X}_k$ 的适应度高的个体的数目作为 $\boldsymbol{X}_k$ 的得分 W_k，最后对这 2μ 个个体按降序排列，选择前 μ 个个体组成智能过程中的新一代种群。

与遗传算法和智能策略相比，智能规划有如下特点。

(1) 智能规划对生物智能过程的模拟主要着眼于物种的智能过程，算法中不使用个体交叉算子，而主要依靠变异操作。

(2) 智能规划中的选择运算着重于种群中各个体之间的竞争，当竞争数目较大时，这种选择也就类似于智能策略中的确定选择过程。

(3) 智能规划直接以问题的可行解作为个体的表现形式，无须再对个体进行编码处理，也无须再考虑随机扰动因素对个体的影响，因而便于应用。

(4) 智能规划以 n 维实数空间上的优化问题为主要处理对象。

3. 遗传程序设计

自计算机出现以来，计算机科学的一个重要目标就是让计算机自动进行程序设计，即只要明确地告诉计算机要解决的问题，而不需要告诉它如何去做。遗传程序设计引入自定义函数及动态程序复用方法，为这一问题的解提供了另一种可能的回答。遗传程序设计的思想是 Stanford 大学的 J. R. Koza 在 20 世纪 90 年代提出的，与遗传算法的基本思想相似，但在求解程序的自适应智能模拟中发展了结构上的复杂性。

遗传程序设计采用一种更自然的表示方式，因而其应用领域非常广，在解决人工智能、机器学习、控制及分子生物学等领域中的问题效果尤其显著。尽管目前遗传程序设计的水平不足以产生出完善的程序，其巨大的应用潜力已经受到许多学者的关注。

4. 遗传算法

遗传算法研究的历史比较短，20 世纪 60 年代末到 70 年代初，主要由美国 Michigan 大学的 John Holland 与其同事、学生们探究形成了一个比较完整的理论和方法，从试图解释自然系统中生物的复杂适应过程入手，模拟生物智能的机制来构造人工系统的模型。其基本思想是从代表问题可能潜在解集的一个种群(population)开始的，而一个种群则由经过基因(gene)编码(coding)的一定数目的个体(individual)组成。每个个体实际上是染色体(chromosome)带有特征的实体。染色体作为遗传物质的主要载体，即多个基因的集合，其内部表现(基因型)是某种基因组合，它决定了个体的形状的外部表现。因此，在一开始需要实现从表现型到基因型的映射(即编码工作)。由于仿照基因编码的工作很复杂，人们往往进行简化，如二进制编码。初代种群产生后，按照适者生存和优胜劣汰的原理，逐代(generation)演化产生出越来越好的近似解。在每一代，根据问题域中个体的适应度(fitness)大小挑选(selection)个体，并借助于自然遗传学的遗传算子(genetic operator)进行组合交叉(crossover)和变异(mutation)，产生出代表新的解集的种群。这个过程将导致种群像自然智能一样的后生代种群比前代更适应于环境，末代种群中的最优个体经过解码(decoding)，可以作为问题近似最优解。

1.3 智能算法的研究发展

智能算法提供了一种求解复杂系统优化问题的通用框架,它不依赖于问题的具体领域,对问题的种类有很强的鲁棒性,所以广泛应用于很多学科。下面是智能算法的一些主要应用领域。

1. 函数优化

函数优化是智能算法的经典应用领域,也是对智能算法进行性能评价的常用算例。很多人构造出了各种各样的复杂形式的函数,有连续的也有离散的,有凸函数也有凹函数,有低维的也有高维的,人们用这些几何特性各异的函数来评价智能算法的性能。而对于一些非线性、多模型、多目标的函数优化问题,用其他优化方法较难求解,智能算法却可以方便地得到较好的结果。

2. 组合优化

随着问题规模的扩大,组合优化问题的搜索空间急剧扩大。对于这类复杂问题,人们已意识到应把精力放到寻求其满意解上,而智能算法则是寻求这种满意解的最佳工具之一。实践证明,智能算法对于组合优化中的 NP 完全问题非常有效。例如,智能算法已经在求解旅行商问题、背包问题、图形划分问题等方面得到成功的应用。

3. 生产调度问题

生产调度问题在许多情况下所建立起来的数学模型难以精确求解,即使经过一些简化之后可以求解,也会因简化太多而使得求解结果与实际相差甚远。智能算法已成为解决复杂调度问题的有效工具,在生产规划、任务分配等方面智能算法都得到了有效应用。

4. 自动控制

在自动控制领域中许多与优化相关的问题需要解决,智能算法的应用日益增加,并显示了良好的效果。例如,用智能算法进行航空控制系统优化、人工神经网络的结构优化设计和权值学习、基于智能算法的参数识别等。

5. 机器人智能控制

智能算法已经在移动机器人路径规划、关节机器人运动轨迹规划、机器人逆运动学求解等方面得到应用和研究。

6. 图像处理和模式识别

在图像处理过程中,如扫描、特征提取、图像分割等不可避免地会产生一些误差,这些误差会影响图像处理和识别的效果。如何使这些误差最小是使计算机视觉达到实用化的重要要求。智能算法在图像处理中的优化计算方面是完全胜任的。目前已在图像恢复、图像边缘特征提取、几何形状识别等方面得到应用。

7. 人工生命

人工生命与智能算法有着密切的关系，基于智能算法的智能模型是研究人工生命现象的重要理论基础。智能算法已在其智能模型、学习模型、行为模型等方面显示了初步的应用能力。

8. 遗传程序设计

Koza 发展了遗传程序设计的概念，他使用了以 LISP 语言所表示的编码方法，基于对一种树状结构所进行的遗传操作自动生成计算机程序。虽然遗传程序设计的理论尚未成熟，应用也有一些限制，但它已有一些成功的应用。

9. 机器学习

基于智能算法的机器学习，特别是分类器系统，在许多领域得到了应用。例如，遗传算法被用于模糊控制规则的学习，利用遗传算法学习隶属度函数，从而更好地改进了模糊系统的性能。基于遗传算法的机器学习可用于调整人工神经网络的连接权，也可用于神经网络结构的优化设计。分类器系统在多机器人路径规划系统中得到了成功的应用。

1.4 约束单目标优化问题及其智能算法

在科学与工程领域中，许多极值问题的求解往往受到各种现实因素的制约，这些制约通常由一系列约束条件来描述。求解带有约束条件的极值问题被称为约束优化问题(constrained optimization)，具体可由下述一般形式的非线性规划来表示。

$$\begin{cases}\min\limits_{X\in S} f(\boldsymbol{X})\\ \text{s.t. } g_j(\boldsymbol{X})\leqslant 0, j=1,2,\cdots,s\\ \qquad h_j(\boldsymbol{X})=0, j=s+1,s+2,\cdots,p\end{cases} \tag{1-1}$$

其中，$\boldsymbol{X}=(x_1,x_2,\cdots,x_n)$是 n 维实向量；$f(\boldsymbol{X})$为目标(适应值)函数；$g_j(\boldsymbol{X})$表示第 j 个不等式约束；$h_j(\boldsymbol{X})$表示第 j 个等式约束；决策变量 x_i 在区间$[l_i,u_i]$中取值，$i=1,2,\cdots,n$。$S=\prod\limits_{i=1}^{n}[l_i,u_i]$ 表示搜索空间，S 中所有满足约束条件的可行解构成的可行域记为$\Omega\subseteq S$。

由于约束条件的存在，使得约束极值问题的求解要比无约束优化问题的求解复杂、困难得多。对于约束极小化问题来说，不仅要使目标函数值在迭代过程中不断地减小，而且还要注意解的可行性。为了简化约束优化问题的寻优过程，通常可采用如下思路去构造算法：将约束优化问题转化为无约束优化问题、复杂问题转化为简单问题。下面对几种代表性方法进行简单介绍。

1. 基于罚函数的方法

(1) 静态罚函数法：考虑如下非线性规划问题，即

$$\begin{cases}\min f(\boldsymbol{X})\\ \text{s.t. } g_i(\boldsymbol{X})\leqslant 0, \quad i=1,2,\cdots,m\end{cases} \tag{1-2}$$

适应度函数定义为：$F(\boldsymbol{X})=f(\boldsymbol{X})+p(\boldsymbol{X})$。

惩罚项 $p(\boldsymbol{X})$ 定义为：若 $\boldsymbol{X}$ 可行，则 $p(\boldsymbol{X})=0$；否则 $p(\boldsymbol{X})=\sum_{i=1}^{m} r_i \cdot g_i(\boldsymbol{X})$。由于每个约束又可分为几个违反级，所以按照违反级，r_i 是相应变化的约束 i 的惩罚系数。

(2) 动态罚函数法：该方法使用了与时间（迭代次数、代数等）t 有关的罚函数，在第 t 代个体的适应度函数设置为

$$F(\boldsymbol{X})=f(\boldsymbol{X})+(ct)^{\alpha}\sum_{i=1}^{m} d_i^{\beta}(\boldsymbol{X}) \tag{1-3}$$

其中，c、α、β 为可调参数；d_i 在 $\boldsymbol{X}$ 为可行解时取 0；在 $\boldsymbol{X}$ 不可行时取约束违反量的绝对值。

2. 基于搜索容许解的方法

如行为记忆法：该方法逐步处理约束，每次处理一个，使得种群中满足该约束的个体达到预先规定的比例，如在处理第 j 个约束时，要保持前 $j-1$ 个约束均满足，这样使得最后种群中有足够多的可行解。相关的方法还有容许点优先法等。

3. 多目标方法

多目标方法的特点是：即不使用传统的罚函数，也不区分可行解和不可行解。文献[2]中的算法将约束优化问题转化为两个目标优化问题，其中一个为原问题的目标函数，另一个为违反约束条件的程度函数。利用 Pareto 优于关系，定义个体 Pareto 序值以便对个体进行排序选优。文献[2]中的算法采用序值阶段选择策略，第一阶段：当种群中没有可行解时，按照约束违反度对种群中的个体进行排序，选择约束违反度较小的个体组成下一代种群；若种群中的不可行解个数不为 0，则采用第二阶段选择策略。

4. 混合方法

基于各种处理约束问题的方法，涌现出大量的混合算法，代表性的有把智能算法与其他传统方法结合。1979 年，Jan Paredis 提出了协同智能算法（coevolutionary genetic algorithm，CGA）解决了一般的约束满足问题，其中一个种群由问题的解组成，称为解种群（solution population）；另一个种群由约束组成，称为测试种群（test population）。这两个种群协同智能，种群间的相互作用通过适应度评价来实现。作为一种混合方法，协同智能算法是一种有效的优化算法。

1.5 多目标优化问题及其智能算法

工程中经常会遇到在多准则或多设计目标下设计和决策的问题，如果这些目标是相悖的，则需要找到满足这些目标的最佳设计方案。解决含多目标和多约束的优化问题，即为多目标优化（multi-objective optimization）。通常的做法是根据某效用函数将多目标合成单一目标来进行优化。但大多数情况下，在优化之前这种效用函数是难以确知的。这样为了使决策者深入掌握优化问题的特点，有必要提供多个解以便于做出合理的最终选择。下面给出多目标优化问题的数学描述。

$$\min_{X\in\Omega} f(\boldsymbol{X})=\{f_1(\boldsymbol{X}),f_2(\boldsymbol{X}),\cdots,f_m(\boldsymbol{X})\} \tag{1-4}$$

其中，$\boldsymbol{X}=(x_1,x_2,\cdots,x_n)\in\mathbf{R}^n$；$\Omega$ 为可行解空间。

自 1984 年 Schaffer 提出了第一个多目标遗传算法(multi-objective evolutionary algorithm，MOEA)，开创了用智能算法处理多目标优化问题的先河，在此之后相继出现了许多 MOEA。多数成功的多目标智能算法不仅很好地解决了古典运筹学所能处理的连续型问题，而且还具备智能算法处理问题的独有特制。目前对 MOEA 的研究主要集中在两方面：其一，如何避免算法的未成熟收敛，即保持非劣解向 Pareto 界面移动；其二，使获得的非劣解均匀分布且散布广泛。下面对几种代表性方法做简单介绍。

1. 并列选择法

Schaffer 提出的“向量评估多目标遗传算法”是一种非 Pareto 方法。此方法先将种群中全部个体按子目标函数的数目均等分成若干子种群，对各子种群分配一个子目标函数，各子目标函数在其相应的子种群中独立进行选择操作后，再组成一新的子种群，将所有生成的子种群合并成完整种群再进行交叉和变异操作，如此循环，最终求得问题的 Pareto 最优解。

2. 基于目标加权法的智能算法

其基本思想是给予问题中的每一目标向量一个权重，将所有目标分量乘上各自相应的权重系数后再加合起来构成一个新目标函数，采用单目标优化方法求解。常规的多目标加权法如下：

$$F(\boldsymbol{X})=\sum_{i=1}^{m}\lambda_i f_i(\boldsymbol{X}) \tag{1-5}$$

其中，$\lambda_i(i=1,2,\cdots,m)$ 是目标 $f_i(\boldsymbol{X})$ 的非负权重系数，并且满足 $\sum_{i=1}^{m}\lambda_i=1$。

该方法在形成单一的效用函数时，往往采用一组固定的权重系数。这种方法往往只能找到一小部分 Pareto 最优解，一些 Pareto 最优解不能被找到。为了找到更多的 Pareto 最优解，最近文献中算法在每代使用随机产生的若干组权，并将算法用于 Flowshop 排序问题，取得了较好结果。Hajela 和 Lin 提出了“可变目标权重聚合法”，此方法在适应度赋值时使用加权和法，对每个目标赋一个权重，为了并行搜索多个解，权重本身并不固定，对问题解和权重同时实施智能操作。

3. 非劣分层选择法

Deb 等于 2002 年提出了一种非劣分层选择法 2(NSGA-Ⅱ)，这种方法的主要思想是对种群中的个体按 Pareto 进行排序，按照序值从小到大选择个体，若某些个体具有相同的序值，则偏好于那些位于目标空间中稀疏区域的个体。

4. 粒子群算法

粒子群算法由于它的易于实现、快速收敛性在许多多目标优化领域得到了成功应用。在粒子群算法中如何选择全局极值 **Gbest** 和个体极值 **Pbest** 是十分重要的，这关系获得的

Pareto 解的质量和多样性。粒子群算法的一般步骤如下。

1）归档机制

在非劣解概念的基础上应用一个外部“记忆体”存储直到目前为止所发现的非劣解。“记忆体”的规模可以按照不同的问题需求自适应调整。在每一代，更新“记忆体”中的非劣解：在种群中发现某粒子优于“记忆体”中的某粒子，则将“记忆体”中的粒子移走；当“记忆体”的容量达到上限时，移走位于“记忆体”中最密集处的粒子。

2）**Gbest** 的选择

在多目标粒子群优化（multi-objective particle swarm optimization，MOPSO）算法中，**Gbest** 在引导整个种群朝着 Pareto 前沿的智能过程中发挥着重要作用。由于多目标优化问题并无单个最优解，所以不能像单目标优化问题一样直接确定 **Gbest**。在多目标粒子群算法中，种群中每个个体的全局最优位置由 *A* 中所述的“记忆体”产生。实验证明，该方法能提高算法的收敛速度和解的质量。对于每个粒子的个体极值 **Pbest** 采取如下选取办法：按 Pareto 支配关系从该粒子的当前位置和历史最优位置中选取较优者作为当前个体极值，如无支配关系，则从两者中随机选取一个。

1.6 本书的主要工作与内容安排

本书对于单目标和多目标优化问题进行了深入研究，提出了几种求解不同问题的智能算法，本书分为如下几部分。

第 1 章为绪论部分。首先，介绍了智能算法产生的背景，介绍了智能算法的现状与研究发展。其次，介绍了单目标和多目标优化问题的数学描述及相关概念、智能算法的研究现状。最后，介绍了本书的主要内容及结构安排。

第 2 章概括介绍了智能算法的框架及基本理论，同时对粒子群算法进行了简单介绍。

第 3 章提出了解决约束单目标优化问题的两种粒子群算法：双目标粒子群优化算法和模糊粒子群算法。首先，将具有任意多个约束条件的优化问题转化为双目标优化问题，其中一个为原目标函数，另一个为违反约束程度最大的约束条件，为了获得可行解，采用了偏好于第二个目标的粒子比较准则；为了避免算法陷入局部最优，当最优解连续几代不发生改变时，采用改进的多父体单形杂交算子对其进行扰动，将扰动后的粒子作为新的寻优方向。另外，对于较复杂的约束优化问题，提出了模糊粒子群算法。设计了一个新的扰动算子，使得扰动后的粒子偏向于当前种群中约束违反度小或目标函数值小的粒子。在此基础上定义了模糊个体极值和模糊全局极值，利用这两个定义改进了粒子群智能方程；定义了不可行度阈值，利用此定义给出了新的粒子比较准则，使得不可行解向可行解智能。同时给出了第二种算法的收敛性证明。仿真结果表明，对于复杂约束优化问题，算法寻优性能优良。

第 4 章针对无约束多目标优化问题设计了三种算法：基于粒子群优化的多目标 Memetic 算法、解决多目标优化问题的模糊粒子群算法和一种基于新模型的多目标 Memetic 算法，并对这三种算法进行了比较。首先，将多目标优化问题转化成单目标约束优化问题，其中将解的质量度量看作是约束条件，均匀性度量看作是目标函数。对转化后的问题提出了基于约束主导原理的比较准则；用基于模拟退火的加权法对非劣解进行局部搜索。算例测试说明基于粒子群优化的 Memetic 算法寻优性能优良。其次，对于无约束多目标优化问题，设计了新的扰动算子，使得扰动后的粒子偏向于当前种群中序值较小或位于目标空间稀疏区域的中的粒子。在此基础上定义了模糊个体极值和模糊全局极值，利用这两个定义改进了粒子群智能方程；通过改进的智能方程和遗传算法共同作用产生新种群。实验结果表明，该方法可以求出一组分布均匀且散布广泛的最优解。另外，对于转化后的单目标约束优化问题提出了新的粒子比较准则：将目标空间划分为若干区域，在保留序值为 1 的个体的基础上，该算子偏好于位于稀疏区域的个体而不考虑该个体的序值大小。这样可以保证产生一组分布均匀且接近真实 Pareto 前沿的非劣解；新的多目标 Memetic 算法通过 C-metric 引进，将模拟退火与遗传算法结合起来，改善了全局搜索能力。同时给出了算法的收敛性证明。

第 5 章提出了解决多目标约束优化问题的两种粒子群算法：混合粒子群算法及基于不可行精英保留策略的粒子群优化方法。并对这两种算法进行了比较。首先，扩展了基于阈值的粒子比较准则，使之适用于处理多目标约束优化问题，该准则保留了一部分序值较小的不可行解粒子；设计了一个新的拥挤度函数，使得位于稀疏区域和 Pareto 前沿边界附近的点有较大的拥挤度函数值，从而被选择上的概率也较大；设计了一个具有两阶段的变异算子，第一阶段变异：计算出参与变异的粒子所受的合作用力，在此合力的基础上定义了个体的变异方向，沿着该方向进行变异可能会找到序值较小或约束违反度较小的粒子。为了避免粒子沿着一个固定的方向进行搜索，保证算法的全局收敛性，选择一定数目的粒子参与第二次变异。另外，为了保留一部分约束违反度较大、序值较小的不可行粒子，又设计了一个不可行精英保留策略，在智能初期从不可行精英集合中选出一定数目序值较小的不可行解粒子，而不考虑这些粒子约束违反度的大小，在智能后期从不可行精英集合中选择一部分约束违反度较小的粒子作为不可行精英粒子的代表参与智能；设计了一个新的拥挤度函数，该函数只需使用较少的计算量就可以使得位于 Pareto 前沿边界附近的点具有较大的函数值；改进了混合粒子群算法中的变异算子，新的变异算子减少了计算量，只有当粒子的约束违反度小于给定的阈值时才被选择参与变异。

第 6 章针对高维多目标优化问题给出了一种基于非支配扩展关系的多目标智能优化算法。首先，为了统一不同目标的数量级，对种群中粒子的目标函数值进行归一化；其次，按照提出的支配关系修改个体的目标函数值，非线性扩展解的支配区域；最后，为了维持解集的多样性和宽广性，应用一种小生境方法来限制个体的比较范围。将提出的非线性扩展支配关系替换经典高维多目标进化算法 NSGA-Ⅲ中的非支配排序。

第 7 章针对高维多目标优化问题给出了一种基于世代距离指标和改进小生境方法的智能算法。首先，挑选世代距离指标值小的粒子参与到算法优化中；其次，为了避免早熟收敛将优化后的个体通过小生境技术进行再处理；最后，通过仿真实验表明算法的有效性。

第 8 章针对约束多目标优化问题提出了一种基于非支配排序和改进小生境技术的多目标优化算法。首先，对所有粒子进行非支配排序；其次，挑出满足约束条件的粒子；最后，通过小生境技术对这些粒子进行再处理。

第 9 章针对约束多目标优化问题，首先，处理约束条件；其次，对于满足约束条件的粒子采用协同进化算法进行优化；最后，通过本章算法与现有算法的实验比较来证明提出算法的有效性。

第10章针对双层优化问题提出了一种基于球变异和动态约束处理的粒子群算法。首先，对种群中粒子以概率进行球变异；其次，评价变异后粒子的约束违反度，对不满足约束条件的粒子采用动态约束处理机制进行优化；最后，通过标准的测试函数验证算法的有效性，并讨论和分析实验结果。

第11章针对视频服务器部署问题中的双层优化模型，提出了一种新的遗传算法。首先，构建出一种双层优化模型；其次，分别利用遗传算法和最小费用流算法优化上下层目标。实验结果表明，在节点规模很大链路稠密的复杂网络中，本算法能够在较短时间内求得较好服务器部署方案，使得部署和流量的成本最低。

第12章针对粒子群算法中线性递减的惯性权重无法适应于复杂的非线性优化搜索过程的问题，提出了两种改进的粒子群算法：动态改变惯性权重的粒子群算法及一种简化的粒子群优化算法。第一种算法使得惯性权重与粒子的聚集度及全局最优值变化的速度有关；第二种算法使得粒子的飞行无记忆性，结合平滑函数和一维搜索重新生成停止智能粒子的位置，增强了在最优点附近的局部搜索能力。仿真结果表明了两种算法的有效性。

第2章 智能算法与粒子群优化算法的基本理论

随着经济、科技和社会的不断发展,人们遇到的各种问题越来越复杂,迫切需要寻找一种更好的求解方法。智能算法作为一种有效的全局搜索方法,是20世纪60年代末期形成的一种较为完整的理论和方法。它是一种基于自然选择和遗传变异等生物智能机制而发展起来的仿生算法。它不受搜索空间限制性的约束,也不需要其他辅助信息(如梯度信息)。因此,智能算法是一种随机、简单、自适应的搜索方法。

自然界中各种生物体均具有一定的群体行为,而人工生命的主要研究领域之一就是探索自然界生物的群体行为,从而在计算机上构建其群体模型。通常,群体行为可以由几条简单的规则进行建模,如鸟群、鱼群等。虽然每个个体具有非常简单的行为规则,但群体的行为却非常复杂。粒子群优化(particle swarm optimization,PSO)算法最早是在1995年由美国社会心理学家 James Kennedy 和电气工程师 Russell Eberhart 共同提出的,其基本思想是受他们早期对许多鸟类的群体行为进行建模与仿真研究结果的启发。粒子群算法作为智能算法的一个新兴分支,与其他智能算法有许多共同之处,但也呈现出一些其他智能类算法所不具有的特性,特别是,PSO 同时将粒子的位置与速度模型化,给出一组显示的智能方程,是其不同于其他智能类算法的最显著之处。

本章分别介绍了智能算法和粒子群算法。2.1节介绍了智能算法的框架及基本理论,2.2节对粒子群算法进行了简单介绍。

2.1 智能算法的框架及基础理论

智能算法提供了一种求解复杂系统优化问题的通用框架,它不依赖于问题的具体领域,对问题的种类有很强的鲁棒性,所以广泛地应用于很多学科。最优化问题是智能算法的经典应用领域,但采用常规方法对于大规模、多峰多态函数、含离散变量等问题的有效解往往存在着许多障碍。智能算法简单易行,其高效性及其普遍适用性,已经赢得了许多应用。本章主要介绍智能算法在单目标、多目标最优化问题中的应用。

2.1.1 智能算法的基本框架

智能算法所涉及的六大要素:参数编码、初始种群的生成、适应度函数的设计、智能操作、控制参数的设定及终止循环的条件。

1. 参数编码

当用智能算法求解问题时，必须在优化问题的实际表示与智能算法的编码空间的点之间建立一个关系，将实际问题中解的形式转换为智能算法能够辨认的解的表达形式，即确定编码(encoding)和解码运算。由于智能算法的鲁棒性，它对编码的要求并不苛刻，但编码对智能算法的搜索效果和效率却是非常重要的。对特定的问题确定合适的编码是非常重要的步骤。

问题编码一般应满足以下 3 个原则。

(1) 完备性(completeness)：问题空间中的所有点都能成为编码后空间中的点。

(2) 健全性(soundness)：编码空间的点必须对应问题空间中的某一潜在解。

(3) 非冗余性(non-redundancy)：编码后的点和潜在解必须一一对应。

按照遗传算法的模式定理，De. Jong 进一步提出了较为客观明确的编码评估原则。具体可以概括为以下两条。

(1) 有意义积木块编码规则：编码应当易于生成与所有问题相关的短距和低阶的积木块(building blocks)。

(2) 最小字符集编码规则：编码应采用最小字符集以使问题得到自然、简单的表示和描述。

在实际的操作中，二进制编码是最基础的编码方式，它的应用范围非常广泛。其他编码还有大字符集编码、序列编码、实数编码、树编码、自适应编码、多参数交叉编码等。

2. 初始种群的生成

一定数量的个体组成了种群(population)，种群中个体的数目称为种群规模(population size)。由于智能算法的种群性操作需要，所以在执行智能操作之前，必须已经有了一个由若干初始解组成的初始种群。由于现实工程问题的复杂性，往往并不具有关于问题解空间的先验知识，所以很难确定最优解的数量及其在可行解空间中的分布状况。所以人们往往希望在问题的解空间中均匀布点，随机生成一定数目的个体(个体数目等于种群规模)。初始种群中的每个个体一般都是通过随机方法产生，它也称为智能的初始代。种群规模是智能算法的控制参数之一，其选取对智能算法效能有影响。一般种群规模在几十到几百之间取值，根据问题的复杂程度不同而取值不同，问题越难，维数越高，种群规模越大，反之则小。初始种群的设定可采取以下策略。

(1) 设法把握最优解在整个问题空间的分布范围，然后在此分布范围内均匀设定初始种群。

(2) 先随机生成一定数目的个体，然后从中选出最好的个体加入种群中，不断重复这一过程，直到达到种群规模。另外，对于带约束域的问题，还需要考虑随机初始化的点是否在可行区域范围之内，所以产生初始种群时一般必须借助问题领域的相关知识。

3. 适应度函数的设计

各个体对环境的适应程度叫作适应度(fitness)。为了执行适者生存的原则，智能算法必须对个体的适应性进行评价。因此，适应度函数(fitness function)就构成了个体的生存环境。智能算法在搜索过程中一般不需要其他外部信息，只根据个体适应值，就可以决定它在此环境下的生存能力。好的个体具有较高的适应函数值，即可以获得较高的评价，具有较好的生存能力；差的个体一般适应度函数值较小，所以生存能力相对弱。由于适应度是种群中个体生存机会选择的唯一确定性指标，所以适应度函数的形式直接决定着种群的智能行为。为了能够直接将适应度函数与种群中的个体优劣度量相联系，在智能算法中规定适应度为非负，并且在任何情况下总是希望越大越好。一般而言，适应度函数是通过对目标函数的转化而形成的。

适应度函数的设计一般主要满足以下条件。

(1) 解析性质：单值、连续、非负。

(2) 合理性：要求适应度函数值能够反映出对应解的优劣程度。

(3) 计算量小：要求适应函数设计应尽可能简单。

(4) 通用性强：适应函数对某一类具体问题，应尽可能通用。

当然对于特别设计的智能算法，可以不必完全遵守上述规则。

适应度尺度变换：智能算法中，种群的智能过程是以种群中各个个体的适应度为依据，通过一个迭代过程，不断地寻求出适应度较大的个体，最终就可得到问题的最优解或近似最优解。在智能算法运行的不同阶段还需要对个体的适应度进行适当地扩大或缩小，这就是适应度尺度变换。在智能的初期，为避免未成熟收敛，应缩小个体间差异；在智能的最后阶段，为了加快收敛，应放大个体间的差异。适应函数的常用尺度变换法有以下几种：线性变换法、幂函数变换法、指数变换法。

4. 智能操作

标准的智能算法的操作算子一般都包括选择(selection，或者复制 reproduction)、交叉(crossover，或称杂交)和变异(mutation)3 种基本形式，它们作为自然选择过程及智能过程发生的生殖、杂交和变异的主要载体构成了智能算法的核心，使得算法具有强大的搜索能力。

1) 选择算子

选择操作就是用来确定如何从父代种群中按某种方法选取哪些个体智能到下一代种群的智能运算。它是根据适应度函数值选择适应值高的个体以形成交配池(mating pool)的过程。在被选集中按照一定的选择概率进行操作，这个概率取决于种群中个体的适应度及其分布。其主要作用是避免了基因缺失，提高全局收敛性和计算效率。

目前主要有适应值比例选择(fitness-proportionate selection)、Boltzmann 选择、排序选择(rank selection)、联赛选择(tournament selection)、精英选择(elitist selection)、稳态选择(steady-state selection)等形式。

2) 杂交算子

杂交操作是智能算法中最主要的智能操作之一。它是模仿自然界有性繁殖的基因重组过程，对两个父代个体进行基因操作，其作用在于把原有优良基因遗传给下一代个体，并生成包含更复杂基因结构的新个体。常使用的交叉算子包括一点交叉(one-point crossover)、多点交叉(multi-point crossover)、一致交叉(uniform crossover)等形式。针对特定问题，还可以设计其他类型的交叉算子，而且对于不同的编码方式，交叉算子也不同。

比如，messy GA 中的交叉算子、基于树状结构表示的染色体位串的交叉、TSP 问题中的部分匹配交叉(OX)、周期交叉(CX)等形式。

3）变异算子

变异运算是指将个体染色体编码串中的某些基因座上的基因值用基因座的其他等位基因来替换，从而形成一个新个体。在智能算法中，变异算子通过变异概率 p_m 随机对个体染色体中的基因进行突变来实现。为了保证个体变异后不会与其父体产生太大差异，变异概率一般取值较小(0.01～0.03)，以保证种群发展得稳定性。交叉操作是产生新个体的主要方法，它决定了智能算法的全局搜索能力；而变异操作只是产生新个体的辅助方法，它决定智能算法的局部搜索能力，维持种群的多样性，防止出现早熟现象。当种群规模较大时，在交叉操作的基础上引入适度的变异，也能够提高智能算法的局部搜索效率。常用的变异算子有位点变异、插入变异、对换变异、均匀变异、边界变异、非均匀变异、高斯变异等。

5. 控制参数的设定

在智能算法的运行过程中，存在对其性能产生重大影响的一组参数。这组参数在初始化阶段或种群智能过程中如果能有合理的选择和控制，那么智能算法将能够发挥最佳作用，在随机搜索中迅速达到最优解。主要参数包括染色体长度 L、种群规模 N、交叉概率 p_c，以及变异概率 p_m。在经典遗传算法(classical genetic algorithm，CGA)和一些简单遗传算法(simple genetic algorithm，SGA)中，这些参数是不变的。然而，随着研究的深入，许多学者发现如果这些参数能够随着智能算法进程而变化，这种有自适应性能的智能算法具有更高的鲁棒性、全局最优性，但其弊端在于会增加算法的复杂性和计算量等。还有一些参数的改进方法，如模糊控制参数、模拟退火方法、基于均匀设计的参数设定等。经过大量研究和经验总结，一些学者给出了如下最优参数建议。

(1) 长度：位串长度取决于特定问题的精度。要求精度越高，位串长度越长。为了提高运算效率，变长度位串或者在当前达到的较小可行域内重新编码是一种可行的方法，并显示出良好的性能。

(2) 种群规模 N：大种群含有较多的模式，为智能算法提供了足够的模式采样容量，可以改进智能算法的搜索的质量，防止成熟前收敛。但大种群增加了个体适应性评价的计算量，从而使收敛速度降低。一般情况下 $N=20\sim200$。

(3) 交叉概率 p_c：交叉概率控制着交叉算子的应用概率。交叉概率越高，种群中新结构引入的越快，已获得改良基因的丢失速度也相应升高。而交叉概率太低则可能导致搜索阻滞。一般取 $p_c=0.60\sim1.00$。

(4) 变异概率 p_m：变异操作是保持种群多样性的有效手段，每代中大约发生 $p_m\times N\times L$ 次变异。变异概率太小，可能使某些丢失的信息无法恢复；而变异概率过高，则智能搜索将变成随机搜索。一般取 $p_m=0.005\sim0.1$。

实际上，上述参数与问题的类型有着直接的关系。问题的目标函数越复杂，参数选择越困难。从理论上讲，不存在一组适用于所有问题的最佳参数值，随着问题特征变化，有效参数的差异往往非常显著。如何设定智能算法的控制参数以使智能算法的性能得到改善，还需要结合实际问题深入研究，以及有赖于智能算法理论研究的进展。

6. 终止循环的条件

关于智能算法的迭代过程如何终止，一般首先采用设定最大代数的方法。该方法简单易行但需要多次调试才能找到合适的代数，所以不准确。其次，可以根据种群的收敛程度来判定，通过计算种群中基因多样性程度，即所有基因位的相似程度来进行控制。再次，根据算法的最优解连续多少代没有新的改进来确定。最后，可在采用精英保留选择策略的情况下，按每代最佳个体的适应值变化情况来确定。智能算法的计算步骤有如下几点。

(1) 初始化种群。令 $t=0$；设置智能算法中各参数值；随机生成 N 个个体作为初始种群 pop(0)。

(2) 适应度评价。计算种群 pop(t)中各个个体的适应度。

(3) 选择操作。将选择算子作用于种群。

(4) 交叉操作。根据选择概率 p_c 将交叉算子作用于种群。

(5) 变异操作。根据变异概率 p_m 将变异算子作用于种群。种群 pop(t)经过选择、交叉、变异操作后得到下一代种群 pop($t+1$)。

(6) 终止条件判断。若终止条件不满足，则转到(2)；否则，以智能过程中所得到的具有最大适应度的个体作为最优解输出，终止计算。

2.1.2 智能算法的基础理论

虽然智能算法的计算过程和形式简单，但是其运行机理非常复杂。随着智能算法在复杂优化问题的求解和实际工程设计中的应用，人们对智能算法的理论给予了越来越多的关注。

1. 遗传算法的模式（schema）理论

1) 模式定理

将种群中的个体即基因串中的相似样板称为“模式”，模式表示基因串中某些特征位相同的结构。它描述的是一个串的子集，在二进制编码的串中，模式是基于三个字符集(0,1,*)的字符串，符号*代表任意字符，即 0 或 1。模式 H 中确定位置的个数称为模式阶，记作 $O(H)$。阶数越高，模式的确定性就越高，所匹配的样本个数越少。模式 H 中所有字符的数量为 l，则称该模式的串长记为 $L(H)=l$。模式中第一个确定位置和最后一个确定位置之间的距离称为模式的定义距。

模式定理：在遗传算子选择、交叉和变异的作用下，那些低阶、短定义距、高适应值的模式的生存数量，将随着迭代次数的增加而以指数级增长。

2) 积木块

将具有低阶、短定义距及高适应度的模式称为积木块。低阶、短定义距及高于平均适应度的模式在遗传算子的作用下，相互结合，能生成高阶、长定义距，更高平均适应度的模式，并最终生成全局最优解。这就是积木块假设，但它很不严密。由于遗传算法的求解过程中并不是在搜索空间中逐一地测试各个基因的枚举组合，而是通过一些较好的模式，像搭积木一样，将它们拼接在一起，从而逐渐构造出适应度越来越高的个体编码串。

2. 智能算法的收敛性分析

智能算法的收敛性通常是指智能算法所生成的迭代种群收敛到某一稳定状态，或其适应值函数的最大或平均值随迭代趋于优化问题的最优值。依据不同的研究方法，已有的收敛性分析结果可大致分为四类，即 Vose-Liepins 模型、Markov 模型、公理化模型和连续(积分算子)模型。

1) Vose-Liepins 模型

这类模型基于 Vose 和 Liepins 的工作，其核心思想是：用两个矩阵算子分别刻画比例选择与组合算子，通过研究这两个算子的不动点的存在性和稳定性来刻画算法的渐进行为。Vose-Liepins 模型能在种群规模无限的假设下精确刻画 GAs(遗传算法)，但只适用于简单的 GAs，还没有推广到适用于更具实用性的其他 GAs 执行策略。

2) Markov 模型

由于智能产生下一代种群的状态通常完全依赖于当前种群信息，而不依赖于以往状态，故可用 Markov 链描述。将智能算法的种群迭代序列视为一个有限状态 Markov 链来加以研究。主要运用种群 Markov 链状态转移概率矩阵的某些特性，分析算法的行为极限，但由于所采用有限状态 Markov 链理论本身所限，该模型只能用于描述通常的二进制或特殊的非二进制遗传算法，另外，转移概率的具体形式很难表达，因而，对于较大规模的智能算法，只能借助遍历性考察而得出大致的结论。

3) 公理化模型

徐宗本等发展了一个既可用于分析时齐又可用于分析非时齐 GAs 的公理化模型。核心思想是：通过公理化描述 GAs 的选择算子与重组算子，并利用所引进的参量分析 GAs 的收敛性。值得注意的是，对常见的选择算子与重组算子，能方便地确定引进的参量。

4) 连续(积分算子)模型

大量数值实验表明，为了有效求解高维连续问题和求解 GAs 实现中的效率与稳健性问题，文献[5]直接使用原问题的浮点表示而不进行编码转化，几位研究者拓展了对这类连续变量遗传算法收敛性的分析方法。C. C. Peck 等将 GAs 描述为全局随机搜索方法，并按照他们所给的准则，论证了这一观点相对于 Schema 理论和其他研究方法的恰当性与优点。

2.2 粒子群优化算法简介

粒子群算法是计算智能领域，除蚁群算法外的另一种群智能算法。它同遗传算法类似，通过个体间的协作和竞争实现全局搜索。系统初始化为一组随机解，称为粒子。通过粒子在搜索空间的飞行完成寻优，在数学公式中即为迭代，它没有遗传算法的交叉和变异算子，而是粒子在解空间追随最优的粒子进行搜索。

2.2.1 基本粒子群算法框架

Kennedy 和 Eberhart 在 1995 年的 IEEE 国际神经网络学术会议上正式发表了题为 *Particle Swarm Optimization* 的文章，标志着粒子群算法的诞生。粒子群算法与其他智能类算法类似，也采用“种群”与“智能”的概念，同样也是依据个体(粒子)的适应值大小进行操作。所不同的是，粒子群算法不像其他智能算法那样对于个体使用智能算子，而是将每个个体看作是在 n 维搜索空间中的一个没有重量和体积的粒子，并在空间中以一定的速度飞行。该飞行速度由个体的飞行经验和种群的飞行经验进行动态调整。

设第 i 个粒子表示为一个 n 维向量 $\boldsymbol{X}_i=(x_{i1},x_{i2},\cdots,x_{in})$，即第 i 个粒子的位置为 $\boldsymbol{X}_i$，每个粒子代表一个潜在的解。

第 i 个粒子的飞行速度也记为一个 n 维向量 $\boldsymbol{V}_i=(v_{i1},v_{i2},\cdots,v_{in})$。

$\mathbf{Pbest}_i=(\text{pbest}_{i1},\text{pbest}_{i2},\cdots,\text{pbest}_{in})$为粒子 $\boldsymbol{X}_i$ 所经历的最好位置，也就是粒子 $\boldsymbol{X}_i$ 所经历过的具有最好适应值的位置，称个体最好位置或个体极值。对于最小化问题，目标函数值越小，对应的适应值越好。

为了讨论方便，设 $f(\boldsymbol{X})$为最小化的目标函数，则粒子 $\boldsymbol{X}_i$ 的当前最好位置由下式确定，即

$$\mathbf{Pbest}_i(t+1)=\begin{cases}\mathbf{Pbest}_i(t), & \text{若 } f(\boldsymbol{X}_i(t+1))\geqslant f(\mathbf{Pbest}_i(t))\\ \boldsymbol{X}_i(t+1), & \text{若 } f(\boldsymbol{X}_i(t+1))<f(\mathbf{Pbest}_i(t))\end{cases}\tag{2-1}$$

设种群中的粒子数为 N，种群中所有粒子所经历过的最好位置为 $\mathbf{Gbest}(t)=(\text{gbest}_1,\text{gbest}_2,\cdots,\text{gbest}_n)$，称其为全局最好位置或全局极值。则

$$\mathbf{Gbest}(t)\in\{\mathbf{Pbest}_1(t),\mathbf{Pbest}_2(t),\cdots,\mathbf{Pbest}_N(t)\}\tag{2-2}$$

$$f(\mathbf{Gbest}(t))=\min\{f(\mathbf{Pbest}_1(t),f(\mathbf{Pbest}_2(t),\cdots,f(\mathbf{Pbest}_N(t))\}\tag{2-3}$$

有了以上定义，基本粒子群算法的智能方程可描述为

$$\begin{aligned}v_{ij}(t+1)=v_{ij}(t)+c_1r_{1j}(t)(\text{pbest}_{ij}(t)-x_{ij}(t))+\\ c_2r_{2j}(t)(\text{gbest}_j(t)-x_{ij}(t))\end{aligned}\tag{2-4}$$

$$x_{ij}(t+1)=x_{ij}(t)+v_{ij}(t+1)\tag{2-5}$$

其中：下标 j 表示为粒子的第 j 维，$j=1,2,\cdots,n$；下标 i 表示第 i 个粒子，$i=1,2,\cdots,N$。c_1、c_2 为两个加速常数，通常取值为 0～2；r_1、r_2 为两个相互独立的随机函数。

从上述粒子智能方程可以看出，c_1 调节粒子飞向自身最好位置方向的步长，c_2 调节粒子向全局最好位置飞行的步长。为了减少在智能过程中，粒子离开搜索空间的可能性，v_{ij} 通常限定于一定范围内，即 $v_{ij}\in[-v_{\max},v_{\max}]$。如果粒子的搜索空间限定在$[-x_{\max},x_{\max}]$内，则可设定 $v_{\max}=k\cdot x_{\max}$， $0.1\leqslant k\leqslant 1.0$。

1. 基本粒子群算法的初始化过程

(1) 设定种群规模 N。

(2) 对于任意 i、j 在$[-x_{\max},x_{\max}]$内服从均匀分布产生 x_{ij}。

(3) 对于任意 i、j 在$[-v_{\max},v_{\max}]$内服从均匀分布产生 v_{ij}。

2. 算法流程

基本粒子群算法的流程如下所述。

(1) 依照初始化过程，对粒子的随机位置和速度进行初始设定。

(2) 计算每个粒子的适应值。

(3) 对于每个粒子，将其适应值与所经历过的最好位置 $\mathbf{Pbest}_i$ 的适应值进行比较，若较好，则将其作为当前最好位置。

(4) 对每个粒子，将其适应值与全局所经历的最好位置 $\mathbf{Gbest}_i$ 进行比较，若较好，则将其作为当前的全局最好位置。

(5) 根据式(2-4)和式(2-5)对粒子的速度和位置进行更新。

(6) 如果未达到结束条件通常为足够好的适应值或达到预定的最大代数，则返回(2)。

2.2.2　粒子群算法与其他智能算法的比较

1. 粒子群算法与其他智能算法的共同之处

(1) 粒子群算法与其他智能算法类似，均使用种群的概念，用于表示一组解空间中的个体集合。

(2) 在粒子群的每一步智能中呈现出弱化形式的“选择”机制。在($\mu+\lambda$)的智能策略中，子代与父代竞争，若子代具有更好的适应值，则用来代替父代。而 PSO 的智能方程式(2-4)具有与此相类似的机制，其唯一差别在于，只有当粒子的当前位置与所经历的最好位置相比具有更好的适应值时，其粒子所经历的最好位置(父代)才会被粒子当前位置(子代)所替换。

(3) 式(2-4)所描述的速度智能方程与实数编码的遗传算法的算术杂交算子类似，在 PSO 的速度智能方程中，假如先不考虑速度项，就可以将该方程理解为由两个父代产生一个子代的算术杂交运算。从另一个角度，在不考虑速度项的情况下，式(2-4)也可看作是一个变异算子，其变异的强度取决于两个父代粒子间的距离，即代表个体最好位置和全局最好位置的两个粒子的距离。

2. 粒子群算法与其他智能类算法的不同之处

(1) PSO 算法在智能过程中同时保留和利用速度与位置信息，而其他智能类算法仅保留和利用位置信息。

(2) 如果将式(2-4)看作是一个变异算子，则 PSO 与智能规划很相似。所不同的是，在每一代，PSO 中的每个粒子只朝向一些根据种群的经验认为是好的方向飞行，而在智能规划中可通过一个随机函数变异到任何方向。也就是说，PSO 执行一种有“意识”的变异。从理论上讲，智能规划具有更多的机会在最优点附近开发，而 PSO 则具有更多的机会更快地飞到更好解的区域。

从以上分析可以看出，基本 PSO 也呈现出一些其他智能类算法所不具有的特性。特别是，PSO 同时将粒子的位置与速度模型化，给出一组显示的智能方程，这是不同于其他算法的最显著之处。

2.2.3　两种基本智能模型

1. Gbest 模型(全局最好模型)

Gbest 模型以牺牲算法的鲁棒性为代价提高算法的收敛速度，基本 PSO 就是该模型的具体表现。在该模型中，整个算法以该粒子为吸引子，将所有粒子拉向它，使所有粒子最终收敛于该位置。这样，如果在智能过程中，该最好解得不到有效的更新，则粒子群将出现类似于遗传算法中的早熟收敛。

2. Lbest 模型（局部最好模型）

在 Lbest 模型中，粒子除了追随自身极值 **Pbest** 外，不跟踪全局极值 **Gbest**，而是追随拓扑邻近粒子当中的局部极值 **Lbest**。在该版本中，每个粒子记录自己和它邻居的最优值，而不需要记录整个种群的最优值，对于局部版本，式(2-4)更改为

$$v_{ij}(t+1)=v_{ij}(t)+c_1r_{1j}(t)(\text{pbest}_{ij}(t)-x_{ij}(t))+c_2r_{2j}(t)(p_{lj}(t)-x_{ij}(t)) \tag{2-6}$$

其中，p_{lj} 为局部最优点。

比较全局和局部版本两种算法，可注意到，它们的收敛速度和跳出局部最优的能力有所差异。由于全局拓扑结构中所有粒子都信息共享，粒子向当前最优解收敛的趋势非常显著，因而全局模型通常收敛到最优点的速度较局部结构快，但更易陷入局部最优。局部拓扑结构模型则允许粒子与其邻居比较当前搜索到的最优位置，从而相互之间施加影响。即便其值比种群最好值要差，该影响可以使较差个体智能转变为较好的个体。局部版比全局版收敛慢，但不容易陷入局部最优。

2.2.4 粒子群算法的改进

1. 带惯性权重的粒子群算法

为了改善基本粒子群算法的收敛性能，Y. Shi 与 R. C. Eberhart 在 1998 年的 IEEE 国际智能计算学术会议上发表了题为 *A Modified Particle Swarm Optimization* 的论文，首次在速度智能方程中引入惯性权重，即

$$v_{ij}(t+1)=\omega v_{ij}(t)+c_1r_{1j}(t)(\text{pbest}_{ij}(t)-x_{ij}(t))+c_2r_{2j}(t)(\text{gbest}_j(t)-x_{ij}(t)) \tag{2-7}$$

式中，ω 称为惯性权重，因此，基本 PSO 是惯性权重为 1 的特殊情况。惯性权重使粒子保持运动惯性，使其有扩展搜索空间的趋势，有能力探索新的区域。

文献[4]建议 ω 的取值范围为[0,1.4]，但实际结果表明当 ω 取[0.8,1.2]时，算法收敛速度更快；而当 $\omega>1.2$ 时，算法则较多地陷入局部最优解。

惯性权重 ω 表明粒子原先的速度能在多大程度上得到保留。假设粒子的初始速度非零，当 $c_1=c_2=0$ 且 $\omega>1$ 时，则粒子将会加速直至 $v_{\max}$；当 $\omega<1$ 时，则粒子将会减速至 0。当 $c_1,c_2\neq 0$ 时，情况比较复杂，但文献[4]的实验结果表明，$\omega=1$ 要好一些。

惯性权重 ω 类似模拟退火中的温度，较大的 ω 有较好的全局搜索能力，而较小的 ω 有较强的局部搜索能力。因此，随着迭代的进行，惯性权重 ω 应不断减少，从而使得粒子群算法在初期具有较强的全局收敛能力，而晚期具有较强的局部收敛能力。为此，可将 ω 设定为随着智能代数而线性减少。例如，ω 设定由 0.9 到 0.4 等。Y. Shi 和 R. C. Eberhart 的仿真实验结果也表明 ω 线性减少取得了较好的实验结果。目前，有关 PSO 的研究大多以带惯性权重的 PSO 为基础进行扩展和修正。为此，在大多数文献中将带惯性权重的 PSO 称为 PSO 的标准版本，而将基本 PSO 称为 PSO 的初始版本。

2. 利用遗传思想改进粒子群算法

1）利用选择的方法

在一般粒子群算法中，每个粒子的最优位置的确定相当于隐含地选择机制，因此，人们引入了具有明显选择机制的改进粒子群算法，仿真结果表明算法对某些测试函数具有优越性。改进算法使用的算子为锦标赛选择算子（tournament selection method），算法流程为以下 3 步。

（1）从种群中选择一个个体。将该个体的适应度与种群中其他个体的适应度逐一进行比较，如果当前个体的适应度优于某个个体的适应度，则每次授予该个体一分。对每个体重复这一过程。

（2）根据前一步所计算的分数对种群中的个体进行由大到小排序。

（3）选择种群中顶部的一半个体，并对它们进行复制，取代种群底部的一半个体，在此过程中最佳个体的适应度并未改变。

2）借鉴杂交的方法

Angeline 提出了杂交粒子群算法，粒子群中的粒子被赋予一个杂交概率，这个杂交概率是由用户决定的，与粒子的适应值无关。在每次迭代中，依据杂交概率选取指定数目的粒子放入一个池中。池中的粒子随机地两两杂交，产生相同数目的子代，并用子代粒子取代父代粒子，以保证种群的粒子数目不变。

Lovbjerg 等的研究结果表明杂交操作降低了单峰值函数的收敛率，因此，应用了杂交算子的 PSO 比原始 PSO 效率更低。但是，在拥有多个局部最小值的函数中情况恰恰相反。

3）借鉴变异的方法

标准粒子群算法在优化前期中收敛速度很快，但在优化后期中收敛速度很慢，因而导致收敛精度低。这主要是粒子群难以摆脱局部极值的原因。很多学者提出了许多改进方法，如变异的 PSO。但是这些策略主要用于调整变量 x_{ij}。在标准粒子群算法中，粒子可以通过两种途径摆脱局部极值。

（1）粒子在聚集过程中发现比 **Gbest** 更优的解，但在这一过程中发现更优解的概率较小，因为 PSO 已经陷入了局部极值。

（2）调整个体极值和全局极值，使所有粒子飞向新的位置，经历新的搜索路径和领域，因此发现更优解的概率较大。

通过调整变量 x_{ij} 来优化标准粒子群算法的方法属于途径（1），文献[2]的改进方法属于途径（2），以适应度方差作为触发条件，同时根据当前最优解的大小来确定当前最佳粒子的变异概率。

3. 利用小生境思想所做的改进

1）基于动态领域的改进粒子群算法

基本粒子群中的 LBEST 模型，根据粒子的下标将粒子群分割成若干相邻的区域。在每次迭代中，种群中一个粒子到其他粒子的距离都被计算出来，并用变量 $d_{\max}$ 来标记任何两个粒子之间距离的最大值。对于每个粒子来说，$\dfrac{\|\boldsymbol{X}_a-\boldsymbol{X}_b\|}{d_{\max}}$ 的比值也被计算出来，$\|\boldsymbol{X}_a-\boldsymbol{X}_b\|$

是当前粒子 $\boldsymbol{X}_a$ 到粒子 $\boldsymbol{X}_b$ 的距离。这 个比值可用来作为选择相邻的粒子的依据，利用较小比值或较大比值作为选择依据。基于该想法，P. N. Suganthan 于 1999 年提出了一种基于领域思想的粒子群算法，其基本思想是在算法开始阶段，每个个体的领域为其自身，随着代数的增长，其领域范围也在不断增大至整个种群。

2）一种保证种群多样性的粒子群算法

为了避免粒子群算法所存在的过早收敛问题，J. Riget 提出了一种保证种群多样性的粒子群算法。该算法引入“吸引”和“扩散”两个算子，动态调整“勘探”与“开发”比例，从而能更好地提高算法效率。

该算法的速度智能方程为

$$v_{ij}(t+1)=v_{ij}(t)+\mathrm{dir}(c_1r_{1j}(t)(\mathrm{pbest}_{ij}(t)-x_{ij}(t))+c_2r_{2j}(t)(p_{lj}(t)-x_{ij}(t))) \tag{2-8}$$

其中

$$\mathrm{dir}=\begin{cases}-1, & \mathrm{diversity}<d_{\mathrm{low}}\\ 1, & \mathrm{diversity}>d_{\mathrm{high}}\end{cases} \tag{2-9}$$

并且提出了多样性函数

$$\mathrm{diversity}(\mathrm{pop})=\frac{1}{N\cdot|L|}\cdot\sum_{i=1}^{N}\sqrt{\sum_{j=1}^{n}(x_{ij}-\bar{x}_j)^2} \tag{2-10}$$

其中，pop 为种群；N 为种群规模；$|L|$为搜索空间的最长半径；n 为问题的维数；x_{ij} 为第 i 个粒子的第 j 个分量。在算法运行过程中，如果种群多样性函数满足 $\mathrm{diversity(pop)}<d_{\mathrm{low}}$，则 $\mathrm{dir}=-1$，从而种群不再向整体最优位置靠近，而是纷纷远离该最优位置，从而执行扩散操作；而当种群多样性逐步增大，直至超出上限 d_{high} 时，$\mathrm{dir}=1$，从而种群又开始向整体最优位置靠拢，即执行了吸收操作。

始于 20 世纪 90 年代研究的种群智能算法（swarm intelligence algorithm，SIA），其基本思想是模拟自然界生物群体行为来构造随机优化算法。典型的方法有 M. Dorigo 提出的蚁群算法，以及 J. Kennedy 与 R. Eberhart 提出的粒子群算法。智能优化算法已被广泛应用于函数优化、人工智能、模糊系统控制等领域，成为目前智能计算研究的一个热点。

寻求性能优良的优化算法并使之能可靠收敛于问题的全局最优解，这一直是优化领域孜孜以求的研究目标及热点。目前已有的各种优化算法，如 GA、ES、EP 等，尽管已被成功地应用于各种优化问题及实际工程领域，但是当面对复杂的优化问题时，不可避免地存在着早熟、收敛速度慢等缺陷。PSO 虽然已被证明是一种高效、简单的全局优化算法，但是随着目标问题的复杂化，同样也面临着上述挑战。

第 3 章 解决约束单目标优化问题的两种粒子群算法

在工程等实际问题中，经常遇到不可微带约束的问题。目前，还没有一种通用的传统优化方法，能够处理这种类型的约束。对于约束极小化问题来说，不仅要使目标函数值在迭代过程中不断减小，而且还要注意解的可行性。通常可采用如下思路去构造算法：将约束优化问题转为无约束优化问题、将非线性规划问题转化为线性规划问题、将复杂问题转化为简单问题。为了有效地求解该问题，人们将目光转向随机搜索算法，其中以智能算法为代表的仿生随机算法，以较强的求解能力受到广大学者的青睐，并成为求解约束优化问题的重要工具。粒子群算法是一种简单有效的随机算法，与其他智能算法相比，它的求解过程更加简单易行。因此，其也被视作求解约束优化问题的可行方法。

智能算法中对约束的处理主要有以下几种：① 拒绝不可行解；②修复不可行解；③修改遗传算子；④惩罚函数法。

其中，拒绝不可行解是将不可行解直接丢掉，其对约束较松的问题比较有效，但由于把不可行解直接丢掉可导致对约束较重的问题搜索效率较低。修复不可行解和修改遗传算子法对问题的依赖性很强，需要对不同问题设计不同的处理方法。

本章针对约束单目标优化问题设计了两种粒子群算法，具体安排如下：3.1 节介绍了相关工作，包括约束单目标问题的具体描述和智能算法在约束单目标优化问题中的研究现状；3.2 节介绍了一种解决约束单目标优化问题的双目标粒子群算法；3.3 节提出了一种解决约束单目标优化问题的模糊粒子群算法。

3.1 相关工作

3.1.1 问题表述

本节考虑如下约束单目标优化问题。

$$\begin{cases} \min\limits_{\boldsymbol{X}\in S} f(\boldsymbol{X}) \\ \text{s.t. } g_j(\boldsymbol{X}) \leqslant 0, j=1,2,\cdots,s \\ \qquad h_j(\boldsymbol{X})=0, j=s+1,s+2,\cdots,p \end{cases} \tag{3-1}$$

其中，$\boldsymbol{X}=(x_1,x_2,\cdots,x_n)$是 n 维实向量；$f(\boldsymbol{X})$为目标（适应值）函数；$g_j(\boldsymbol{X})$ 表示第 j 个不等式约束；$h_j(\boldsymbol{X})$表示第 j 个等式约束；决策变量 x_i 在区间$[l_i,u_i]$中取值，$i=1,2,\cdots,$

n；$S=\prod_{i=1}^{n}[l_i,u_i]$ 表示搜索空间，S 中所有满足约束条件的可行解构成的可行域记为 $\Omega\subseteq S$。

在式(3-1)中，$h_j(\boldsymbol{X})=0$ 是第 j 个等式约束，一般而言，对于等式约束，通过容许误差(也称容忍度)$\delta>0$ 可将其转化为两个不等式约束，即

$$\begin{cases} h_j(\boldsymbol{X})-\delta\leqslant 0 \\ -h_j(\boldsymbol{X})+\delta\leqslant 0 \end{cases} \tag{3-2}$$

因此，下面只考虑带不等式约束的优化问题，即

$$\begin{cases} \min\limits_{\boldsymbol{X}\in S} f(\boldsymbol{X}) \\ \text{s.t. } g_j(\boldsymbol{X})\leqslant 0,\quad j=1,2,\cdots,p \end{cases} \tag{3-3}$$

个体 $\boldsymbol{X}$ 的约束违反度定义为：$\Phi(\boldsymbol{X})=\sum_{j=1}^{p}\max(0,g_j(\boldsymbol{X}))$。

3.1.2 智能算法在约束优化问题中的研究现状

求解约束极值问题的传统方法有可行方向法、投影梯度法、约束集法、罚函数法等。这些方法各有不同的适用范围及局限性，其中大多数方法需要借助问题的梯度信息，要求目标函数或约束条件连续可微，并且常常为满足严格的可行性要求而付出巨大代价，最终往往只能求到问题的局部极值。

为了有效求解约束问题，人们将目光转向随机搜索方法，其中以智能计算为代表的仿生算法，以其较强的求解力，逐渐成为求解约束优化问题的主要工具。粒子群算法是一种简单有效的随机算法，与其他智能算法相比，它的求解过程更加简单易行，所付出的计算代价更小。因此，其被视为求解约束问题的可行方法。下面对几种代表性方法进行简单介绍。

1. 非固定多段映射罚函数法

罚函数是应用最广泛的一种处理约束方法，其基本思想是通过序列无约束最小化技术，将约束优化问题转化为一系列无约束优化问题进行求解，应用起来比较方便。通常，所构造的广义目标函数具有如下形式。

$$F(\boldsymbol{X})=f(\boldsymbol{X})+h(k)H(\boldsymbol{X}),\quad \boldsymbol{X}\in S \tag{3-4}$$

其中，$f(\boldsymbol{X})$代表原目标函数；$h(k)H(\boldsymbol{X})$称为惩罚项；$h(k)$表示惩罚力度；$H(\boldsymbol{X})$为惩罚因子。在式(3-4)中，如果 $h(k)$在求解过程中保持不变，则称为固定罚函数法；反之则称为非固定罚函数法。

Parsopoulos 与 Vrahatis 较早尝试用 PSO 去求解约束优化问题。在求解过程中，同样采用上述的罚函数法去处理约束条件，其中 $h(k)$可以动态调整，$H(\boldsymbol{X})$具体定义如下：

$$H(\boldsymbol{X})=\sum_{i=1}^{p}\theta(q_i(\boldsymbol{X}))q_i(\boldsymbol{X})^{\gamma(q_i(\boldsymbol{X}))} \tag{3-5}$$

其中，$q_i(\boldsymbol{X})=\max\{0,g_i(\boldsymbol{X})\}$，$i=1,2,\cdots,p$ 表示解对约束的违背程度；$\theta(q_i(\boldsymbol{X}))$是一个多段映射函数；$\gamma(q_i(\boldsymbol{X}))$表示惩罚函数的强度。在罚函数法中，事先确定适当的罚因子很困难，往往需要通过多次实验不断进行调整。

2. 区分可行解与不可行解法

为了避免确定适当的罚因子，文献[5]中引入了不需要罚因子而直接比较个体优劣的分离方法：当两个解都可行时，通过比较它们的适应值 $f(\boldsymbol{X})$ 来判断优劣；当二者之中有一个可行而另一个不可行时，则认为可行解为优；当两个解都不可行时，约束违反度小的解粒子优先。但是，无条件地让所有可行解粒子优于不可行解粒子，则很难在种群中保持一定比例的不可行解，从而无法发挥不可行解的作用。文献[2]中，让一部分接近边界的不可行解与可行解按照它们的适应值进行比较，以便在种群中保留一部分不可行解粒子。当两个粒子都可行时，适应值小的粒子为优(对最小化问题)；当两个粒子都不可行时，约束违反度小的粒子为优；当粒子 $\boldsymbol{X}_i$ 可行而粒子 $\boldsymbol{X}_j$ 不可行时，如果粒子 $\boldsymbol{X}_j$ 的约束违反度小于 ε，则比较它们的适应值，适应值小的粒子为优，否则粒子 $\boldsymbol{X}_i$ 为优。由上述比较准则可知：ε 越大，种群中不可行解的比例就可能越高，为了将不可行解保持在一个固定水平，文献[4]中引入了自适应调整 ε 的策略。

$$\varepsilon=\begin{cases}1.2\varepsilon, & \text{不可行解比例小于 } p\\ 0.8\varepsilon, & \text{不可行解比例大于 } p\\ \varepsilon, & \text{不可行解比例等于 } p\end{cases}$$

文献[2]中的算法有如下缺陷：只保留了一部分接近约束边界的不可行解粒子而没有考虑那些远离约束边界但是目标函数值较小的粒子；另外，不可行解的比例应随着智能代数而动态调整。智能初期，为了保证种群的多样性，避免算法陷入局部最优，应保留数目较多的不可行解粒子；在智能后期，为了保证算法的收敛，应保留数目较小的不可行解粒子。

3. 多目标方法

多目标类方法的特点是：即不使用传统的罚函数，也不区分可行解和不可行解。文献[4]中的算法将约束优化问题转化为两个目标优化问题，其中一个为原问题的目标函数，另一个为违反约束条件的程度函数。利用 Pareto 优于关系，定义个体 Pareto 序值以便对个体进行排序选优。文献[4]中的算法采用分阶段选择策略，第一阶段：当种群中没有可行解时，按照约束违反度对种群中的个体进行排序，选择约束违反度较小的个体组成下一代种群；若种群中的不可行解个数不为 0，则采用第二阶段选择策略：将约束优化问题转化成双目标问题，利用 Pareto 优于关系对个体进行排序选优，若个体的 Pareto 序值相同，则选择位于目标空间中稀疏区域的个体。文献[2]中的算法仍采用了基于 Pareto 序值的智能算法：如果子代种群中的某个非劣个体优于父代种群中的某个个体，则该个体被子代种群中的非劣个体所代替。同时提出了一种不可行个体保留和替代策略，以便保留一些约束违反度较小的个体。这些算法的共同特性是：保留了一些目标函数值较小的不可行解，即保留了一些非劣解。图 3.1 给出了非劣解示意图：其中横坐标代表个体的约束违反度，纵坐标代表个体的目标函数值。如图 3.1 所示，那些目标函数值较小的不可行解将被保留，这些解有助于帮助算法找到真正的最优解。但这些算法有一个共同缺陷：当 Pareto 序值为 1 的个体不唯一时，算法偏好于那些约束违反度较小的非劣解，从而忽略了那些约束违反度较大的非劣解。

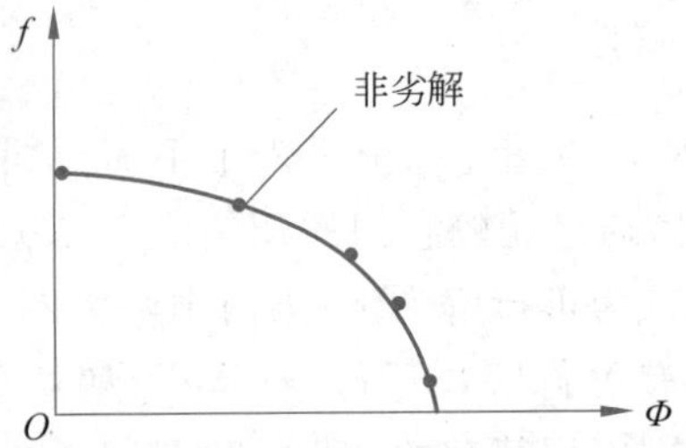

图 3.1　基于 Pareto 序值的选择策略非劣解示意图

3.2 解决约束优化问题的双目标粒子群优化算法

将具有任意多个约束条件的优化问题转化为双目标优化问题，其中一个为原目标函数，另一个为违反约束程度最大的约束条件。与其他多目标优化方法不同，算法采用了偏好于第二个目标的粒子比较准则而没有采用基于 Pareto 排序的比较策略；为了避免算法陷入局部最优，当全局最优解连续几代不发生改变时，采用改进的多父体单形杂交算子对其进行扰动，使得产生的新点更好地继承父代的特性。将扰动后的粒子作为新的寻优方向。数值实验表明：对于某些特定函数，本算法寻优性能优良。

3.2.1　模型的建立

对于约束优化问题见式(3-3)，将其转化成双目标优化问题：其中，第一个目标为 $f_1(\boldsymbol{X})=f(\boldsymbol{X})$；第二个目标为 $f_2(\boldsymbol{X})=\max\{0, g_j(\boldsymbol{X}), j=1\sim p\}$。原问题转化为如下双目标优化问题：

$$\min_{\boldsymbol{X}\in S}\{f_1(\boldsymbol{X}), f_2(\boldsymbol{X})\} \tag{3-6}$$

其中，$f_2(\boldsymbol{X})\geqslant 0$，并且当且仅当 $f_2(\boldsymbol{X})=0$ 时，$\boldsymbol{X}$ 满足所有的约束条件。对 $f_1(\boldsymbol{X})$最小化，可以使得问题见式(3-3) 的目标函数值减小；对 $f_2(\boldsymbol{X})$最小化，可以搜索到原问题的可行解。因此，同时最小化 $f_1(\boldsymbol{X})$和 $f_2(\boldsymbol{X})$意味着不仅能搜索到可行解而且能使目标函数值达到最小，即能搜索到原问题的最优解。

3.2.2　基于偏好的粒子比较准则

在大多数多目标优化方法中，常常使用基于 Pareto 排序或 Pareto 优于关系的粒子比较准则，即非劣粒子被赋予较低的适应度值(在本节中，适应度值越低越好)。这意味着，所有目标都具有同等重要性，那些远离可行域且目标函数值较小的不可行解将被赋予较小的适应值。而实际上，对于某些问题(如可行解数量较多)这些解可能对寻优没有帮助。在本节中，我们使用偏好于第二个目标的粒子比较准则。

(1) 当两个粒子的第二个目标函数值都为 0 时，比较它们之间的适应值(第一个目标函数值)，适应值小的粒子为优。

(2) 当两个粒子的第二个目标函数值都不为 0 时，第二个目标函数值小的粒子为优。

(3) 当一个粒子的第二个目标函数值为 0，而另一个不为 0 时，第二个目标函数值为 0 的粒子为优。

3.2.3　改进的多父体单形杂交算子

多父体单形杂交算子使用 m 个父体向量($\boldsymbol{X}_1,\boldsymbol{X}_2,\cdots,\boldsymbol{X}_m$)(其中 $m\geqslant 3$)重组产生后代，这 m 个向量形成搜索空间中的一个单形。将单形沿各个方向($\boldsymbol{X}_i-\boldsymbol{O}$)以一定的比例扩张(其中 $\boldsymbol{O}$ 是 m 个向量的中心)，从扩张后的单形中随机地取一点即为一个后代。本节算法中取 $m=3$，图 3.2 给出了由向量 $\boldsymbol{X}_1,\boldsymbol{X}_2,\boldsymbol{X}_3$ 形成的单形。对此单形以比例 $\eta=1+\varepsilon$ 扩张(ε 取为 3～6)形成新单形。

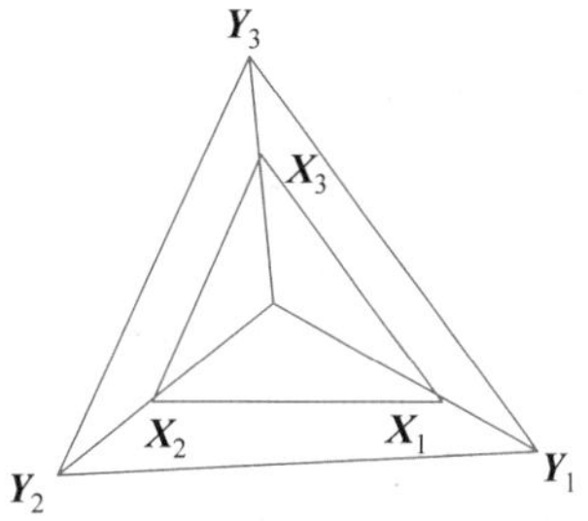

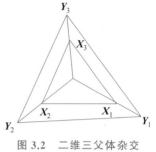

图 3.2　二维三父体杂交

其中 $\boldsymbol{Y}_i=\eta(\boldsymbol{X}_i-\boldsymbol{O})$，$i=1,2,3$，记 $\boldsymbol{Y}_i=(y_{i1},y_{i2},\cdots,y_{in})$。在新单形中任取一点 $\boldsymbol{Z}=(z_1,z_2,\cdots,z_n)$作为三父体杂交算子产生的后代。其中，$z_j=\sum_{i=1}^{3}k_{ji}y_{ij}$，$j=1\sim n$，$\boldsymbol{K}_i=(k_{i1},k_{i2},\cdots,k_{im})$，$i=1\sim n$。$\boldsymbol{K}_i$ 由下述方法产生：

产生一个在 $C^m=\{(x_1,x_2,\cdots,x_m)\in\mathbf{R}^m\mid 0\leqslant x_i\leqslant 1,i=1\sim m\}$中具有 m 个因素，q 个水平的均匀设计，其中 $q=n$。具体步骤如下：产生一个 $q\times m$ 矩阵，即

$$\boldsymbol{U}(q,m,b)=(a_{ij})=\begin{pmatrix}1 & b & \cdots & b^{m-1}\\ 2 & 2b & \cdots & 2b^{m-1}\\ \vdots & \vdots & & \vdots\\ q & qb & \cdots & qb^{m-1}\end{pmatrix}(\bmod q) \tag{3-7}$$

其中，$q\geqslant m+1$，q 为素数；mod q 表示对矩阵每个元素求以 q 为模的同余数所得的矩阵，$1<b<q$，q 的取值可由文献[8]查得。$\boldsymbol{U}(q,m,b)$中的每一行都可用下述方法定义 C^m 中的一个点 $\boldsymbol{K}_i^*$，$i=1\sim n$。$\boldsymbol{K}_i^*=(k_{i1}^*,k_{i2}^*,\cdots,k_{im}^*)$，其中 $k_{ij}^*=\dfrac{2a_{ij}+1}{2q}$，$i=1\sim n$，$j=1\sim m$。由文献[8]可知，点集$\{\boldsymbol{K}_1^*,\boldsymbol{K}_2^*,\cdots,\boldsymbol{K}_n^*\}$在 C^m 中是均匀分布的。令 $\boldsymbol{K}_i=\boldsymbol{K}_i^*/\|\boldsymbol{K}_i^*\|_1$，$\|\boldsymbol{K}_i^*\|_1=\sum_{j=1}^{m}k_{ij}^*$，$i=1\sim n$。

3.2.4　双目标粒子群优化(TPSO)算法的流程

双目标粒子群优化(two-objective particle swarm optimization，TPSO)算法的流程如下。

(1) 选择适当的参数，给定种群规模 N，在定义范围内随机初始粒子的速度与位置，产生初始种群 pop(t)，$t=0$。

(2) 将粒子的 **Pbest**(t)设置为当前位置，**Gbest**(t)设置为初始种群中最佳粒子的位置。

(3) 判断算法停止准则是否满足，如满足，转向(8)；否则执行(4)。

(4) 对种群中所有粒子，执行如下操作。

① 根据式(2-7)、式(2-5)更新粒子的速度与位置得到下一代种群 pop($t+1$)；

② 使得 pop($t+1$) 中所有粒子的位置与速度都在定义范围内。

(5) 找到种群迄今所发现的最好位置 **Gbest**($t+1$)，计算扰动概率 $p_r=\dfrac{1}{1+e^{\theta}}$，其中，$\theta=$

$|f(\mathbf{Gbest}(t+1))-f(\mathbf{Gbest}(t))|$。令 $\boldsymbol{X}_1=\mathbf{Gbest}(t+1)$，$\boldsymbol{X}_2=\mathbf{Gbest}(t)$，从 pop$(t+1)$ 中随机取一点作为 $\boldsymbol{X}_3$，随机产生一数 $r\in(0,1)$，若 $r<p_r$ 则按照 3.2.3 节所述杂交算子产生新粒子，用它来代替 $\mathbf{Gbest}(t+1)$ 作为新的寻优方向，令 $t=t+1$。

(6) 按照 3.2.2 节所述的基于偏好的粒子比较准则更新 pop(t)中每个粒子的个体最好位置。

(7) 判断算法停止准则是否满足，如果满足转向(8)，否则转向(4)。

(8) 输出 **Gbest**，算法停止。

粒子群算法在运行过程中，容易陷入局部最优。为了避免算法的早熟收敛，就必须提供一种机制，让算法发生早熟收敛时，能够跳出局部最优，进入解空间的其他区域进行搜索，直至找到最优解。如果算法出现早熟收敛，全局极值就一定是局部极值，如果这时改变粒子的寻优方向，就有可能让粒子进入其他区域搜索。考虑到粒子在当前 **Gbest** 的作用下也可能发现更好的位置，因此在(5)中，给定了一个扰动概率，当相邻两代的 $f(\mathbf{Gbest})$值没有太大改进时，就以一定的概率 p_r 对 **Gbest** 进行扰动。而改进后的多父体杂交算子，能保证新粒子更好地继承父代点的特性。

3.2.5 数值模拟

为了验证本节算法的有效性，选取文献[2]中的 6 个标准测试函数，并和目前公认的较好方法 RY、SAFF、FSA 及标准粒子群算法(standard particle swarm optimization，SPSO)进行比较。为了比较公平，本算法与标准粒子群算法选取相同的参数：种群规模 $N=200$；$c_1=c_2=2.0$；$\omega=0.4$；最大智能代数 1750；等式约束违反度为 0.0001。其中，SAFF 的函数评估次数最大，FSA 的函数评估次数最小，本章算法的函数评估次数介于二者之间。对每个函数独立运行 30 次，记录其最好值、最差值和平均值。所有数据见表 3.1，所用的测试函数如下，其中 n 为问题的维数，$\boldsymbol{X}=(x_1,x_2,\cdots,x_n)$。

表 3.1 各方法的计算结果比较

函数序号及最优值	各项值	TPSO	SPSO	RY	SAFF	FSA
例 3.1 −6961.814	最优值	−6961.814	−6961.814	−6961.814	−6961.800	−6961.814
	平均值	−6961.814	−6955.977	−6875.940	−6961.800	−6961.814
	最差值	−6961.814	−6951.423	−6350.262	−6961.800	−6961.814
例 3.2 −0.095825	最优值	−0.095825	−0.095825	−0.095825	−0.095825	−0.095825
	平均值	−0.095825	−0.095825	−0.095825	−0.095825	−0.095825
	最差值	−0.095825	−0.095825	−0.095825	−0.095825	−0.095825
例 3.3 0.75	最优值	0.7523	0.7498	0.750	0.750	0.750
	平均值	0.7523	0.7498	0.750	0.750	0.750
	最差值	0.7523	0.7498	0.750	0.750	0.750

续表

函数序号及最优值	各项值	TPSO	SPSO	RY	SAFF	FSA
例 3.4 −1.000	最优值	−1.000	−1.000	−1.000	−1.000	−1.000
	平均值	−1.000	−1.000	−1.000	−1.000	−1.000
	最差值	−1.000	−1.000	−1.000	−1.000	−1.000
例 3.5 −30665.539	最优值	−30662.251	−30575.417	−30665.539	−30665.50	−30665.538
	平均值	−30616.259	−30525.514	−30665.539	−30665.20	−30665.467
	最差值	−30546.878	−30450.142	−30665.539	−30663.30	−30664.688
例 3.6 680.630	最优值	680.638	682.479	680.630	680.640	680.630
	平均值	684.066	683.000	680.656	680.720	680.636
	最差值	687.017	683.541	680.763	680.870	680.698

例 **3.1**：

$$\min f(\boldsymbol{X})=(x_1-10)^3+(x_2-20)^3$$
$$\text{s.t. } g_1(\boldsymbol{X})=-(x_1-5)^2-(x_2-5)^2+100\leqslant 0$$
$$g_2(\boldsymbol{X})=(x_1-6)^2+(x_2-5)^2-82.81\leqslant 0$$

其中，$13\leqslant x_1\leqslant 100$，$0\leqslant x_2\leqslant 100$，已知的全局最优值为−6961.81388。利用本章算法获得的最优解是 $\boldsymbol{X}=(14.095,84.296)$，最优值为−6961.81387。

例 **3.2**：

$$\min f(\boldsymbol{X})=-\frac{\sin^3(2\pi x_1)\sin(2\pi x_2)}{x_1^3(x_1+x_2)}$$
$$\text{s.t. } g_1(\boldsymbol{X})=x_1^2-x_2+1\leqslant 0$$
$$g_2(\boldsymbol{X})=1-x_1+(x_2-4)^2\leqslant 0$$

其中，$0\leqslant x_1\leqslant 10$，$0\leqslant x_2\leqslant 10$。已知的全局最优值为−0.095825。利用本章算法获得的最优解是 $\boldsymbol{X}=(1.2279713,4.2453733)$，最优值是−0.095825。

例 **3.3**：

$$\min f(\boldsymbol{X})=x_1^2+(x_2-1)^2$$
$$\text{s.t. } h(\boldsymbol{X})=x_2-x_1^2=0$$

其中，$-1\leqslant x_1\leqslant 1$，$-1\leqslant x_2\leqslant 1$，已知的全局最优值为 0.75。利用本章算法获得的最优解是 $\boldsymbol{X}=(0.6625177,0.4401920)$，最优值是 0.7523。

例 **3.4**：

$$\min f(\boldsymbol{X})=-(100-(x_1-5)^2-(x_2-5)^2-(x_3-5)^2)/100$$
$$\text{s.t. } g(\boldsymbol{X})=(x_1-p)^2+(x_2-q)^2+(x_3-r)^2-0.0625\leqslant 0$$

其中，$0\leqslant x_i\leqslant 10(i=1,2,3)$，$p,q,r=1,2,\cdots,9$，已知的全局最优值为−1。利用本章算法获得的最优解是 $\boldsymbol{X}=(5.0000,5.0000,5.0000)$，最优值是−1。

例 **3.5**：

$$\min f(\boldsymbol{X})=5.3578547x_3^2+0.8356891x_1x_5+37.293239x_1-40792.141$$

$$\begin{aligned}\text{s.t. } g_1(\boldsymbol{X}) &= 85.334407 + 0.0056858x_2x_5 + 0.0006262x_1x_4 - 0.0022053x_3x_5 \leqslant 92\\ g_2(\boldsymbol{X}) &= -85.334407 - 0.0056858x_2x_5 - 0.0006262x_1x_4 + 0.0022053x_3x_5 \leqslant 0\\ g_3(\boldsymbol{X}) &= 80.51294 + 0.0071317x_2x_5 + 0.0029955x_1x_2 + 0.0021813x_3^2 \leqslant 110\\ g_4(\boldsymbol{X}) &= -80.51294 - 0.0071317x_2x_5 - 0.0029955x_1x_2 - 0.0021813x_3^2 + 90 \leqslant 0\\ g_5(\boldsymbol{X}) &= 9.300961 + 0.0047026x_3x_5 + 0.0012547x_1x_3 + 0.0019085x_3x_4 \leqslant 25\\ g_6(\boldsymbol{X}) &= -9.300961 - 0.0047026x_3x_5 - 0.0012547x_1x_3 - 0.0019085x_3x_4 + 20 \leqslant 0\end{aligned}$$

其中，$78\leqslant x_1\leqslant 102$，$33\leqslant x_2\leqslant 45$，$27\leqslant x_i\leqslant 45(i=3,4,5)$，已知的全局最优值为－30665.539。本章算法获得的最优解为 $\boldsymbol{X}=(78.0010058, 33.0204153, 30.0109580, 44.9736607, 36.7477465)$，最优值为－30662.251。

例 3.6：

$$\begin{aligned}\min f(\boldsymbol{X}) = &(x_1-10)^2 + 5(x_2-12)^2 + x_3^4 + 3(x_4-11)^2 +\\ &10x_5^6 + 7x_6^2 + x_7^4 - 4x_6x_7 - 10x_6 - 8x_7\end{aligned}$$

$$\begin{aligned}\text{s.t. } g_1(\boldsymbol{X}) &= -127 + 2x_1^2 + 3x_2^4 + x_3 + 4x_4^2 + 5x_5 \leqslant 0\\ g_2(\boldsymbol{X}) &= -282 + 7x_1 + 3x_2 + 10x_3^2 + x_4 - x_5 \leqslant 0\\ g_3(\boldsymbol{X}) &= -196 + 23x_1 + x_2^2 + 6x_6^2 - 8x_7 \leqslant 0\\ g_4(\boldsymbol{X}) &= 4x_1^2 + x_2^2 - 3x_1x_2 + 2x_3^2 + 5x_6 - 11x_7 \leqslant 0\end{aligned}$$

其中，$-10\leqslant x_i\leqslant 10(i=1,2,\cdots,7)$，已知的全局最优值为 680.6300573。本章算法获得的最优解为 $\boldsymbol{X}=(2.3164505, 1.9591122, -0.4854822, 4.3485594, -0.6139591, 1.0314383, 1.5749888)$，最优值为 680.638。

从表 3.1 可以看出，对于例 3.1、例 3.2、例 3.4，TPSO 均求出了最优性结果，而且在约束违反度允许的情况下。对于例 3.5 和例 3.6，本节算法虽然没有得到最优值，但是 TPSO 得到的最优值均要优于 SPSO 得到的最优值，而且对于例 3.5，本节算法所得到的平均值和最差值均要优于 SPSO 得到的相应结果。对于例 3.6，本节算法求得的最优值优于 SAFF 所得最优值。从上述 6 个例子可以看出，本节算法是有效可行的。

3.3 解决约束优化问题的模糊粒子群算法

本节针对复杂约束单目标优化问题，提出了一种模糊粒子群算法(fuzzy particle swarm optimization，FPSO)，设计了一个新的扰动算子，使得扰动后的粒子偏向于当前种群中约束违反度小或目标函数值小的粒子。在此基础上定义了模糊个体极值和模糊全局极值，利用这两个定义改进了粒子群智能方程，利用该方程更新粒子的速度与位置，可以避免早熟收敛问题；定义了不可行度阈值，利用此定义给出了新的粒子比较准则，该准则采用对约束逐个处理的技术，使得一部分性能较优的不可行解粒子得以保留，从而达到使不可行解向可行解智能的目的。仿真结果表明，对于复杂约束单目标优化问题，算法寻优性能优良，特别是对超高维约束优化问题，该算法获得了更高精度的解。

3.3.1 模糊个体极值和模糊全局极值的提出

在用粒子群算法求解函数优化问题时，主要面临以下两个问题。

(1) 当全局极值 **Gbest** 或个体极值 **Pbest** 位于局部最优点时，粒子群就无法在解空间内重新搜索，其他粒子将迅速向局部最优解靠拢，算法出现早熟收敛。

(2) 粒子群算法搜索模式的单一性(由于粒子群算法中仅利用了全局极值点的信息，没有考虑其他点的信息，使得粒子产生方式比较单一)，不利于保持种群多样性，扩大搜索范围。

基于以上问题的提出，本节对个体极值及全局极值以概率 p_{r1} 进行一次扰动，然后再以概率 p_{r2} 进行第二次扰动。将扰动后的新位置 **FGbest**，**FGbest** 作为粒子的新寻优方向。其中：

$$\textbf{FGbest}=(\text{fgbest}_1,\text{fgbest}_2,\cdots,\text{fgbest}_n)(\text{模糊全局极值})$$

$$\textbf{FPbest}=(\text{fpbest}_1,\text{fpbest}_2,\cdots,\text{fpbest}_n)(\text{模糊个体极值})$$

在本节中，粒子的智能方向不再确定而是以一定的概率进行变化。与文献[4]中的方法不同，智能方向由确定转为不确定体现了算法的模糊化思想。具体步骤如下：假设 $\boldsymbol{Y}$ 是进行扰动操作的一个点。

(1) 对 $\boldsymbol{Y}$ 进行一次扰动后所得点为 $F\boldsymbol{Y}_1=\boldsymbol{Y}+\lambda\dfrac{F(\boldsymbol{Y})}{\|F(\boldsymbol{Y})\|_2}$，其中，$\lambda\in(0,1)$ 为点 $\boldsymbol{Y}$ 沿着方向 $\dfrac{F(\boldsymbol{Y})}{\|F(\boldsymbol{Y})\|_2}$ 所走的步长。$F(\boldsymbol{Y})=\sum\limits_{\boldsymbol{X}_i\in\text{pop},\boldsymbol{X}_i\neq\boldsymbol{Y}}F_i(\boldsymbol{X}_i,\boldsymbol{Y})$，$F_i(\boldsymbol{X}_i,\boldsymbol{Y})$ 由下式确定。

$$F_i(\boldsymbol{X}_i,\boldsymbol{Y})=\frac{\boldsymbol{X}_i-\boldsymbol{Y}}{\|\boldsymbol{X}_i-\boldsymbol{Y}\|_2}\cdot\frac{C-\Phi(\boldsymbol{X}_i)}{f(\boldsymbol{X}_i)}\tag{3-8}$$

其中，$\Phi(\boldsymbol{X}_i)$为粒子 $\boldsymbol{X}_i$ 的约束违反度；C 为正常数，一般取值较大，使得 $C-\Phi(\boldsymbol{X})>0$，本节中 $C=10000$。由式(3-8)可以看出，点 $\boldsymbol{Y}$ 的移动方向是由当前种群中所有粒子共同决定的，且该方向偏向于约束违反度较小或目标函数值较小的粒子所在的位置。因此，沿着该方向进行扰动可能会找到更好的点。

(2) 为了避免 $\boldsymbol{Y}$ 一直沿着某一方向进行扰动，对第一次扰动后所得点以概率 p_{r2} 进行第二次扰动：假设 $F\boldsymbol{Y}_1$ 将进行第二次扰动，其扰动后代记为$\overline{F\boldsymbol{Y}_1}$。

$\overline{F\boldsymbol{Y}_1}=F\boldsymbol{Y}_1+\Delta\boldsymbol{Z}$，其中，$\Delta\boldsymbol{Z}\sim N(0,\sigma^2)=(N(0,\sigma_1^2),N(0,\sigma_2^2),\cdots,N(0,\sigma_n^2))$，即 $\Delta\boldsymbol{Z}$ 是服从均值为 $0=(0,0,\cdots,0)$、方差为 $\sigma^2=(\sigma_1^2,\sigma_2^2,\cdots,\sigma_n^2)$的 n 维正态分布。

于是粒子群智能方程变为

$$v_{ij}(t+1)=\omega v_{ij}(t)+c_1r_{1j}(t)(\text{fpbest}_{ij}(t)-x_{ij}(t))+c_2r_{2j}(t)(\text{fpbest}_j(t)-x_{ij}(t))\tag{3-9}$$

$$x_{ij}(t+1)=x_{ij}(t)+v_{ij}(t+1)\tag{3-10}$$

3.3.2　基于阈值的粒子比较准则

考虑到一大类约束优化问题，在智能初期很难找到可行解而且其最优解位于约束边界或附近。对于这类问题，本节采用对约束逐个处理的技术，使得一部分性能较优的不可行解粒子得以保留，从而达到使不可行解向可行解智能的目的。

1. 定义不可行度阈值

为了逐步增加满足约束的压力，使搜索向可行域方向靠近，首先定义了不可行度阈

值为

$$\varphi=\frac{1}{T_0}\sum_{i=1}^{N}\Phi(\boldsymbol{X}_i)/N \tag{3-11}$$

其中，$\frac{1}{T_0}$为退火因子，随着迭代的进行，T_0 由 0.4 线性增加为 0.8；N 为种群规模。

本节采用对约束条件逐个处理的技术，通过对每一个候选解的部分约束违反度与不可行度阈值的比较来决定该解是可接受的还是不可接受的。个体 $\boldsymbol{X}$ 的部分约束违反度定义为：$IF(\boldsymbol{X})=\sum_{j=1}^{q}\max(0,h_j(\boldsymbol{X}))$。其中，$1\leqslant q\leqslant p$，对 p 个约束条件 $g_1,g_2,\cdots,g_p$ 按照违反约束程度从小到大进行排序得到 $h_1,h_2,\cdots,h_p$。

当一个不可行解的部分约束违反度大于不可行度阈值时，该解为不可接受的；否则，该解为可接受的。

2. 新的粒子比较准则

与 3.2.2 节所述的粒子比较准则不同，本节采用的比较准则可以保留一部分目标函数值较小的不可行解，这部分不可行解对算法寻优是很有帮助的。

(1) 当两个粒子都是可行粒子时，比较它们的目标函数值，目标函数值小的粒子为优。

(2) 当两个粒子都为不可行粒子时，如果它们的约束违反度都小于给定的阈值，则目标函数值小的粒子为优；否则，约束违反度小的粒子为优。

(3) 当粒子 $\boldsymbol{X}$ 不可行而粒子 $\boldsymbol{Y}$ 可行时，如果粒子 $\boldsymbol{X}$ 的部分约束违反度 $\sum_{j=1}^{\lceil t/t_0\rceil}\max(0,h_j(\boldsymbol{X}))\leqslant\varphi$，则比较它们的目标函数值，适应值小的粒子为优；否则，$\boldsymbol{Y}$ 粒子为优。

在(3) 中，对约束条件采用逐个处理的方法，即在不同的代数，所处理的约束条件的个数不同。其中有

$$t_0=\left\lceil\frac{t_{\max}}{p}\right\rceil \tag{3-12}$$

t 为种群智能的当前代数，$t_{\max}$为智能的最大代数，p 为总的约束个数，$\lceil\boldsymbol{X}\rceil$表示超过 $\boldsymbol{X}$ 的最小整数。举一实例来说明此约束处理方法：若 $t_{\max}=100$，$p=4$，则 $t_0=25$，约束条件分 4 个阶段逐一处理。

第一阶段：当智能代数 $1\leqslant t\leqslant 25$ 时，只处理一个约束条件，即$\left\lceil\frac{t}{t_0}\right\rceil=1$。

第二阶段：当智能代数 $26\leqslant t\leqslant 50$ 时，处理两个约束条件，即$\left\lceil\frac{t}{t_0}\right\rceil=2$。

第三阶段：当智能代数 $51\leqslant t\leqslant 75$ 时，处理三个约束条件，即$\left\lceil\frac{t}{t_0}\right\rceil=3$。

第四阶段：当智能代数 $76\leqslant t\leqslant 100$ 时，处理所有的约束条件，即$\left\lceil\frac{t}{t_0}\right\rceil=4$。

由上分析可以看出，该方法采用对约束逐个处理的策略，逐步增加满足约束的压力，使不可行解逐步向可行解智能。

3.3.3　模糊粒子群(FPSO)算法的流程

(1) 选择适当的参数,给定种群规模 N,在定义范围内随机初始粒子的速度与位置,产生初始种群 pop(t),$t=0$。

(2) 将粒子的 **Pbest**(t)设置为当前位置,**Gbest**(t)设置为初始种群中最佳粒子的位置。

(3) 判断算法停止准则是否满足,如满足,转向(9);否则执行(4)。

(4) 对于粒子群 pop(t)中的所有粒子,执行如下操作。

① 产生随机数 $r\in[0,1]$,如果 $r<p_{r1}$,则对个体极值 **Pbest**(t)及全局极值 **Gbest**(t)按照3.3.1 节所述方法进行扰动,得到 **FPbest**(t)及 **FGbest**(t),否则令 **FPbest**=**Pbest**,**FGbest**=**Gbest**。

② 根据式(3-9)、式(3-10)更新粒子的速度与位置得到下一代种群 pop($t+1$)。

(5) 使得 pop($t+1$) 中所有粒子的位置与速度都在定义范围内,令 $t=t+1$。

(6) 按照 3.3.2 节所述粒子比较准则更新每个粒子的个体极值。

(7) 更新所有粒子经历过的最好位置 **Gbest**(t)。

(8) 判断算法停止准则是否满足,若满足转向(9),否则转向(4)。

(9) 输出 **Gbest**,算法停止。

3.3.4　数值模拟

为了验证本节算法(FPSO)的有效性,选取文献[2]中的 10 个标准测试函数,其中,前 6 个测试函数同 3.2.5 节所采用的函数,其余测试函数描述如下。将 FPSO 和目前公认的较好方法 RY、SAFF、FSA 及 SPSO 进行比较。为了比较公平,本算法与标准粒子群算法选取相同的参数:种群规模 $N=200$;$c_1=c_2=2.0$;$\omega=0.4$;$p_{r1}=0.6$;例 3.1～例 3.4 中 $p_{r2}=0.1$;例 3.5～例 3.6 中 $p_{r2}=0.4$;例 3.7～例 3.10 中 $p_{r2}=0.8$;最大智能代数为 1750;等式约束违反度为 0.0001。其中,SAFF 的函数评估次数最大,FSA 的函数评估次数最小,本文算法的函数评估次数介于二者之间。对每个函数独立运行 30 次,记录其最好值、最差值和平均值。所有数据如表 3.2 所示,所用的测试函数如下,其中 n 为问题的维数,$\boldsymbol{X}=(x_1,x_2,\cdots,x_n)$。

表 3.2　各方法的计算结果比较

函数序号及最优值	各项值	TPSO	SPSO	RY	SAFF	FSA
例 3.1 −6961.814	最优值	−6961.814	−6961.814	−6961.814	−6961.800	−6961.814
	平均值	−6961.808	−6955.977	−6875.940	−6961.800	−6961.814
	最差值	−6961.795	−6951.423	−6350.262	−6961.800	−6961.814
例 3.2 −0.095825	最优值	−0.095825	−0.095825	−0.095825	−0.095825	−0.095825
	平均值	−0.095825	−0.095825	−0.095825	−0.095825	−0.095825
	最差值	−0.095825	−0.095825	−0.095825	−0.095825	−0.095825
例 3.3 0.75	最优值	0.7485	0.7498	0.750	0.750	0.750
	平均值	0.7485	0.7498	0.750	0.750	0.750
	最差值	0.7485	0.7498	0.750	0.750	0.750

续表

函数序号及最优值	各项值	TPSO	SPSO	RY	SAFF	FSA
例 3.4 −1.000	最优值	−1.000	−1.000	−1.000	−1.000	−1.000
	平均值	−1.000	−1.000	−1.000	−1.000	−1.000
	最差值	−1.000	−1.000	−1.000	−1.000	−1.000
例 3.5 −30665.539	最优值	−30662.2515	−30575.417	−30665.539	−30665.50	−30665.538
	平均值	−30661.667	−30525.514	−30665.539	−30665.20	−30665.467
	最差值	−30660.9714	−30450.142	−30665.539	−30663.30	−30664.688
例 3.6 680.630	最优值	680.638	682.479	680.630	680.640	680.630
	平均值	680.661	683.000	680.656	680.720	680.636
	最差值	680.674	683.541	680.763	680.870	680.698
例 3.7 7049.3307	最优值	7065.5383	7378.655	7054.316	7061.34	7059.864
	平均值	7290.276	7878.977	7559.192	7627.89	7509.321
	最差值	7556.434	8690.276	8835.655	8288.79	9398.649
例 3.8 −0.803619	最优值	−0.803539	−0.669158	−0.803515	−0.80297	−0.754913
	平均值	−0.797914	−0.419960	−0.781975	−0.79010	−0.371708
	最差值	−0.792190	−0.299426	−0.726288	−0.76043	−0.271311
例 3.9 −1.000	最优值	−1.0046	−0.99779	−1.000	−1.000	−1.000
	平均值	−1.00423	−0.99132	−1.000	−1.000	−0.999
	最差值	−1.00405	−0.98626	−1.000	−1.000	−0.992
例 3.10 24.306	最优值	24.6390	24.9232	24.307	24.48	24.311
	平均值	24.918	32.4072	24.374	26.58	24.380
	最差值	25.308	56.0547	24.642	28.40	24.644

例 3.7：

$$\min f(\boldsymbol{X}) = x_1 + x_2 + x_3$$

$$\text{s.t. } g_1(\boldsymbol{X}) = -1 + 0.0025(x_4 + x_6) \leqslant 0$$

$$g_2(\boldsymbol{X}) = 1 + 0.0025(x_5 + x_7 - x_4) \leqslant 0$$

$$g_3(\boldsymbol{X}) = -1 + 0.01(x_8 - x_5) \leqslant 0$$

$$g_4(\boldsymbol{X}) = -x_1x_6 + 833.33252x_4 + 100x_1 - 83333.333 \leqslant 0$$

$$g_5(\boldsymbol{X}) = -x_2x_7 + 1250x_5 + x_2x_4 - 1250x_4 \leqslant 0$$

$$g_6(\boldsymbol{X}) = -x_3x_8 + 1250000 + x_3x_5 - 2500x_5 \leqslant 0$$

其中，$100 \leqslant x_1 \leqslant 10000$，$1000 \leqslant x_i \leqslant 10000 (i=2,3)$，$10 \leqslant x_i \leqslant 1000 (i=4 \sim 8)$，已知的全局最优值为 7049.3307。本节算法获得的最优解是 $\boldsymbol{X}=(703.5940, 1188.0863, 5173.8579, 191.5589, 293.0880, 208.4430, 298.3933, 393.0747)$，最优值是 7065.5383。

例 3.8：

$$\min f(\boldsymbol{X}) = -\left| \frac{\sum_{i=1}^{n} \cos^4(x_i) - 2\prod_{i=1}^{n} \cos^2(x_i)}{\sqrt{\sum_{i=1}^{n} i x_i^2}} \right|$$

$$\text{s.t. } g_1(\boldsymbol{X}) = 0.75 - \prod_{i=1}^{n} x_i \leqslant 0$$

$$g_2(\boldsymbol{X}) = \sum_{i=1}^{n} x_i - 7.5n \leqslant 0$$

其中，$n=20, 0 \leqslant x_i \leqslant 10 (i=1 \sim n)$，已知的全局最优值为 0.803619。本节算法求得的最优值为−0.803539。

例 3.9：

$$\min f(\boldsymbol{X}) = -(\sqrt{n})^n \prod_{i=1}^{n} x_i$$

$$\text{s.t. } h_1(\boldsymbol{X}) = \sum_{i=1}^{n} x_i^2 - 1 = 0$$

其中，$n=10, 0 \leqslant x_i \leqslant 1 (i=1 \sim n)$，已知的全局最优值为−1。本节算法求得的最优值为−1.0046。

例 3.10：

$$\begin{aligned} \min f(\boldsymbol{X}) = {} & x_1^2 + x_2^2 + x_1 x_2 - 14x_1 - 16x_2 + (x_3 - 10)^2 + \\ & 4(x_4 - 5)^2 + (x_5 - 3)^2 + 2(x_6 - 1)^2 + 5x_7^2 + \\ & 7(x_8 - 11)^2 + 2(x_9 - 10)^2 + (x_{10} - 7)^2 + 45 \end{aligned}$$

$$\begin{aligned} \text{s.t. } & g_1(\boldsymbol{X}) = -105 + 4x_1 + 5x_2 - 3x_7 + 9x_8 \leqslant 0 \\ & g_2(\boldsymbol{X}) = 10x_1 - 8x_2 - 17x_7 + 2x_8 \leqslant 0 \\ & g_3(\boldsymbol{X}) = -8x_1 + 2x_2 + 5x_9 - 2x_{10} - 12 \leqslant 0 \\ & g_4(\boldsymbol{X}) = 3(x_1 - 2)^2 + 4(x_2 - 3)^2 + 2x_3^2 - 7x_4 - 120 \leqslant 0 \\ & g_5(\boldsymbol{X}) = 5x_1^2 + 8x_2 + (x_3 - 6)^2 - 2x_4 - 40 \leqslant 0 \\ & g_6(\boldsymbol{X}) = x_1^2 + 2(x_2 - 2)^2 - 2x_1 x_2 + 14x_5 - 6x_6 \leqslant 0 \\ & g_7(\boldsymbol{X}) = 0.5(x_1 - 8)^2 + 2(x_2 - 4)^2 + 3x_5^2 - x_6 - 30 \leqslant 0 \\ & g_8(\boldsymbol{X}) = -3x_1 + 6x_2 + 12(x_9 - 8)^2 - 7x_{10} \leqslant 0 \end{aligned}$$

其中，$-10 \leqslant x_i \leqslant 10 (i=1 \sim 10)$，已知的全局最优值是 24.3062。本节算法获得的最优值是 24.6390。

从表 3.2 可以看出，对于例 3.1、例 3.2、例 3.4，FPSO 均求出了最优性结果，而且在约束违反度允许的情况下，对于例 3.3 和例 3.9，本节算法得到的最优值均优于已知的最优值。对于例 3.8（超高维问题），本节算法虽然没有得到最优值，但是所得结果与最优值误差很小，而且 FPSO 所得到的最优值、平均值及最差值均要优于其他 4 种算法。对于例 3.5，FPSO 求得的最优值、平均值及最差值均要优于 SPSO 所得到的相应结果。对于例 3.6，本节算法求得的最优值、平均值及最差值均要优于 SPSO 和 SAFF 得到的相应结果。对于例 3.7，FPSO 求得的最优值、平均值及最差值均要优于 SPSO 所得到的相应结果，而且在平均值和最差值方面均要优于 RY、SAFF 和 FSA 所得相应结果。对于例 3.10，本节算法求得的最优值、平均值及最差值均要优于 SPSO 所得到的相应结果。由以上分析可知，在函数评估次数适当的情况下，FPSO 可以得到较好的结果。

3.3.5 收敛性分析

为了对算法 FPSO 进行收敛性分析，先引入概率论中的有关知识。

定义 3.1

设$\{\xi_k\}$是概率空间$\{\Omega,F,P\}$上的随机变量序列，若存在随机变量 ξ，有

$$\lim_{k\to\infty}P\{\|\xi_k-\xi\|<\varepsilon\}=1 \tag{3-13}$$

则称随机变量序列$\{\xi_k\}$依概率收敛于随机变量 ξ。$P\{\circ\}$表示随机事件$\circ$的概率。

定义 3.2

设$\{\xi_k\}$是概率空间$\{\Omega,F,P\}$上的随机变量序列，若存在随机变量 ξ，有

$$P\{\lim_{k\to\infty}\xi_k=\xi\}=1 \tag{3-14}$$

或者，对于 $\forall\varepsilon>0$，有

$$P\left\{\bigcap_{t=1}^{\infty}\bigcup_{k\geqslant t}\{\|\xi_k-\xi\|\geqslant\varepsilon\}\right\}=0 \tag{3-15}$$

则称随机序列$\{\xi_k\}$以概率 1 收敛于随机变量 ξ。

引理 3.1

波雷尔—坎特里(Borel-Cantelli)引理

设 $A_1,A_2,\cdots$是概率空间上一事件序列，令 $p_k=P\{A_k\},k=1,2,\cdots$。若 $\sum_{k=1}^{\infty}p_k<\infty$，则

$$P\left\{\bigcap_{t=1}^{\infty}\bigcup_{k\geqslant t}A_k\right\}=0 \tag{3-16}$$

若 $\sum_{k=1}^{\infty}p_k=\infty$，且各 A_k 相互独立，则

$$P\left\{\bigcap_{t=1}^{\infty}\bigcup_{k\geqslant t}A_k\right\}=1 \tag{3-17}$$

假设 3.1

(1) 令式(3-3)的可行域 Ω 是 $\mathbf{R}^n$ 中的有界闭区域，且对于 $\forall\boldsymbol{X}\in\Omega$，$\boldsymbol{X}$ 的任何邻域与 Ω 的交集的 Lebesgue 测度大于零。

(2) 目标函数 $f(x)$在 $\Omega\subset S$ 上连续，且 $S_{\text{opt}}=\{\boldsymbol{X}\mid\arg\min_{\boldsymbol{X}\in\Omega}f(\boldsymbol{X})\}\neq\varnothing$。

对 $\forall\varepsilon>0$，记

$$Q_1=\{\boldsymbol{X}\in\Omega\,\|\,f(\boldsymbol{X})-f^*\|<\varepsilon\},Q_2=\Omega\backslash Q_1 \tag{3-18}$$

其中，$f^*=\min\{f(\boldsymbol{X}),\boldsymbol{X}\in\Omega\}$，于是，由算法 FPSO 产生的种群序列$\{\text{pop}(k)\}$可分成两种状态。

① 若 pop(k)中至少有一点属于 Q_1，则称 pop(k)处于状态 S_1。

② 若 pop(k)中所有点都不属于 Q_1，则称 pop(k)处于状态 S_2。

定理 3.1

设 $p_{ij}(i,j=1,2)$ 表示 pop(k)处于状态 S_i，而 pop($k+1$) 处于状态 S_j 的概率，在假设 3.1 条件下有

(1) 对任意处于状态 S_1 的 pop(k)，必有 $p_{11}=1$。

(2) 对任意处于状态 S_2 的 pop(k)，存在一个常数 $c\in(0,1)$，使得 $p_{22}<c$。

证明：

从算法 FPSO 的全局极值 **Gbest** 的选择方法知：算法具有保优性，若 pop(k)$\in S_1$，则 pop($k+1$)$\in S_1$，即状态为 S_1 的种群不会智能到状态为 S_2 的种群，所以(1)成立。

下面来证明(2)成立。

因为 $S_{\text{opt}}\neq\varnothing$，对满足假设 3.1 中(2)的 $\forall \boldsymbol{X}^*\in S_{\text{opt}}$，因为 $f(\boldsymbol{X})$在 Ω 上连续，所以 $\exists\gamma>0$，使得当 $\boldsymbol{X}\in\Omega\cap\{\boldsymbol{X}\mid\|\boldsymbol{X}-\boldsymbol{X}^*\|\leqslant\gamma\}$时，有

$$|f(\boldsymbol{X})-f(\boldsymbol{X}^*)|<\varepsilon/2 \tag{3-19}$$

记 $N_r(\boldsymbol{X}^*)=\{\boldsymbol{X}\in\Omega\,\|\boldsymbol{X}-\boldsymbol{X}^*\|\leqslant\gamma\}$，则

$$N_r(\boldsymbol{X}^*)\cap\Omega\subseteq Q_1 \tag{3-20}$$

当种群 pop(k)处于状态 S_2 时，对参加粒子群智能的任意一个粒子 $\boldsymbol{X}\in$ pop(k)，设$\bar{\boldsymbol{X}}=\boldsymbol{X}+\Delta\Theta$ 是经算法 FPSO 的(4) 产生的后代(由模糊全局极值和模糊个体极值的定义及算法 FPSO 的(4) 可得：通过粒子群智能方程式(3-9)和式(3-10)产生的后代可近似地表示为 $\bar{\boldsymbol{X}}=\boldsymbol{X}+\Delta\Theta$ 的形式)。

其中，$\Delta\Theta=(\Delta\Theta_1,\Delta\Theta_2,\cdots,\Delta\Theta_n)\sim(N(0,\sigma_1^2),N(0,\sigma_2^2),\cdots,N(0,\sigma_n^2))$($\Delta\Theta_i$ 表示均值为 0、方差为 σ_i^2 的正态分布，且各个分量相互独立)。于是$\bar{\boldsymbol{X}}\in N_r(\boldsymbol{X}^*)\cap\Omega$ 的概率为

$$\begin{aligned}P\{\bar{\boldsymbol{X}}\in N_r(\boldsymbol{X}^*)\cap\Omega\}&=P\{(\boldsymbol{X}+\Delta\Theta)\in N_r(\boldsymbol{X}^*)\cap\Omega\}\\&\leqslant\prod_{i=1}^{n}P\{|x_i+\Delta\Theta_i-x_i^*|\leqslant\gamma\}\end{aligned} \tag{3-21}$$

故有

$$\begin{aligned}P\{\bar{\boldsymbol{X}}\in N_r(\boldsymbol{X}^*)\cap\Omega\}&=P\{(\boldsymbol{X}+\Delta\Theta)\in N_r(\boldsymbol{X}^*)\cap\Omega\}\\&\leqslant\prod_{i=1}^{n}\int_{x_i^*-x_i-\gamma}^{x_i^*-x_i+\gamma}\frac{1}{\sqrt{2\pi}\sigma_i}\mathrm{e}^{-\frac{t^2}{2\sigma_i^2}\mathrm{d}t}\end{aligned} \tag{3-22}$$

若记

$$P^*(\boldsymbol{X})=P\{(\boldsymbol{X}+\Delta\Theta)\in N_\gamma(\boldsymbol{X}^*)\cap\Omega\},\quad \boldsymbol{X}\in\Omega \tag{3-23}$$

因为 $\Omega\cap N_\gamma(\boldsymbol{X}^*)$是非空有界闭区域，且其 Lebesgue 测度大于零。因此 $P^*(\boldsymbol{X})>0$，由式(3-22)知 $P^*(\boldsymbol{X})<1$，因此

$$0<P^*(\boldsymbol{X})<1,\quad \boldsymbol{X}\in\Omega \tag{3-24}$$

由于 $\Delta\Theta_i$ 服从高斯分布，故由式(3-22)和式(3-23)知 $P^*(\boldsymbol{X})$在 Ω 上是连续的，又由于 Ω 是有界闭集，因此 $\exists\bar{\boldsymbol{Y}}\in\Omega$，使得 $P^*(\bar{\boldsymbol{Y}})=\min\{P^*(\boldsymbol{X})\mid\boldsymbol{X}\in\Omega\}$，且

$$0<P^*(\bar{\boldsymbol{Y}})<1 \tag{3-25}$$

考虑到 p_{21}表示 pop(k)处于状态 S_2，而 pop($k+1$) 处于状态 S_1 的概率，由式(3-20)和式(3-25)知

$$P^*(\bar{\boldsymbol{Y}}) \leqslant P^*(\boldsymbol{X}) \leqslant p_{21} \tag{3-26}$$

令

$$c = 1 - P^*(\bar{\boldsymbol{Y}}) \tag{3-27}$$

由式(3-25)得 $0<c<1$,因为 $p_{21}+p_{22}=1$,由式(3-26)和式(3-27)知

$$c = 1 - P^*(\bar{\boldsymbol{Y}}) \geqslant 1 - p_{21} = p_{22} \tag{3-28}$$

于是结论(2)成立。

定理 3.2

设{pop(k)}是由算法 FPSO 产生的种群序列,且 pop(0)中至少有一点属于 Ω,用 $\boldsymbol{X}^*(k)$记 pop(k)中最好的点,即

$$\boldsymbol{X}^*(k) = \arg\min\{f(\boldsymbol{X}) \mid \boldsymbol{X} \in \mathrm{pop}(k) \cap \Omega\} \tag{3-29}$$

则在假设 3.1 下,种群序列以概率 1 收敛到式(3-3)的全局最优解。

$$P\{\lim_{k\to\infty} f(\boldsymbol{X}^*(k)) = f(\boldsymbol{X}^*)\} = 1 \tag{3-30}$$

证明:

对 $\forall \varepsilon>0$,记 $p_k = P\{|f(\boldsymbol{X}^*(k)) - f(\boldsymbol{X}^*)| \geqslant \varepsilon\}$,则

$$p_k = \begin{cases} 0, & \exists m \in \{1,2,\cdots,k\},\ \text{s.t. } \boldsymbol{X}^*(m) \in Q_1 \\ \bar{p}_k, & \boldsymbol{X}^*(m) \notin Q_1,\quad m = 1,2,\cdots,k \end{cases} \tag{3-31}$$

由定理 3.1 知

$$\bar{p}_k = P\{\boldsymbol{X}^*(t) \notin Q_1, t = 1,2,\cdots,k\} = p_{22}^k \leqslant c^k \tag{3-32}$$

于是

$$\sum_{k=1}^{\infty} p_k \leqslant \sum_{k=1}^{\infty} c^k = \frac{c}{1-c} < \infty \tag{3-33}$$

由引理 3.1 知

$$P\left\{\bigcap_{i=1}^{\infty} \bigcup_{k \geqslant i} \{|f(\boldsymbol{X}^*(k)) - f(\boldsymbol{X}^*)| \geqslant \varepsilon\}\right\} = 0 \tag{3-34}$$

因此,由"以概率 1 收敛"的定义知,定理 3.2 成立。

第 4 章 解决无约束多目标优化问题的几种智能算法

在现实生活中，人们在设计方案规划时总体上反映了“最大化效益，最小化成本”这一基本优化原则，在合作对策问题中如何求解最优策略以获得共赢目标，在非合作对策中如何使自己的利益实现最大、对方受益最小等问题实际上都是一个多目标优化问题。

在单目标优化问题中，最优解已具有了明确概念，但这一定义不能推广到多目标优化问题中。不同于单目标优化，多目标优化问题的最优解应是一组最优解的集合，称为非劣解集或 Pareto 最优解集。早在 1896 年法国经济学家 V. Pareto 就提出了这一观点，可是传统数学规划原理的多目标优化方法在实际优化问题中往往不太适用。因此，有必要研究求解多目标优化问题的高效算法。

从 20 世纪 90 年代开始流行的智能算法为求解多目标优化问题提供了有力的理论工具。近年来，智能计算界相继提出了多种不同的多目标智能算法（multi-objective evolutionary algorithm，MOEA），它们的提出引起了众多研究机构的兴趣，这一方向已经成为了研究热点。对 MOEA 的研究主要集中在两个方面：其一，如何避免未成熟收敛，即保持非劣解向 Pareto 界面移动；其二，使获得的非劣解在目标空间均匀分布且散布广泛。

本章针对无约束多目标优化问题设计了三种智能算法，具体安排如下：4.1 节介绍了相关工作，包括多目标问题的具体描述和智能算法在多目标优化问题中的研究现状；4.2 节介绍了一种基于粒子群优化的多目标 Memetic 算法；4.3 节提出了一种解决多目标优化问题的模糊粒子群算法；4.4 节提出了一种基于新模型的多目标 Memetic 算法，并比较了本节所提出的三种算法；4.5 节给出了算法的收敛性分析。

4.1 相关工作

4.1.1 问题表述

一般多目标优化问题（multi-objective optimization problems，MOPs）由一组目标函数和相关的一些约束组成，描述如下：

$$\text{MOPs}\begin{cases}\min\limits_{\boldsymbol{X}\in S} f(\boldsymbol{X})=(f_1(\boldsymbol{X}),f_2(\boldsymbol{X}),\cdots,f_m(\boldsymbol{X}))\\ \text{s.t. } g_i(\boldsymbol{X})\leqslant 0, i=1,2,\cdots,p\\ \quad\ \ h_j(\boldsymbol{X})=0, j=1,2,\cdots,q\end{cases}\tag{4-1}$$

其中，$\boldsymbol{X}=(x_1,x_2,\cdots,x_n)$是 n 维向量；$\boldsymbol{X}$ 所在空间叫决策空间（decision space）；$f_1(\boldsymbol{X})$，$f_2(\boldsymbol{X})$，$\cdots$，$f_m(\boldsymbol{X})$称为目标函数；m 维向量（$f_1(\boldsymbol{X})$，$f_2(\boldsymbol{X})$，$\cdots$，$f_m(\boldsymbol{X})$）所在空间称为目

标空间(objective space);决策变量 x_i 在区间$[l_i,u_i]$中取值,$i=1,2,\cdots,n$;$S=\prod_{i=1}^{n}[l_i,u_i]$表示搜索空间。多目标优化问题又称为向量最优化问题(vector optimization problem,VOP)。

下面引进一些基本概念。

定义 4.1

集合 $\Omega=\{\boldsymbol{X}\in S\,|\,g_i(\boldsymbol{X})\leqslant 0,h_j(\boldsymbol{X})=0,i=1\sim p,j=1\sim q\}$叫作多目标规划在决策空间中的可行集(feasible set in decision space)。

定义 4.2

集合 $F=\{(f_1,f_2,\cdots,f_p)\,|\,f_i=f_i(\boldsymbol{X}),i=1\sim m,\boldsymbol{X}\in\Omega\}$叫作多目标规划在目标空间上的可行集(feasible set in objective space)。

定义 4.3

一个解向量 $\boldsymbol{X}_1$ 称为 Pareto 优于 $\boldsymbol{X}_2$,也称 $\boldsymbol{X}_1$ 主导 $\boldsymbol{X}_2$(记为 $\boldsymbol{X}_1\prec\boldsymbol{X}_2$),当且仅当$\forall i\in\{1,2,\cdots,m\},f_i(\boldsymbol{X}_1)\leqslant f_i(\boldsymbol{X}_2)\wedge\exists i\in\{1,2,\cdots,m\}$使得 $f_i(\boldsymbol{X}_1)<f_i(\boldsymbol{X}_2)$。

若 $\boldsymbol{X}_1\prec\boldsymbol{X}_2$,则 $f_i(\boldsymbol{X}_1)\prec f_i(\boldsymbol{X}_2)$。

定义 4.4

一个解 $\boldsymbol{X}\in\Omega$ 称为式(4-1)的 Pareto 最优解(非劣解),当且仅当不存在 $\boldsymbol{X}'\in\Omega$ 使得 $\boldsymbol{X}'\prec\boldsymbol{X}$。

定义 4.5

由所有非劣解组成的集合称为 MOPs 的非劣解集,也称为 Pareto 最优解集或有效解集。Pareto 最优解集在目标空间中的像称为 Pareto 前沿或 Pareto 界面。

4.1.2 智能算法在多目标优化问题中的研究现状

MOPs 最早出现于 1772 年,当时 Franklin 提出了多目标矛盾如何协调的问题,但国际上一般认为 MOPs 最早是由法国经济学家 V. Pareto 在 1896 年提出的,他当时从政治经济学角度出发,把难以比较的目标归纳成多目标优化问题。1951 年 T. C. Koopmans 从生产分配活动中提出了多目标优化问题,并提出了 MOPs 的一个重要概念——Pareto 最优解,1968 年 Z. Johnsen 提出了多目标决策研究报告。但是,传统数学规划是以单点搜索为特征的串行算法,难以利用 Pareto 最优解概念对问题求解,尤其在对一些复杂问题求解时,传统方法更显得难以处理,直到 1984 年 Schaffer 提出了第一个多目标遗传算法,开创了用智能算法求解 MOPs 问题的先河。多数成功的 MOEAs 能成功地解决古典运筹学所能处理的连续型 MOPs,而且对大多数不连续、不可微、非凸、高度非线性问题的处理是非常有效的。下面介绍几种多目标优化算法。

1. 基于目标加权法的智能算法

其基本思想是给予问题中的每一目标向量一个权重,将所有目标分量乘上各自相应的权重系数后再加合起来构成一个新目标函数,采用单目标优化方法求解。常规的多目标加权法如下:

$$F(\boldsymbol{X})=\sum_{i=1}^{m}\lambda_i f_i(\boldsymbol{X}) \tag{4-2}$$

其中，$\lambda_i(i=1,2,\cdots,m)$是目标 $f_i(\boldsymbol{X})$的非负权重系数，并且满足 $\sum_{i=1}^{m}\lambda_i=1$。

该方法在形成单一的效用函数时，往往采用一组固定的权重系数。这种方法往往只能找到一小部分 Pareto 最优解，一些 Pareto 最优解不能被找到。为了找到更多的 Pareto 最优解，最近文献[8]提出在每代使用随机产生的若干组权，并将算法用于 Flowshop 排序问题，取得了较好结果。然而在式(4-2)中使用若干组权，会出现如下问题。

(1) 为了求出尽可能多的 Pareto 解，必须产生大量的权向量，从而增大了计算量。

(2) 当 Pareto 最优解数量为无穷时，随机产生的权向量可能稠密的分布在目标空间中的某一部分，而在其他部分较稀疏，因此，一些重要的 Pareto 解不被找到。

(3) 不同的权向量可能产生相同的 Pareto 解。

为了避免上述三个问题，文献[8]提出了解决多目标优化的均匀正交遗传算法。该方法利用均匀设计在每代产生若干个在 m 维目标空间均匀分布的权向量，它们均指向不同的 Pareto 解。用这些权向量定义的适应度函数可选择出分布均匀且数量充足的代表解。

2. SPEA-Ⅱ

目前最常用的 MOEA 是基于 Pareto 最优概念所提出的一类算法，基于 Pareto 最优概念的优化技术采用 Pareto 最优概念对种群内所有个体进行排序，并进行适应度赋值。Zitzler 和 Eberhart 提出了“强度智能算法”(SPEA-Ⅱ)，将每代非劣解存储到一个外部容器中，而种群中个体的适应度与外部存储器中优于该个体的数目有关，利用 Pareto 优于关系保持种群多样性，使用聚类方法保证存储器中的非劣解数目不超过规定范围且不破坏其特征。

3. 序和密度选择法

文献[2]中提出了一种序和密度遗传算法(RDGA)，该算法对目标优化问题的目标空间进行了分割并引入了格子的序和格子的密度，把一个多目标问题转化为了基于目标空间中格子的序和密度的双目标优化问题。序是用来提高解的质量，密度是用来控制解在目标空间中的均匀性分布。

4. 非劣分层选择法

Deb 等于 2002 年提出了一种非劣分层选择法-Ⅱ(NSGA-Ⅱ)，这种方法的主要思想是对种群中的个体按 Pareto 进行排序，按照序值从小到大选择个体，若某些个体具有相同的序值，则偏好于那些位于目标空间中稀疏区域的个体。

5. 多目标 Memetic 算法

多目标 Memetic 算法(或称混合智能算法)是一种新型的智能方法，通过混合局部搜索与智能算子能成功地解决多目标优化问题。文献[4]中提出了一种混合自适应多目标 Memetic 算法(HAMA)，用基于模拟退火的加权法对种群中的每个点进行局部搜索，采用

Pareto 法实现交叉和变异，通过扰动增强算法的探索能力，且智能过程可根据改善率自适应调整。

6. 粒子群算法

粒子群算法由于它的易于实现，快速收敛性在许多多目标优化领域得到了成功应用。在粒子群算法中如何选择全局极值 **Gbest** 和个体极值 **Pbest** 是十分重要的，这关系到获得的 Pareto 解的质量和多样性。粒子群算法的一般步骤如下所述。

1）归档机制

在非劣解概念的基础上应用一个外部“记忆体”存储直到目前为止所发现的非劣解。“记忆体”的规模可以按照不同的问题需求自适应调整。在每一代，更新“记忆体”中的非劣解：在种群中发现某粒子优于“记忆体”中的某粒子，则将“记忆体”中的粒子移走；当“记忆体”的容量达到上限时，移走位于“记忆体”中最密集处的粒子(在目标空间中考虑)。

2）**Gbest** 的选择

在多目标粒子群算法中(MOPSO)，**Gbest** 在引导整个种群朝着 Pareto 前沿的智能过程中发挥着重要作用。由于多目标优化问题并无单个最优解，所以不能像单目标优化问题一样直接确定 **Gbest**。在多目标粒子群算法中，种群中每个个体的全局最优位置由 1）中所述的“记忆体”产生。实验证明，该方法能提高算法的收敛速度和解的质量。对于每个粒子的个体极值 **Pbest** 采取如下选取办法：按 Pareto 支配关系从该粒子的当前位置和历史最优位置中选取较优者作为当前个体极值，如无支配关系，则从两者中随机选取一个。

下面介绍几种多目标粒子群算法。

(1) 基于动态栅格归档的粒子群算法。文献[3]中提出了一种基于动态栅格归档的粒子群算法，该方法将目标空间划分成若干大小相同的格子，将种群中的每个粒子放置于相应的格子中并计算每个格子中所包含的粒子数。当“记忆体”容量超过上限时，选择那些包含粒子数目较少的格子中的粒子。**Gbest** 按如下法选择：用一常数 x 除以每一格子所包含的粒子数，所得的值作为相应格子的适应值。这一过程的目的在于降低包含粒子数目较多格子的适应值。按照适应度用赌轮法选择一个格子，从该格子中任意挑选出一个粒子作为全局极值 **Gbest**。

(2) 基于 Pareto 优于关系的多目标粒子群算法。文献[3]中提出了一种基于 Pareto 优于关系的粒子群算法，该算法提出了一种新的选择 **Gbest** 的方法：对于“记忆体 archive”中的每个非劣解 $a \in \text{archive}$，在种群 pop 中找出劣于它的粒子集合 $\boldsymbol{X}_a = \{\boldsymbol{X} \in \text{pop} \mid a \prec \boldsymbol{X}\}$，找到 $a^* \in \text{archive}$，使得 $a^* = \arg\min\limits_{a \in \text{archive}} (|\boldsymbol{X}_a|)$，在集合 $\boldsymbol{X}_{a^*}$ 中任选一个粒子 $\boldsymbol{X}^*$ 作为被全局极值 a^* 所引导智能的粒子，分别从“记忆体 archive”和种群 pop 中删除 a^* 和 $\boldsymbol{X}^*$，重复以上步骤直到每个粒子都被赋予了一个全局极值。

(3) 多目标粒子群中历史最优位置的选择法。Juergen Branke 等于 2006 年提出了一种选择个体极值的新方法：按 Pareto 支配关系从该粒子的当前位置和历史最优位置中选取较优者作为当前个体极值，如无支配关系，则两者都保留。当被保留的个体极值数目超过给定规模时，按照聚类的方法保留位于稀疏区域的粒子。这种做法可以避免因 **Pbest** 选择不当(即当粒子的当前位置和历史最优位置无支配关系时，从两者中随机选取一个)而导致的种群退化现象。

(4) 基于适应度继承的多目标粒子群算法。Margarita 等提出了一种基于适应度继承的粒子群算法：种群中的每个粒子不再运用式(2-7)和式(2-5)进行速度与位置的更新而是运用下面的公式来更新粒子的适应度。

$$f_i(t)=f_i(t-1)+vf_i(t)$$
$$vf_i(t)=\omega vf_i(t-1)+c_1r_1(f_{\text{pbest}_i}-f_i(t-1))+c_2r_2(f_{\text{gbest}_i}-f_i(t-1)) \tag{4-3}$$

这样做的好处是充分利用了粒子适应度的信息，使得新产生的粒子更接近于真实的 Pareto 前沿。

(5) 基于粒子群优化的多目标 Memetic 算法。多目标 Memetic 算法(或称混合智能算法)是一种新型的智能方法，通过混合局部搜索与智能算子能成功地解决多目标优化问题。但是，Memetic 算法在粒子群优化中很少见。Dasheng Liu 等提出了一种基于粒子群优化的 Memetic 算法，首先，对全局极值进行扰动，在此基础上更新了粒子速度智能方程；其次，选取一定数量的粒子进行局部搜索。

① 从种群中随机选取 S_{ls} 个粒子参与局部搜索。

② 从非劣解集中选取 N_{ls} 个 niche 计数最小的粒子作为 S_{ls} 个粒子所对应的全局极值。

③ 任选一维 $1\leqslant d\leqslant n$，让所有粒子在该维上的速度与位置按照式(2-7)和式(2-5)进行更新，所有粒子在其他维上的速度与位置按照新给出的速度智能方程进行更新。

4.2 基于粒子群优化的多目标 Memetic 算法

本节将无约束多目标优化问题转换成了单目标约束优化问题，其中将解的质量度量看作是约束条件，均匀性度量看作是目标函数。对转化后的问题提出了基于约束主导原理的比较准则；用基于模拟退火的加权法对非劣解进行局部搜索，从而增强了算法的探索能力。算例测试说明基于粒子群优化的 Memetic 算法能产生更接近 Pareto 前沿且多样性更好的非劣解集。本章考虑的是下列无约束多目标优化问题。

$$\min_{\boldsymbol{X}\in S} f(\boldsymbol{X})=(f_1(\boldsymbol{X}),f_2(\boldsymbol{X}),\cdots,f_m(\boldsymbol{X})) \tag{4-4}$$

其中，$\boldsymbol{X}=(x_1,x_2,\cdots,x_n)$是 n 维向量，$f_1(\boldsymbol{X}),f_2(\boldsymbol{X}),\cdots,f_m(\boldsymbol{X})$称为目标函数，$S=\prod_{i=1}^{n}[l_i,u_i]$ 表示搜索空间。

定义 4.6

一个解 $\boldsymbol{X}\in S$ 称为式(4-4)的 Pareto 最优解(非劣解)，当且仅当不存在 $\boldsymbol{X}'\in S$ 使得 $\boldsymbol{X}'\prec\boldsymbol{X}$。

4.2.1 多目标优化模型的转化

1. 解的质量度量

定义 4.7（个体的序）

设第 t 代种群 pop 由个体 $\boldsymbol{X}_1,\boldsymbol{X}_2,\cdots,\boldsymbol{X}_N$ 组成，设 $p_i(t)$是种群中 Pareto 优于 $\boldsymbol{X}_i$ 的所有个体数，则 $R_i(t)$表示为个体 $\boldsymbol{X}_i$ 的序，$R_i(t)=1+p_i(t)$。

由定义可知，解的序值越低，解的质量就越高。

2. 解的均匀性度量

在产生足够多的序值为 1 的解的基础上，多目标优化问题要求这一组解尽可能均匀的分布在目标空间中，由此本章给出了解的均匀性度量。首先按照文献[2]中的方法，计算非劣解集合中每个解在目标空间中的拥挤距离，计算过程如下：令 $I=\{\boldsymbol{X}_1,\boldsymbol{X}_2,\cdots,\boldsymbol{X}_N\}$ 为到第 t 代为止所发现的非劣解集。

(1) 对于集合 I 中的每一个个体，令 $\text{crowd}(\boldsymbol{X}_i)=0$ //初始化每一个体的拥挤距离//

(2) for 每个目标 $j\in\{1,2,\cdots,m\}$

  $I=\text{sort}(I,j)$ //对 I 中所有个体按照第 j 个目标函数值由小到大排序//

  for $i=2$ to $N-1$

    $\text{crowd}(\boldsymbol{X}_i)=\text{crowd}(\boldsymbol{X}_i)+(I[i+1].j-I[i-1].j)/f_j^{\max}-f_j^{\min}$ //$I[i].j$ 代表集合 I 中第 i 个个体的第 j 个目标函数值；$f_j^{\max}$，$f_j^{\min}$ 分别是第 j 个目标的最大和最小函数值//

  end

$$\bar{d}=\sum_{i=1}^{N-1}\frac{I[i+1].j-I[i].j}{N-1}$$

$$\text{crowd}(\boldsymbol{X}_1)=\text{crowd}(\boldsymbol{X}_1)+\frac{(I[2].j-I[1].j)+\bar{d}}{f_j^{\max}-f_j^{\min}}$$

$$\text{crowd}(\boldsymbol{X}_N)=\text{crowd}(\boldsymbol{X}_N)+\frac{(I[N].j-I[N-1].j)+\bar{d}}{f_j^{\max}-f_j^{\min}}$$

end

(3) 计算个体的拥挤距离均值 $\overline{\text{crowd}_t}=\dfrac{1}{N}\sum_{i=1}^{N}\text{crowd}(X_i)$。

(4) 计算第 t 代非劣解的均匀性度量函数：$\text{Var}_t=\dfrac{1}{N}\sum_{i=1}^{N}(\text{crowd}(\boldsymbol{X}_i)-\overline{\text{crowd}_t})^2$。

由上知，当 Var_t 的值越小，所得解的均匀性越好。因此，指标 Var_t 可以用来评价第 t 代解的均匀分布程度。

3. 多目标优化问题转换为单目标约束问题

从以上分析可以看出，如果将解的序值看作是约束条件，均匀性度量看作是目标函数，则多目标优化问题可以转化为如下单目标等式约束问题。

$$\begin{cases}\min \text{Var}_t\\ \text{s.t. } R(t)=1\end{cases}\tag{4-5}$$

式(4-5)可以理解为在产生序值为 1 的解的基础上，使得这些解均匀分布在 Pareto 前沿。

4.2.2 基于新模型的粒子比较准则

针对转化后的模型提出了约束主导选择策略。

(1) 若粒子 $\boldsymbol{X}_i$ Pareto 优于 $\boldsymbol{X}_j$，则选择粒子 $\boldsymbol{X}_i$，即选择约束违反度小的粒子。

(2) 若两个粒子 $\boldsymbol{X}_i$ 与 $\boldsymbol{X}_j$ 之间通过 Pareto 优于关系无法比较，则找出集合 I 中拥挤距离最大的粒子，记为 $\boldsymbol{X}_f$；分别求得向量 $f(\boldsymbol{X}_i)$、$f(\boldsymbol{X}_j)$ 与向量 $f(\boldsymbol{X}_f)$ 之间的夹角，夹角小的粒子为优。

这种选择策略偏好于序值小或位于目标空间中稀疏区域的粒子。

4.2.3　局部搜索算子的引进

虽然多目标 Memetic 算法(或称混合智能算法)是一种新型的智能方法，通过混合局部搜索与智能算子能成功地解决多目标优化问题。但是，基于粒子群优化的 Memetic 算法还很少见。本节用基于模拟退火的加权法对非劣解进行局部搜索，以增强算法的探索能力。设置初始温度为 $T_{\text{start}}=100$，终止温度为 $T_{\text{end}}=0.43$，冷却度为 $\gamma=0.85$，$K=5$ 为最大内循环代数，$I=\{\boldsymbol{X}_1,\boldsymbol{X}_2,\cdots,\boldsymbol{X}_N\}$ 为非劣解集。

对于每个粒子 $\boldsymbol{X}_i\in I$ 执行以下操作。

(1) 随机生成权向量 $\boldsymbol{\lambda}=(\lambda_1,\lambda_2,\cdots,\lambda_m)$，并使得 $\sum\limits_{i=1}^{m}\lambda_i=1$，计算适应度函数值 $F(\boldsymbol{X}_i)=\sum\limits_{j=1}^{m}\lambda_j f_j(\boldsymbol{X}_i)$。

(2) 令 $T=T_{\text{start}}$，$J=0$。

(3) 构造 $\boldsymbol{X}_i$ 的可行邻域解 $\boldsymbol{X}_{if}$。

(4) 如果 $\Delta F=\sum\limits_{j=1}^{m}\lambda_j(f_j(\boldsymbol{X}_{if})-f_j(\boldsymbol{X}_i))\leqslant 0$，则 $\boldsymbol{X}_i=\boldsymbol{X}_{if}$ 并且用 $\boldsymbol{X}_{if}$ 更新 I；否则，如果 $\text{rand}(0,1)<\exp(-\Delta F/T)$，则令 $\boldsymbol{X}_i=\boldsymbol{X}_{if}$ 并用 $\boldsymbol{X}_{if}$ 更新 I。

(5) 令 $J=J+1$，若 $J<K$，则转(3)；否则，令 $T=\gamma T$。

(6) 如果 $T>T_{\text{end}}$，令 $J=0$ 并转(3)；否则，终止循环。

其中“更新”指如果一个解没有被集合中的任何解 Pareto 超优，则将该解存入集合并去掉集合中被该解超优的粒子。

4.2.4　全局极值的选取

本节采用如下方法选取全局极值 **Gbest**。

(1) 按照文献[8]中的方法产生 q 个在目标空间中均匀分布的向量 $\boldsymbol{W}_1,\boldsymbol{W}_2,\cdots,\boldsymbol{W}_q$，其中，$\boldsymbol{W}_i=(w_{i1},w_{i2},\cdots,w_{im})$，具体步骤如下：先产生一个 $q\times m$ 矩阵

$$\boldsymbol{U}(q,m,b)=(a_{ij})=\begin{pmatrix}1 & b & \cdots & b^{m-1}\\ 2 & 2b & \cdots & 2b^{m-1}\\ \vdots & \vdots & & \vdots\\ q & qb & \cdots & qb^{m-1}\end{pmatrix}(\text{mod } q)\tag{4-6}$$

其中，$q\geqslant m+1$，q 为素数；mod q 表示对矩阵每个元素求以 q 为模的同余数所得的矩阵，$1<b<q$。在本节中令 $q=11$，文献[8]中给出了对应的 b 值。则可以在 C^m 上产生均匀分布的点集 $P^*=\{\boldsymbol{X}_1,\boldsymbol{X}_2,\cdots,\boldsymbol{X}_q\}$，其中 $\boldsymbol{X}_i=\{x_{i1},x_{i2},\cdots,x_{im}\}$，$x_{ij}=\dfrac{2a_{ij}+1}{2q}$，$i=1\sim q$，

$j=1\sim m$。每个点可定义一个权向量 $\boldsymbol{W}_i=\dfrac{\boldsymbol{X}_i}{\|\boldsymbol{X}_i\|_1}$，$\|\boldsymbol{X}_i\|_1=\sum\limits_{j=1}^{m}x_{ij}$。于是得权向量集合 $W^*=\{\boldsymbol{W}_1,\boldsymbol{W}_2,\cdots,\boldsymbol{W}_q\}$。

（2）求出每一个向量 $\boldsymbol{W}_i\in W^*$ 所对应的区域。

$R(\boldsymbol{W}_i)=\{f(\boldsymbol{X})\in \mathrm{FI}\,|\,\mathrm{ang}(f(\boldsymbol{X}),\boldsymbol{W}_i)=\min\{\mathrm{ang}(f(\boldsymbol{X}),\boldsymbol{W}_k)\,|\,\boldsymbol{W}_k\in W^*\}$，FI 为当前所求得的 Pareto 前沿。

（3）计算每一个区域元素的个数，找出包含元素个数最少的那个区域，在其中任意挑选一个向量，记为 $f(\mathbf{Gbest})$，则 $\mathbf{Gbest}=\arg f(\mathbf{Gbest})$。

4.2.5 基于粒子群优化的多目标 Memetic 算法（PSMA）流程

基于粒子群优化的多目标 Memetic 算法（PSMA）流程如下。

（1）选择适当的参数，给定种群规模 N，在定义范围内随机初始粒子的速度与位置，产生初始种群 pop(t)，$t=0$，找出初始种群的 Pareto 最优解，将其存入外部存储器 I 中。

（2）将粒子的 **Pbest**(t)设置为当前位置。

（3）对集合 I 中的每一个粒子执行 4.2.3 所述的局部搜索算子并用新产生的粒子更新集合 I。

（4）判断算法的停止准则是否满足，若满足转向（11）；否则转向（5）。

（5）按照 4.2.4 节所述方法选取 **Gbest**；对 pop(t)中的所有粒子，按照式（2-7）和式（2-5）更新粒子的速度与位置得到智能后种群 pop($t+1$)。

（6）使得 pop($t+1$)中的所有粒子的位置都在定义范围内，令 $t=t+1$。

（7）用 pop(t)更新外部存储器 I。

（8）对 I 中的每一粒子执行 4.2.3 节所述的局部搜索算子并用新粒子更新 I。

（9）对 pop(t)中所有粒子，按照 4.2.2 节所述粒子比较准则更新每个粒子的个体极值。

（10）判断算法的停止准则是否满足，若满足转向（11），否则转向（5）。

（11）输出外部集合 I 中的所有粒子作为问题的 Pareto 最优解，算法停止。

4.2.6 实例仿真与性能比较

多目标优化的目的是产生一组分布均匀、散布广泛的最优解，且使得最优解集更接近于真正的 Pareto 前沿。为了定量地衡量多目标优化算法的优劣，下面引入一些评价算法性能指标的度量。

1. C-度量（C-metric）

设 A、B 是决策空间的两个非劣解集，PA，PB 代表相应的 Pareto 前沿，定义

$$C(A,B)=\frac{|\{b\in B\,|\,\exists a\in A,\mathrm{s.t.}a\prec b\}|}{|B|}\tag{4-7}$$

集合 A、B 相对优劣度的评价函数简称 C-度量。$|\cdot|$表示集合 · 中元素的个数。由式（4-7）知，$C(A,B)$与 $C(B,A)$有不同的计算值，因此，它们之间没有必然的量的关系。此方法的缺陷是：当 $0\leqslant C(A,B)\leqslant 0.5$ 时，我们难以用 $C(A,B)$的大小判断 A 与 B 的优劣，其原因是各个方法对同一问题求得非劣解的数量不同。为了克服此缺陷，文献[2]提出了一种新

度量 Q-度量，描述如下。

2. Q-度量（Q-metric）

令 Φ 是 $A \cup B$ 中的所有非劣解，$\Psi=\Phi \cap A$，$\Theta=\Phi \cap B$，定义度量 $M_1(A,B)=\frac{|\Psi|}{|\Phi|}$，$M_1(B,A)=\frac{|\Theta|}{|\Phi|}$。若 $M_1(A,B)>M_1(B,A)$ 或 $M_1(A,B)>0.5$，则说明非劣解集 PA 比 PB 更接近于真实的 Pareto 前沿。

3. S-度量（S-metric）

该度量用来衡量所获得的非劣解集在目标空间中是否分布均匀，定义如下：

$$S=\left[\frac{1}{n_{\mathrm{PF}}}\sum_{i=1}^{n_{\mathrm{PF}}}(d'_i-\bar{d}')^2\right]^{1/2} \tag{4-8}$$

其中，$\bar{d}=\frac{1}{n_{\mathrm{PF}}}\sum_{i=1}^{n_{\mathrm{PF}}}d'_i$，$n_{\mathrm{PF}}$ 代表非劣解的个数，d'_i 代表目标空间中的非劣解 $\boldsymbol{Y}_i$ 与其最邻近的非劣解之间的距离，$i=1\sim n_{\mathrm{PF}}$。由式(4-8)看出，S 的值越小，则所获得的非劣解集在目标空间中分布得越均匀。

4. FS-度量(FS-metric)

该性能指标是用边沿范围测量非劣解集覆盖目标空间的大小。FS 越大，解的散布越宽广，多样性越好。定义如下：

$$\mathrm{FS}=\sqrt{\sum_{i=1}^{m}\max_{(\boldsymbol{X}_0,\boldsymbol{X}_1)\in A\times A}\{(f_i(\boldsymbol{X}_0)-f_i(\boldsymbol{X}_1))^2\}} \tag{4-9}$$

本章采用 Q-metric、S-metric 和 FS-metric 来衡量不同算法所获得的非劣解集的优劣。

1）测试函数

本节选取了 4 个测试函数，它们都来自于文献[2]。函数的具体形式描述如下，其中 $\boldsymbol{X}=(x_1,x_2,\cdots,x_n)$。

例 **4.1**：

$$\begin{aligned}&\min F(\boldsymbol{X})=(f_1(\boldsymbol{X}),f_2(\boldsymbol{X}))\\ F_1:&\text{s.t. } f_1(\boldsymbol{X})=1-\exp(-(x_1-1)^2-(x_2+1)^2)\\ &\quad f_2(\boldsymbol{X})=1-\exp(-(x_1+1)^2-(x_2-1)^2)\end{aligned}$$

其中，$x_i\in[-10,10]$，$i=1,2$。该函数的 Pareto 界面是非凸的。

例 **4.2**：

$$\begin{aligned}&\min F(\boldsymbol{X})=(f_1(\boldsymbol{X}),f_2(\boldsymbol{X}))\\ F_2:&\text{s.t. } f_1(\boldsymbol{X})=2\sqrt{x_1}\\ &\quad f_2(\boldsymbol{X})=x_1(1-x_2)+5\end{aligned}$$

其中，$x_1\in[1,4]$，$x_2\in[1,2]$。该函数的 Pareto 界面是非凸的。

例 4.3：

$$\min F(\boldsymbol{X})=(f_1(\boldsymbol{X}),f_2(\boldsymbol{X}))$$

$$F_3:\text{ s.t. } f_1(\boldsymbol{X})=1-\exp\left(-\left(x_1-\frac{1}{\sqrt{3}}\right)^2-\left(x_2-\frac{1}{\sqrt{3}}\right)^2-\left(x_3-\frac{1}{\sqrt{3}}\right)^2\right)$$

$$f_2(\boldsymbol{X})=1-\exp\left(-\left(x_1+\frac{1}{\sqrt{3}}\right)^2-\left(x_2+\frac{1}{\sqrt{3}}\right)^2-\left(x_3+\frac{1}{\sqrt{3}}\right)^2\right)$$

其中，$x_i\in[-4,4]$，$i=1,2,3$。该函数的 Pareto 界面是非凸的。

例 4.4：

$$\min F(\boldsymbol{X})=(f_1(\boldsymbol{X}),f_2(\boldsymbol{X}))$$

$$F_4:\text{ s.t. } f_1(\boldsymbol{X})=\sum_{i=1}^{n-1}\left(-10\exp\left(-0.2\sqrt{x_i^2+x_{i+1}^2}\right)\right)$$

$$f_2(\boldsymbol{X})=\sum_{i=1}^{n}(|x_i|^{0.8}+5\sin x_i^3)$$

其中，$n=3$，$x_i\in[-5,5]$，$i=1,2,3$。该函数的 Pareto 界面是非凸的。

2）计算结果比较

为了验证算法的有效性，在 MATLAB 7.0 环境下对上述函数进行测试，并和 NSGA-Ⅱ、MOPSO 进行比较，参数选择如下：种群规模为 100；智能代数为 250；非劣解集规模为 100。对每个函数独立运行 20 次。图 4.1～图 4.4 分别给出了三种算法针对不同函数所求得的 Q-metric 值、S-metric 值和 FS-metric 值，并用简单的数据统计图 boxplot 对结果进行可视化描述。为了方便，这里记 PSMA 为 1、NSGA-Ⅱ为 2、MOPSO 为 3。

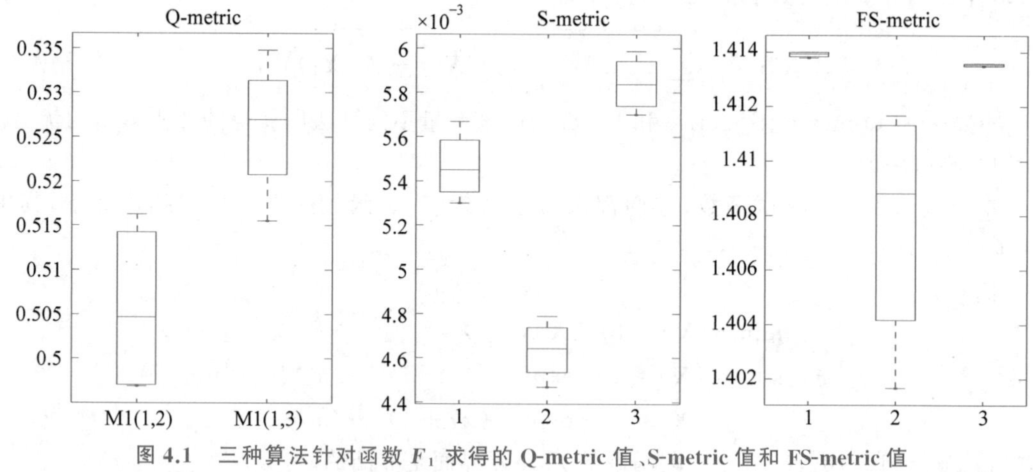

图 4.1　三种算法针对函数 F_1 求得的 Q-metric 值、S-metric 值和 FS-metric 值

由图 4.1～图 4.4 可以得出以下结论。

对于 F_1、F_2，本节算法(PSMA)所求得的 Pareto 前沿比其他两种算法所得到的 Pareto 前沿分布宽广而且更接近真实的 Pareto 前沿面。

对于 F_3，与 MOPSO 相比，在大多数运行中 PSMA 所得的 Pareto 前沿更接近真实的 Pareto 界面而且该前沿比 NSGA-Ⅱ算法所得前沿分布更宽广。

对于 F_4，PSMA 所得 Pareto 前沿分布最宽广。由上分析可知，PSMA 是有效可行的。

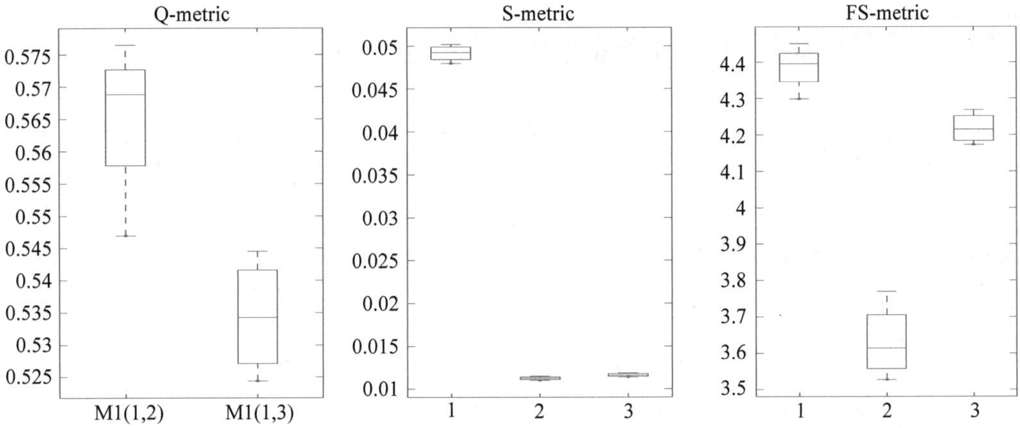

图 4.2 三种算法针对函数 F_2 求得的 Q-metric 值、S-metric 值和 FS-metric 值

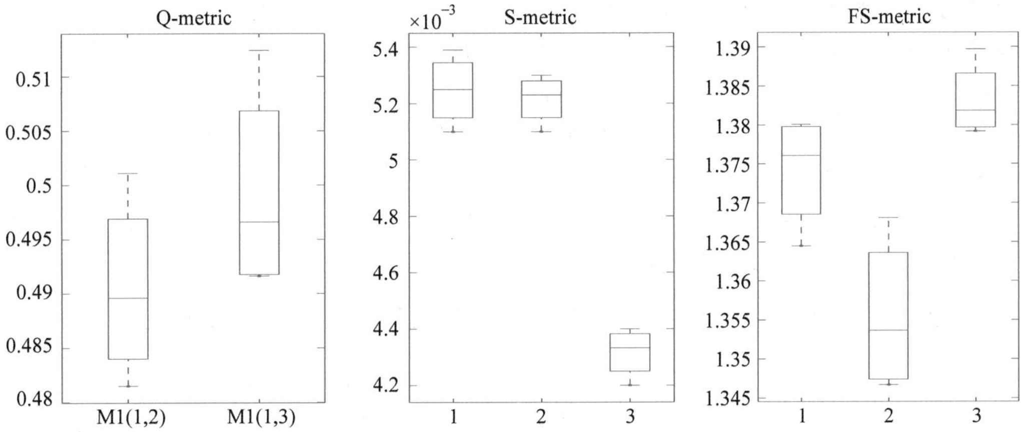

图 4.3 三种算法针对函数 F_3 求得的 Q-metric 值、S-metric 值和 FS-metric 值

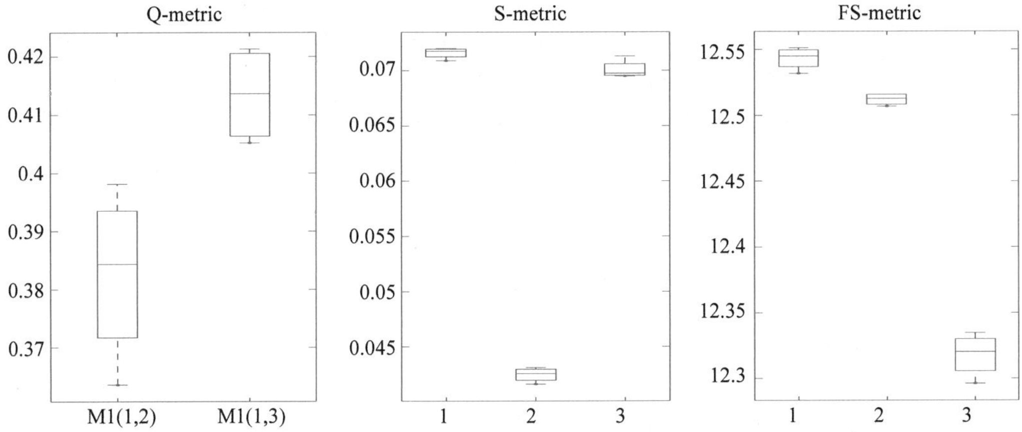

图 4.4 三种算法针对函数 F_4 求得的 Q-metric 值、S-metric 值和 FS-metric 值

4.3 解决多目标优化问题的模糊粒子群算法

本节提出了一种粒子群优化方法与实数编码遗传算法相结合的混合改进模糊粒子群算法。设计了一个新的扰动算子,使得扰动后的粒子偏向于当前种群中序值较小或位于目标空间稀疏区域中的粒子。在此基础上定义了模糊个体极值和模糊全局极值,利用这两个定义改进了粒子群智能方程;通过改进的粒子群优化及遗传算法两种策略共同作用产生新种群,来克服算法中收敛速度慢、早熟收敛等问题。仿真结果表明,该方法可以求出一组分布均匀且散布广泛的最优解。

4.3.1 多目标模糊个体极值和模糊全局极值的提出

在 3.3 节的基础上,为了避免粒子群算法本身固有的缺陷(当全局极值或个体极值陷入局部最优点时,种群就无法在解空间内重新搜索,其他粒子将迅速向局部最优解靠拢,从而出现早熟现象),本节对个体极值和全局极值以概率 p_{r1} 进行一次扰动,然后再以概率 p_{r2} 进行二次扰动,将扰动后的新位置 $\mathbf{FGbest}=(\text{fgbest}_1,\text{fgbest}_2,\cdots,\text{fgbest}_n)$ 与 $\mathbf{FPbest}=(\text{fpbest}_1,\text{fpbest}_2,\cdots,\text{fpbest}_n)$ 作为粒子新的寻优方向。与 3.3.1 节所述扰动策略不同,本节按以下方法对粒子进行扰动。假设 $\boldsymbol{Y}$ 是进行扰动操作的一个点:

(1) 对 $\boldsymbol{Y}$ 进行一次扰动后所得点为 $F\boldsymbol{Y}_1=\boldsymbol{Y}+\lambda\dfrac{F(\boldsymbol{Y})}{\|F(\boldsymbol{Y})\|_2}$,其中 $\lambda\in(0,1)$ 为点 $\boldsymbol{Y}$ 沿着方向 $\dfrac{F(\boldsymbol{Y})}{\|F(\boldsymbol{Y})\|_2}$ 所走的步长。$F(\boldsymbol{Y})=\sum\limits_{\boldsymbol{X}_i\in\text{pop},\boldsymbol{X}_i\neq\boldsymbol{Y}}F_i(\boldsymbol{X}_i,\boldsymbol{Y})$,$F_i(\boldsymbol{X}_i,\boldsymbol{Y})$ 由下式确定,即

$$F_i(\boldsymbol{X}_i,\boldsymbol{Y})=\frac{\boldsymbol{X}_i-\boldsymbol{Y}}{\|\boldsymbol{X}_i-\boldsymbol{Y}\|_2}\cdot\frac{\text{ang}_{\text{ma}}-\text{ang}(f(\mathbf{Gbest}),f(\boldsymbol{X}_i))+C}{R_i}\tag{4-10}$$

其中,$\text{ang}(f(\mathbf{Gbest}),f(\boldsymbol{X}_i))$ 代表两向量之间的夹角;$\text{ang}_{\max}$ 为向量之间的最大夹角,记为

$$\text{ang}_{\max}=\max\{\text{ang}(f(\mathbf{Gbest}),f(\boldsymbol{X}_i))\mid\boldsymbol{X}_i\in\text{pop}\}$$

C 为大于 0 的正常数(本节中 $C=2$),R_i 为粒子 $\boldsymbol{X}_i$ 的序值。由式(4-10)可以看出,点 $\boldsymbol{Y}$ 的移动方向是由当前种群中所有粒子共同决定的,且该方向偏向于序值较小的粒子或者偏向于位于 Pareto 前沿稀疏部分的粒子。因此,沿着该方向进行搜索可能会得到更好的点,使得最终所得 Pareto 解分布均匀且更接近真实的最优解。

(2) 为了避免 $\boldsymbol{Y}$ 一直沿着某一方向进行扰动,对第一次扰动后所得点以概率 p_{r2} 进行第二次扰动:具体方法同 3.3.1 节步骤(2)。

利用上述两个定义改进了粒子群智能方程,同式(3-9)和式(3-10)。

4.3.2 多目标模糊粒子群算法流程

本节通过下面两种策略共同作用产生新种群。

(1) 粒子群优化策略:以概率 p_s 选择粒子参与粒子群智能(按照 4.3.1 节所述方法对所选粒子进行更新迭代)。

(2) 对种群中的剩余粒子,采用遗传算法进行优化。

混合算法在 PSO 框架的基础上,子代的部分个体通过遗传算法智能迭代产生,具有如

下特点。

① 每一种单一算法都有其固有缺陷,遗传算法与粒子群算法也是如此。二者相结合生成的混和算法,其性能优于单一模式算法。

② 结合不同算法共同产生下一代种群可以保持种群的多样性,同时由于模糊个体极值和模糊全局极值的提出,使得粒子可以在解空间内多个区域进行搜索,一定程度上避免了局部最优。

(3) 算法对种群的最优位置 **Gbest** 采用了共享机制,全局最优位置可能由遗传操作产生,也可能由粒子种群本身智能生成;并且遗传机制中的变异算子也使得算法在解空间的不同区域进行搜索。因此,两种算法相结合,能更大程度上在优化空间中搜索到全局最优位置。

在以上工作的基础上,给出了本节算法(FMPSO)的流程。

Step 1:选择适当的参数,给定种群规模 N,在定义范围内随机初始粒子的速度与位置,产生初始种群 pop(t),$t=0$。

Step 2:将粒子的 **Pbest**(t)设置为当前位置,按照 4.2.4 节所述方法选取 **Gbest**。

Step 3:判断算法停止准则是否满足,如满足,转向 Step 11,否则执行 Step 4。

Step 4:对于粒子群 pop(t)中的所有粒子各产生一个随机数 $r\in[0,1]$,对于满足 $r<p_s$ 的所有粒子执行如下操作。

(1) 产生随机数 $a\in[0,1]$,如果 $a<p_{r1}$,则对个体极值 **Pbest**(t)及全局极值 **Gbest**(t)按照 4.3.1 节所述方法进行扰动,得到 **FPbest**(t)及 **FGbest**(t),否则令 **FPbest** = **Pbest**,**FGbest**=**Gbest**。

(2) 根据式(3-9)和式(3-10)更新粒子的速度与位置得到下一代种群 pop($t+1$)中的部分粒子。

Step 5:对 pop(t)中的剩余粒子,采用如下遗传算法智能。

(1) 据杂交概率 p_c,随机选取杂交的父母,按照 3.2.3 节所述的杂交算子(其中 $m=3$)产生后代,没参加杂交的父母看成自己的后代。

(2) 对杂交产生的每个后代 O,以概率 p_m 按如下方式进行变异。

对其第 i 个分量变异如下:我们将 O 的第 i 维子空间$[l_i,u_i]$分成若干子区间$[\tilde{\omega}_1^i,\tilde{\omega}_2^i]$,$[\tilde{\omega}_2^i,\tilde{\omega}_3^i]$,…,$[\tilde{\omega}_{n_i-1}^i,\tilde{\omega}_{n_i}^i]$,使得$|\tilde{\omega}_j^i-\tilde{\omega}_{j-1}^i|<\varepsilon$,$j=2,3,\cdots,n_i$,$\varepsilon$ 为任意小正数,随机产生一数 $\delta_i\in[0,1]$,若 $\delta_i<p_m$,$i=1\sim n$(p_m 为变异概率),随机在$\{\tilde{\omega}_1^i,\tilde{\omega}_2^i,\cdots,\tilde{\omega}_{n_i}^i\}$中选一个 $\tilde{\omega}_j^i$ 作为 O 的第 i 维子空间的取值;否则,第 i 维子空间取值不变。

Step 6:使得 pop($t+1$)中所有粒子的位置都在定义范围内,令 $t=t+1$。

Step 7:用 pop(t)更新外部存储器 I。

Step 8:按照 4.2.2 节所述粒子比较准则更新每个粒子的个体极值。

Step 9:更新所有粒子经历过的最好位置 **Gbest**(t)。

Step 10:判断算法停止准则是否满足,若满足转向 Step 11,否则转向 Step 4。

Step 11:输出外部集合 I 中的所有粒子作为问题的 Pareto 最优解,算法停止。

4.3.3 实例仿真与性能比较

1. 测试函数

为了验证本节算法的有效性,选取了 8 个标准测试函数,其中前 4 个测试函数同 4.2.6 节所采用的函数，其余测试函数（$F_5 \sim F_8$ 选自文献[2]）描述如下。其中 $\boldsymbol{X}=(x_1,x_2,\cdots,x_n)$。

例 4.5：

$$F_5:\ \begin{aligned}&\min F(\boldsymbol{X})=(f_1(\boldsymbol{X}),f_2(\boldsymbol{X}))\\ &\text{s.t. } f_1(\boldsymbol{X})=x_1\\ &\quad f_2(\boldsymbol{X})=g(\boldsymbol{X})\left[1-\sqrt{x_1/g(\boldsymbol{X})}\right]\\ &\quad g(\boldsymbol{X})=1+9\left(\sum_{i=2}^{n}x_i\right)/(n-1)\end{aligned}$$

其中，$n=30$，$x_i\in[0,1]$，$i=1\sim n$。该函数的 Pareto 前沿为凸的。

例 4.6：

$$F_6:\ \begin{aligned}&\min F(\boldsymbol{X})=(f_1(\boldsymbol{X}),f_2(\boldsymbol{X}))\\ &\text{s.t. } f_1(\boldsymbol{X})=x_1\\ &\quad f_2(\boldsymbol{X})=g(\boldsymbol{X})\left[1-(x_1/g(\boldsymbol{X}))^2\right]\\ &\quad g(\boldsymbol{X})=1+9\left(\sum_{i=2}^{n}x_i\right)/(n-1)\end{aligned}$$

其中，$n=30$，$x_i\in[0,1]$，$i=1\sim n$。该函数的 Pareto 前沿为非凸的。

例 4.7：

$$F_7:\ \begin{aligned}&\min F(\boldsymbol{X})=(f_1(\boldsymbol{X}),f_2(\boldsymbol{X}))\\ &\text{s.t. } f_1(\boldsymbol{X})=x_1\\ &\quad f_2(\boldsymbol{X})=g(\boldsymbol{X})\left[1-\sqrt{x_1/g(\boldsymbol{X})}-\frac{x_1}{g(\boldsymbol{X})}\sin(10\pi x_1)\right]\\ &\quad g(\boldsymbol{X})=1+9\left(\sum_{i=2}^{n}x_i\right)/(n-1)\end{aligned}$$

其中，$n=30$，$x_i\in[0,1]$，$i=1\sim n$。该函数的 Pareto 前沿为凸的，且不连续。

例 4.8：

$$F_8:\ \begin{aligned}&\min F(\boldsymbol{X})=(f_1(\boldsymbol{X}),f_2(\boldsymbol{X}))\\ &\text{s.t. } f_1(\boldsymbol{X})=1-\exp(-4x_1)\sin^6(6\pi x_1)\\ &\quad f_2(\boldsymbol{X})=g(\boldsymbol{X})\left[1-(f_1(\boldsymbol{X})/g(\boldsymbol{X}))^2\right]\\ &\quad g(\boldsymbol{X})=1+9\left[\left(\sum_{i=2}^{n}x_i\right)/(n-1)\right]^{0.25}\end{aligned}$$

其中，$n=10$，$x_i\in[0,1]$，$i=1\sim n$。该函数的 Pareto 前沿为非凸的，且不均匀。

2. 参数选择

在 MATLAB 7.0 的环境下对上述函数进行测试，并与 NSGA-Ⅱ、MOPSO 进行比较，参数选择如下：种群规模为 100；智能代数为 250；非劣解集规模为 100；$p_s=0.7$；$p_{r1}=0.6$；$p_{r2}=0.6$；$p_c=0.6$；$p_m=0.3$。对每个函数独立运行 20 次。图 4.5～图 4.12 分别给出了三种算法针对不同函数所求得的 Q-metric 值、S-metric 值和 FS-metric 值，并用简单的数据统计图 boxplot 对结果进行可视化描述。为了方便，这里记 FMPSO 算法为 4、NSGA-Ⅱ算法为 2、MOPSO 算法为 3。

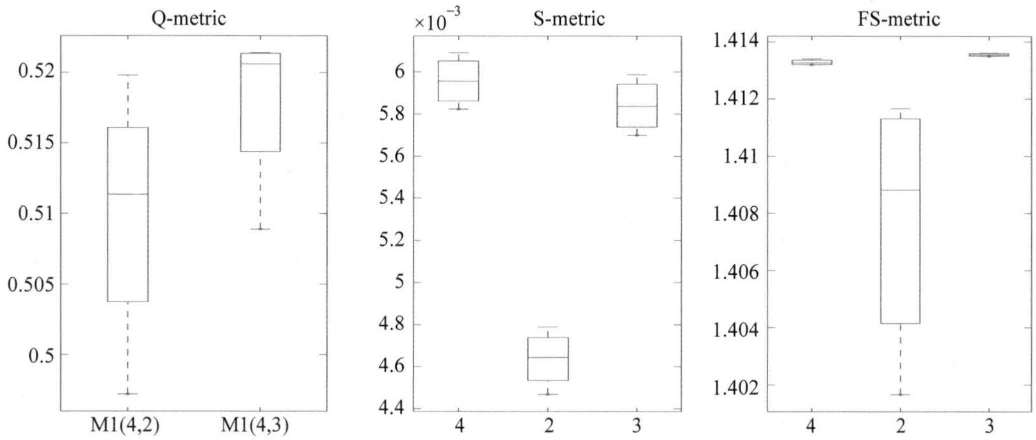

图 4.5　三种算法针对函数 F_1 求得的 Q-metric 值、S-metric 值和 FS-metric 值

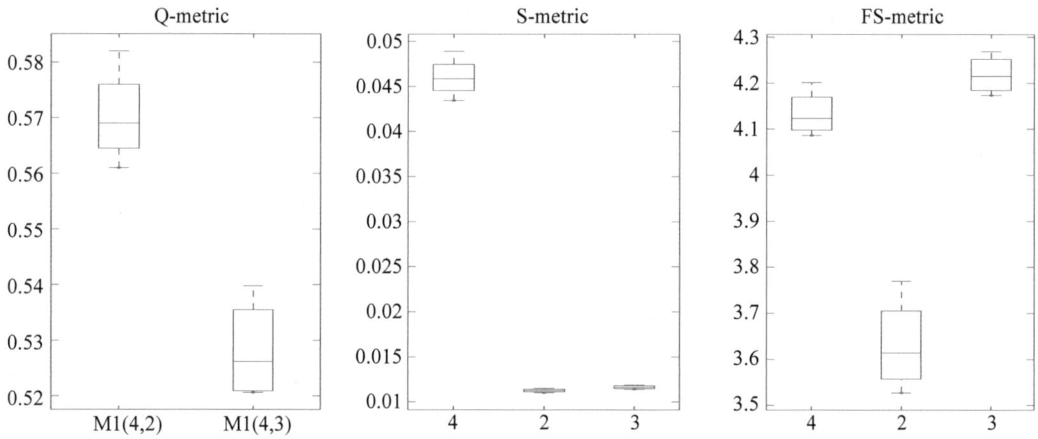

图 4.6　三种算法针对函数 F_2 求得的 Q-metric 值、S-metric 值和 FS-metric 值

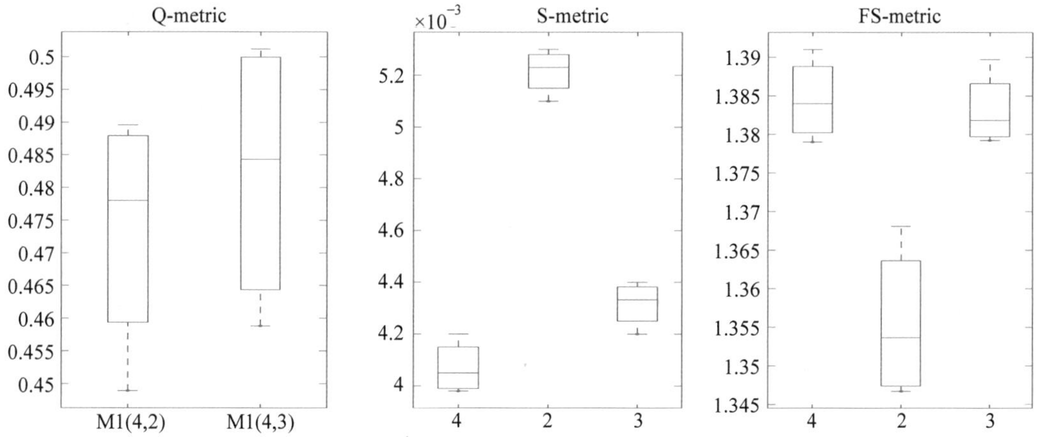

图 4.7　三种算法针对函数 F_3 求得的 Q-metric 值、S-metric 值和 FS-metric 值

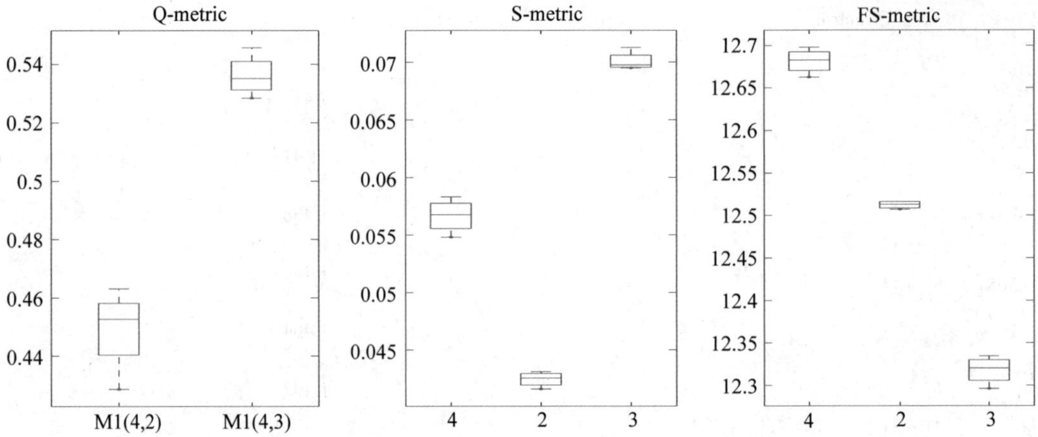

图 4.8　三种算法针对函数 F_4 求得的 Q-metric 值、S-metric 值和 FS-metric 值

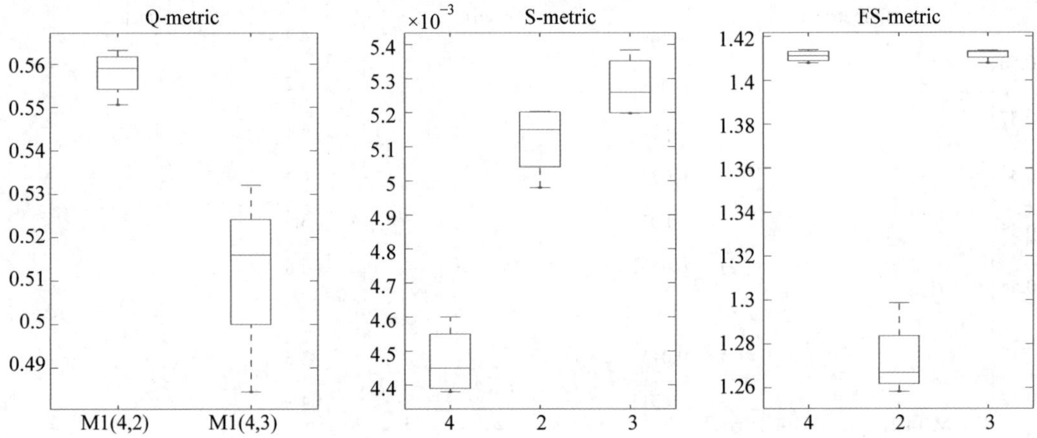

图 4.9　三种算法针对函数 F_5 求得的 Q-metric 值、S-metric 值和 FS-metric 值

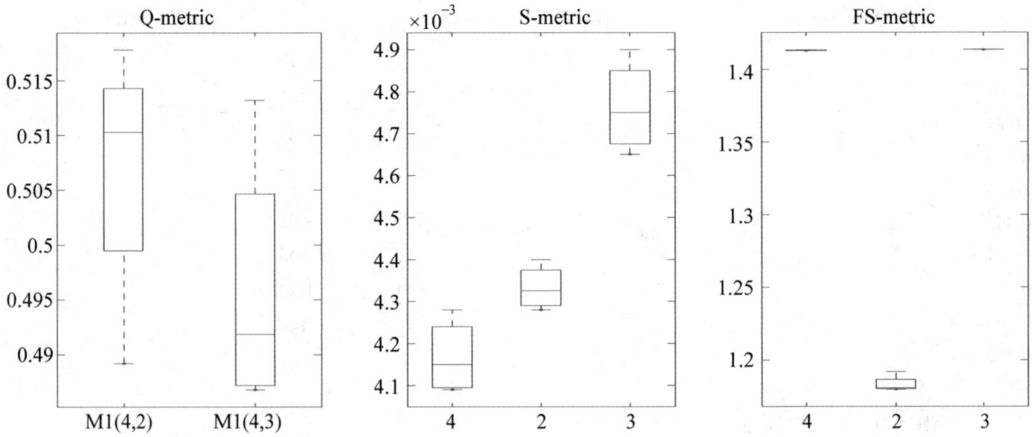

图 4.10　三种算法针对函数 F_6 求得的 Q-metric 值、S-metric 值和 FS-metric 值

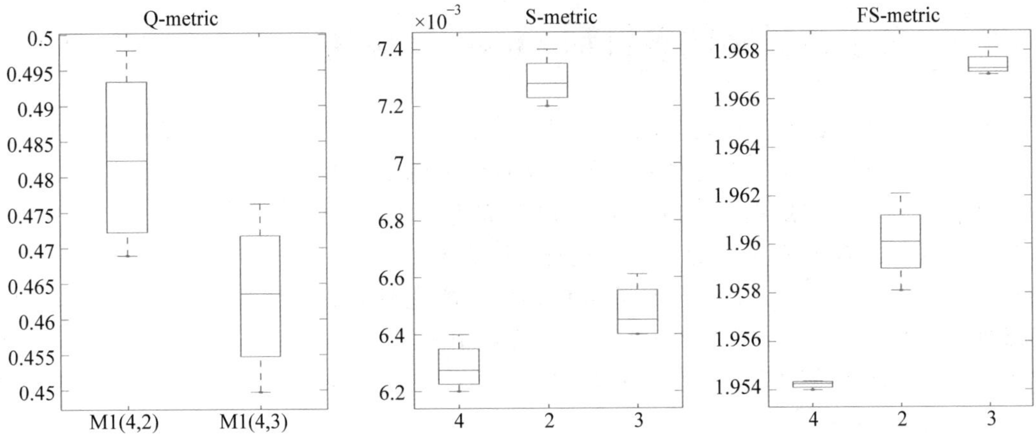

图 4.11　三种算法针对函数 F_7 求得的 Q-metric 值、S-metric 值和 FS-metric 值

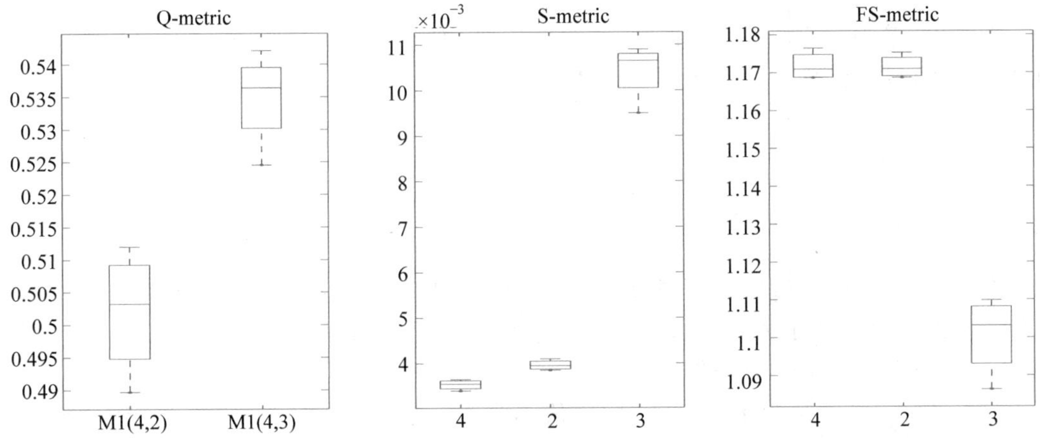

图 4.12　三种算法针对函数 F_8 求得的 Q-metric 值、S-metric 值和 FS-metric 值

由图 4.5、图 4.6 可以看出：对于 $F_1 \sim F_2$，在大多数运行时本节算法(FMPSO)所求得的 Pareto 前沿比其他两种算法所得到的 Pareto 前沿分布更宽广而且更接近真实的 Pareto 界面。

由图 4.7 可以看出：对于 F_3，FMPSO 所求得的 Pareto 前沿比其他两种算法所得到的 Pareto 前沿分布更宽广、散布更均匀。

由图 4.8 可以看出：对于 F_4，与 MOPSO 相比，FMPSO 所得的 Pareto 前沿更接近真实 Pareto 界面，而且比其他两种算法所得 Pareto 前沿分布宽广。

由图 4.9、图 4.10、图 4.12 可以看出：在大多数运行时，对于 F_5、F_6 和 F_8，与其他两种算法相比，在大多数运行时 FMPSO 所得的 Pareto 前沿分布更均匀且宽广，而且更接近真实的 Pareto 界面。

由图 4.11 可以看出：对于 F_7，与其他两种算法相比，FMPSO 所得的 Pareto 前沿分布更均匀。

由上述结果可以得出：对于大多数测试函数，本节算法都能产生出一组分布均匀且散布广泛的最优解。

4.4 基于新模型的多目标 Memetic 算法

本节将无约束多目标优化问题转化为单目标约束优化问题，其中将解得均匀性度量看作是目标函数，解的序值看作是约束条件。针对转化后的模型提出了新的选择策略：将目标空间划分为若干区域，在保留序值为 1 的个体的基础上，该选择算子偏好于位于稀疏区域的个体而不考虑该个体序值的大小。这样，可以保证产生一组分布均匀且更接近真实 Pareto 前沿的非劣解；Memetic 算法是求解多目标优化问题最有效的方法之一，它融合了局部搜索和智能计算。新的多目标 Memetic 算法引进了 C-metric，将模拟退火算法与遗传算法结合起来，使得算法能产生质量较好的子种群。仿真结果表明新算法对无约束多目标优化问题是有效可行的。

4.4.1 多目标优化模型的转化

与 4.2.1 节相同，将解的序值看作是约束条件，均匀性度量看作是目标函数，则多目标优化问题可以转化为如下单目标等式约束问题：

$$\begin{cases}\min \mathrm{Var} \\ \text{s.t. } R(t)=1\end{cases} \tag{4-11}$$

4.4.2 一种新的选择策略

在 4.2.2 节中提出的粒子比较准则具有单一性，即在对粒子进行分层后，首先保留那些序值较小的粒子而没有优先考虑那些位于稀疏区域序值较大的粒子。以式(4-11)为例，4.2.2 节中的比较准则有以下缺陷。

(1) 当两个个体都为不可行解时(序值不为 1)，选择约束违反度(序值较小)较小的个体。

(2) 当两个个体都为可行解时(序值都为 1)，选择目标函数值较小的个体。即选择与位于目标空间稀疏区域中的非劣解夹角较小的个体。

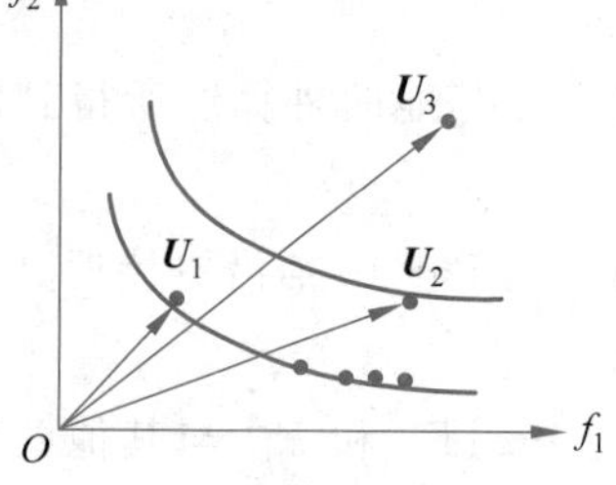

图 4.13 目标空间中个体分布

(3) 当一个个体可行，而另一个个体不可行时，选择可行个体，即若一个个体的序值为 1，另一个个体的序值不为 1 时，选择序值为 1 的个体。

这种策略的缺陷在于：由于没有保持种群的多样性，可能会导致所得 Pareto 前沿分布不均匀。如图 4.13 所示，$\boldsymbol{U}_1$、$\boldsymbol{U}_2$、$\boldsymbol{U}_3$ 为个体 $\boldsymbol{X}_1$、$\boldsymbol{X}_2$、$\boldsymbol{X}_3$ 在目标空间中的像，其中 $\boldsymbol{U}_1$ 位于 Pareto 前沿中较为稀疏的区域。$\mathrm{ang}(\boldsymbol{U}_i, \boldsymbol{U}_j)$ 表示为向量 $\boldsymbol{U}_i$ 和 $\boldsymbol{U}_j$ 之间的夹角。

由图 4.13 可以看出，个体 $\boldsymbol{U}_2$、$\boldsymbol{U}_3$ 的序值都不为 1，且 $\boldsymbol{U}_2 \prec \boldsymbol{U}_3$。按照 4.2.2 节中的选择方法，个体 $\boldsymbol{U}_2$ 被选择上。而实际上 $\boldsymbol{U}_3$ 位于目标空间中较稀疏的区域(由于 $\boldsymbol{U}_3$ 和 $\boldsymbol{U}_1$ 之间的夹角较小)，为了产生一组分布均匀的 Pareto 最优解，个体 $\boldsymbol{U}_3$ 应被选择上。为了解决以上问题，本节提出了一种新的选择策略。

Step 1：保留所有序值为 1 的个体，记非劣解集为 I。

Step 2：求出位于目标空间中稀疏区域的非劣解集合。

$$S_n=\{\boldsymbol{X}\in I\mid \text{crowd}(\boldsymbol{X})>2\,\overline{\text{crowd}}\}$$

其中，$\text{crowd}(\boldsymbol{X})$代表个体$\boldsymbol{X}$的拥挤距离，$\overline{\text{crowd}}$代表个体拥挤距离均值，计算方法同4.2.1节。

Step 3：任选种群中两个个体$\boldsymbol{X}_i$、$\boldsymbol{X}_j$，若$\exists\boldsymbol{X}_f\in S_n$，使得$\text{ang}(f(\boldsymbol{X}_i),f(\boldsymbol{X}_f))\leqslant\frac{1}{T_0}\cdot\sum_{i=1}^{N}A_i/N$，且$\sim\exists\boldsymbol{X}_f\in S_n$，使得$\text{ang}(f(\boldsymbol{X}_i),f(\boldsymbol{X}_f))\leqslant\frac{1}{T_0}\cdot\sum_{i=1}^{N}A_i/N$，则选择$\boldsymbol{X}_i$；否则，选择序值较小的个体。其中，$N$为种群规模，$A_i=\min\limits_{\boldsymbol{X}_p\in S_n}\{\text{ang}(f(\boldsymbol{X}_i),f(\boldsymbol{X}_p))\}$，随着迭代进行，$T_0$从0.4线性变化到0.8。

从该策略可以看出，当一个个体与位于Pareto前沿较稀疏区域中的个体之间的夹角小于给定的阈值时，则该个体将以较大的概率被选择上。其中，阈值$\frac{1}{T_0}\cdot\sum_{i=1}^{N}A_i/N$随着迭代的进行逐渐减小。这样可以保证在智能后期序值较小的个体被选择上，有利于算法的收敛。

4.4.3 新的接收准则

本节设计了一种新的接收准则，将C-metric看作是模拟退火中的能量函数，将种群优势结合到局部搜索中。假设$\boldsymbol{A}$、$\boldsymbol{B}$、$\boldsymbol{C}$、$\boldsymbol{D}$为决策空间中的点，其中$\boldsymbol{A}$、$\boldsymbol{B}$、$\boldsymbol{C}$为非劣解且属于集合H_1，进行局部搜索后得到点$\boldsymbol{E}$、$\boldsymbol{F}$、$\boldsymbol{G}$、$\boldsymbol{H}$，其中$\boldsymbol{E}$、$\boldsymbol{F}$、$\boldsymbol{G}$为非劣解且属于集合H_2。若$C(H_1,H_2)<C(H_2,H_1)$，则局部搜索后的点$\boldsymbol{E}$、$\boldsymbol{F}$、$\boldsymbol{G}$、$\boldsymbol{H}$以概率1被接受；否则，局部搜索后的点以概率$\exp\left(\frac{C(H_2,H_1)-C(H_1,H_2)}{T}\right)$被接受，其中$T$为退火温度。

4.4.4 基于新模型的多目标Memetic算法概述

首先给定初始温度$T_{\text{start}}=100$，产生初始种群pop，过渡种群pop″=pop，计算pop″中每个个体的序值R_i，$i=1\sim N$，对种群pop″进行选择、杂交、变异产生智能后的种群pop′。若pop′满足以下两个条件，则pop′存活，pop″=pop′，否则pop″保持不变。H''、H'分别为种群pop″、pop′中的非劣解集。

条件1：为了产生足够多的高质量的Pareto最优解，计算能量函数$E(H'')$、$E(H')$。其中，$E(H'')=C(H',H'')$，$E(H')=C(H'',H')$，然后按照metropolis接受准则，以概率$\min\left\{1,\exp\left(\frac{C(H',H'')-C(H'',H')}{T}\right)\right\}$接受pop′为智能后种群。

条件2：为了保证解在Pareto界面均匀分布，以概率$\min\left\{1,\frac{\text{Var}(H'')}{\text{Var}(H')}\right\}$接受pop′为智能后的种群。$\text{Var}(H)$表示解集$H$的均匀性度量，其定义方式同4.2.1节。

重复以上过程，在进行足够多的状态转移后，缓慢减小T值，如此反复直至满足某个停止准则。

多目标Memetic算法(MOMA)流程有以下5步。

Step 1：初始化。

(1) 产生规模为 N 的初始种群 pop(t),求其非劣解集合 I,$t=1$。

(2) 在选择初始温度 T_{start},令 $T=T_{\text{start}}$。

(3) 令内部循环次数 $\text{count}_{\text{iteration}}=0$。

Step 2:智能。

(1) 产生过渡种群 pop″(t),令 pop″(t)=pop(t)。

(2) 计算 pop″(t)中每个个体的序值 R_i,$i=1\sim N$。

(3) 若 $\text{count}_{\text{iteration}}=\text{count}_{\max}$($\text{count}_{\max}=3$),则令 $\text{count}_{\text{iteration}}=0$,转 Step 3;否则 $\text{count}_{\text{iteration}}=\text{count}_{\text{iteration}}+1$。

(4) 根据如下所示的变异算子产生智能后规模为 N 的种群 pop′(t)。

对杂交产生的每个后代 O,以概率 p_m 对其进行变异。

对其第 i 个分量变异如下:我们将 O 的第 i 维子空间$[l_i,u_i]$分成若干个子区间$[\tilde{\omega}_1^i,\tilde{\omega}_2^i]$,$[\tilde{\omega}_2^i,\tilde{\omega}_3^i]$,…,$[\tilde{\omega}_{n_i-1}^i,\tilde{\omega}_{n_i}^i]$,使得$|\tilde{\omega}_j^i-\tilde{\omega}_{j-1}^i|<\varepsilon$,$j=2,3,\cdots,n_i$,ε 为任意小正数,随机产生一数 $\delta_i\in[0,1]$,若 $\delta_i<p_m$(p_m 为变异概率),随机在$\{\tilde{\omega}_1^i,\tilde{\omega}_2^i,\cdots,\tilde{\omega}_{n_i}^i\}$中选一个 $\tilde{\omega}_j^i$ 作为O 的第 i 维子空间的取值。

(5) 产生(0,1)间随机数 r,若下式

$$r<\min\left\{1,\exp\frac{E(H'')-E(H')}{T}\right\}\times\min\left\{1,\frac{\text{Var}(H'')}{\text{Var}(H')}\right\}$$

成立,则 pop′(t)存活,pop″(t)=pop′(t);否则 pop″(t)保持不变,转 Step 3。

Step 3:用集合 pop″(t)更新非劣解集 I,并用 4.4.2 节所述选择算子从 pop(t)∪pop″(t)中选择($N-|I|$)个个体与非劣解集 I 组成下一代种群 pop($t+1$)。

Step 4:退温 $T=T_{\text{start}}\times0.92^t$。

Step 5:若停止准则满足(这里指智能达到一定的代数),则算法停止,输出非劣解集 I;否则令 $t=t+1$,转 Step 2。

4.4.5 实例仿真与性能比较

本节采用同 4.3.3 节相同的 8 个测试函数。为了验证算法 MOMA 的有效性,在 MATLAB 7.0 环境下对上述函数进行测试,并与 NSGA-Ⅱ算法、MOPSO 及 4.3 节设计的 FMPSO 进行比较,参数选择如下:种群规模为 100;杂交概率 $p_c=0.9$;变异概率 $p_c=0.9$;MOMA 的智能代数为 60,其余算法的智能代数为 250;对每个函数独立运行 20 次。图 4.14~图 4.21 分别给出了 MOMA、FMPSO、NSGA-Ⅱ和 MOPSO 针对不同函数所求得的 Q-metric 值、S-metric 和 FS-metric 值,并用简单的数据统计图 boxplot 对结果进行可视化描述。为了方便,这里记 MOMA 为 5、FMPSO 为 4、NSGA-Ⅱ为 2、MOPSO 为 3。

从图 4.14 可以看出:对于 F_1,与 NSGA-Ⅱ和 MOPSO 相比,本节算法 MOMA 所求得的 Pareto 前沿更接近真实的 Pareto 界面。

从图 4.15 可以看出:对于 F_2,与 NSGA-Ⅱ相比,MOMA 所得的 Pareto 前沿更接近真实的 Pareto 界面,而且比 NSGA-Ⅱ和 MOPSO 算法所得的 Pareto 前沿散布宽广。

从图 4.16、图 4.18、图 4.19 可以看出:对于 F_3、F_5 和 F_6,与 NSGA-Ⅱ和 MOPSO 相比,在大多数运行中 MOMA 算法所得的 Pareto 前沿更接近真实的 Pareto 界面,而且该界面分布更均匀。

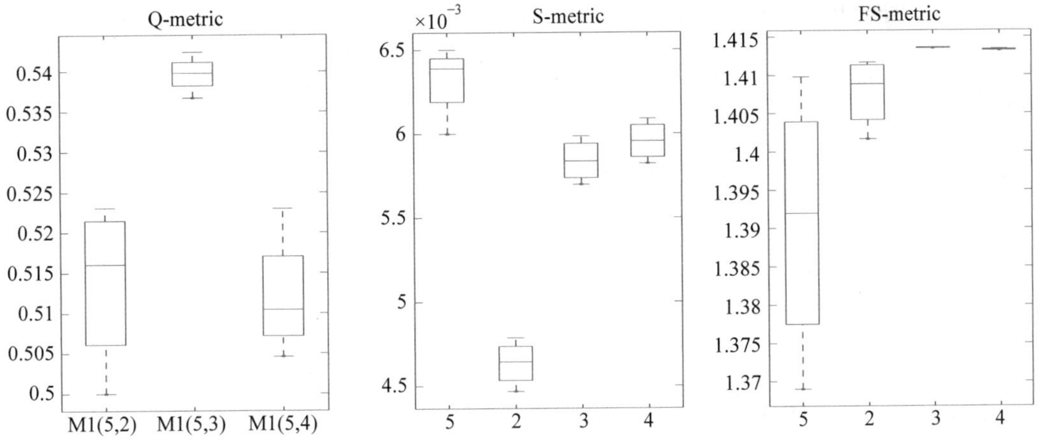

图 4.14　三种算法针对函数 F_1 求得的 Q-metric 值、S-metric 值和 FS-metric 值

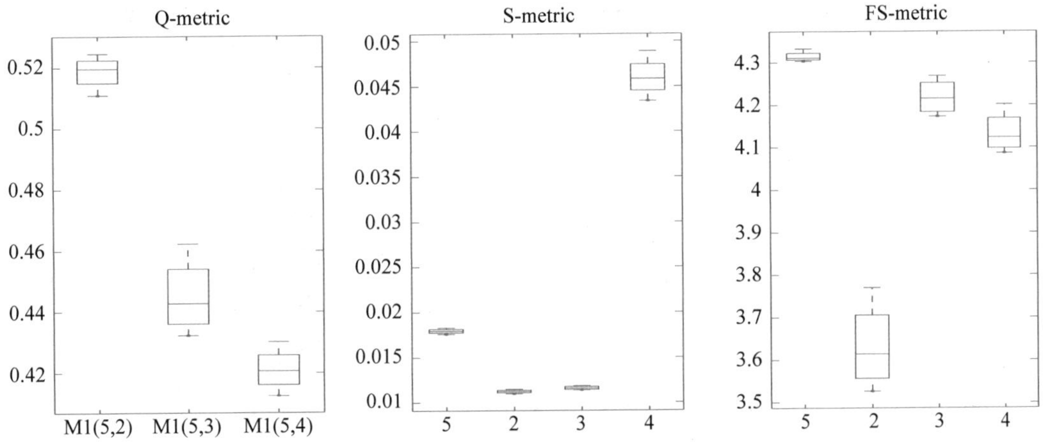

图 4.15　三种算法针对函数 F_2 求得的 Q-metric 值、S-metric 值和 FS-metric 值

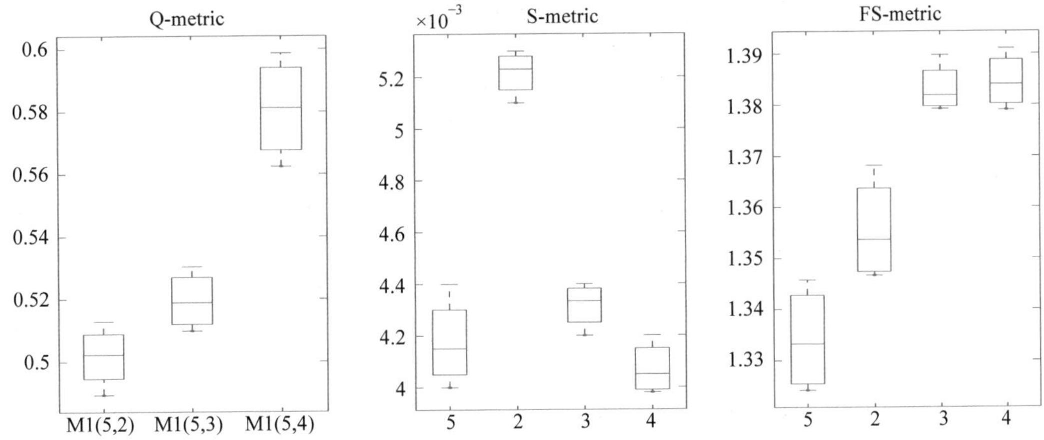

图 4.16　三种算法针对函数 F_3 求得的 Q-metric 值、S-metric 值和 FS-metric 值

从图 4.17、图 4.20 可以看出：对于 F_4 和 F_7，与 NSGA-Ⅱ 和 MOPSO 相比 MOMA 所得的 Pareto 前沿更接近真实的 Pareto 界面，而且比这两种算法所得 Pareto 前沿分布宽广。

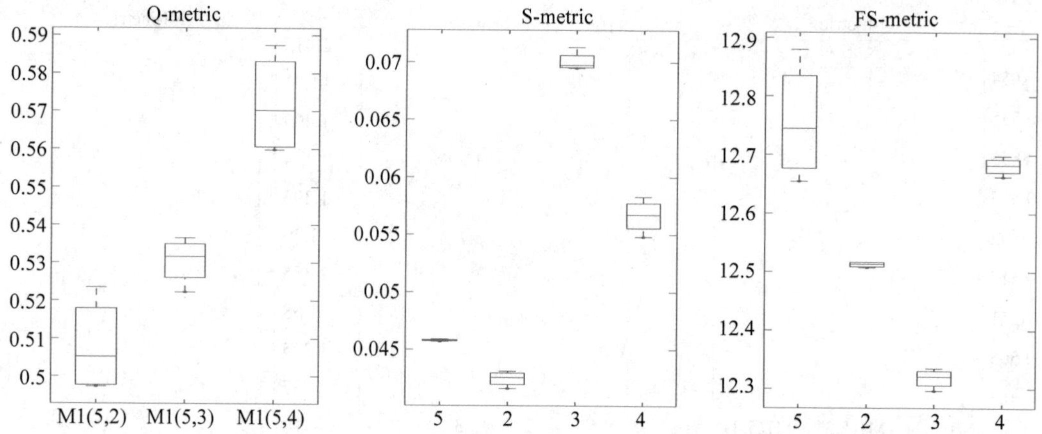

图 4.17　三种算法针对函数 F_4 求得的 Q-metric 值、S-metric 值和 FS-metric 值

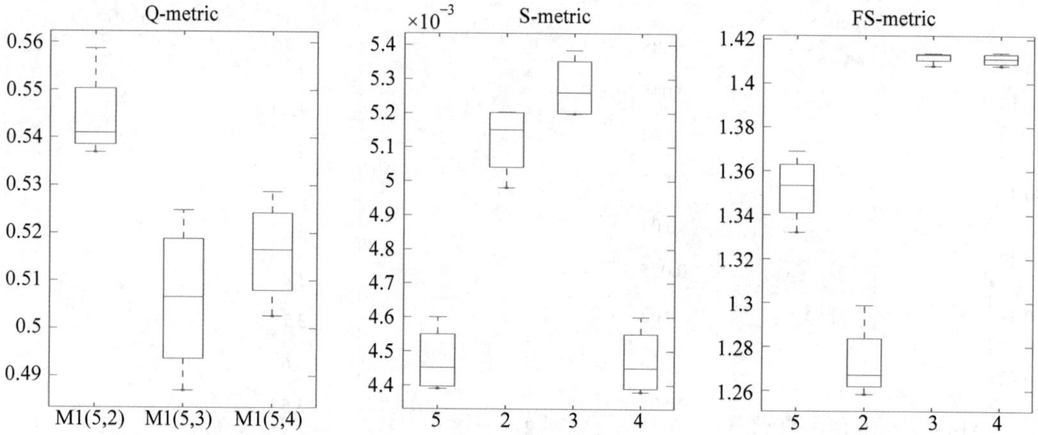

图 4.18　三种算法针对函数 F_5 求得的 Q-metric 值、S-metric 值和 FS-metric 值

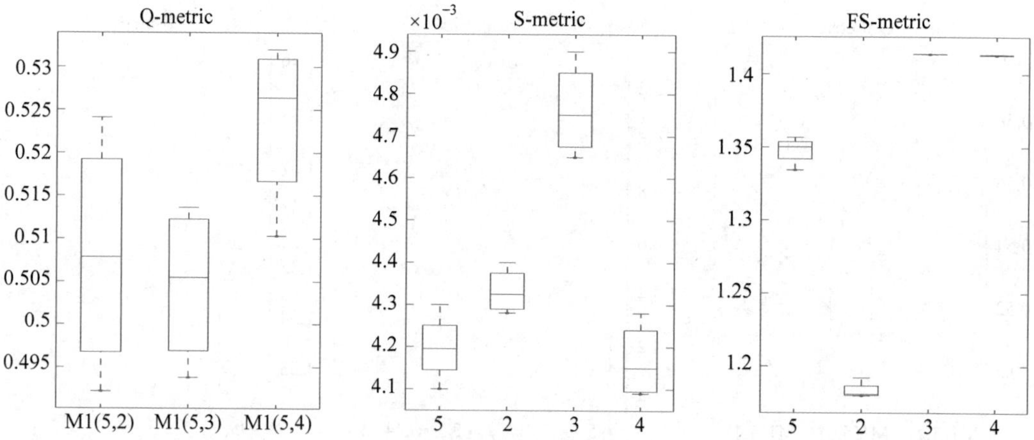

图 4.19　三种算法针对函数 F_6 求得的 Q-metric 值、S-metric 值和 FS-metric 值

从图 4.21 可以看出：对于 F_8，本节算法所得的 Pareto 前沿在这三个性能指标上均要优于 MOPSO 和 NSGA-Ⅱ。

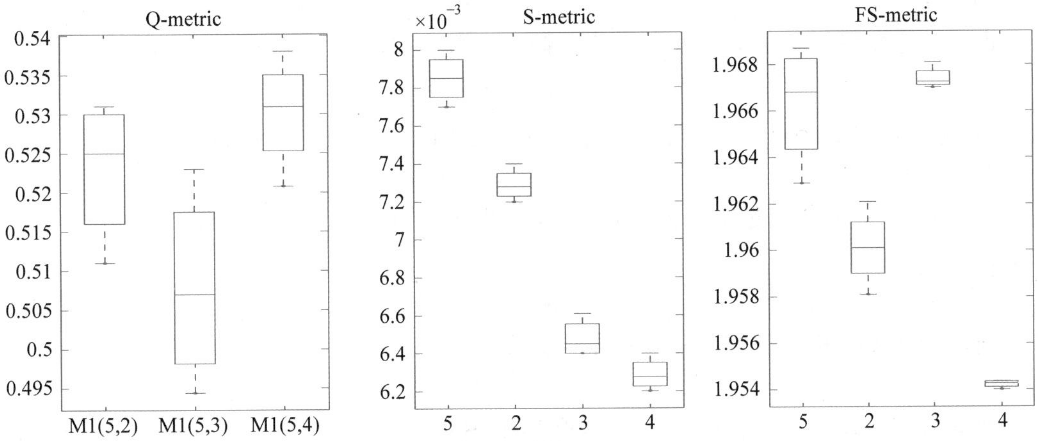

图 4.20　三种算法针对函数 F_7 求得的 Q-metric 值、S-metric 值和 FS-metric 值

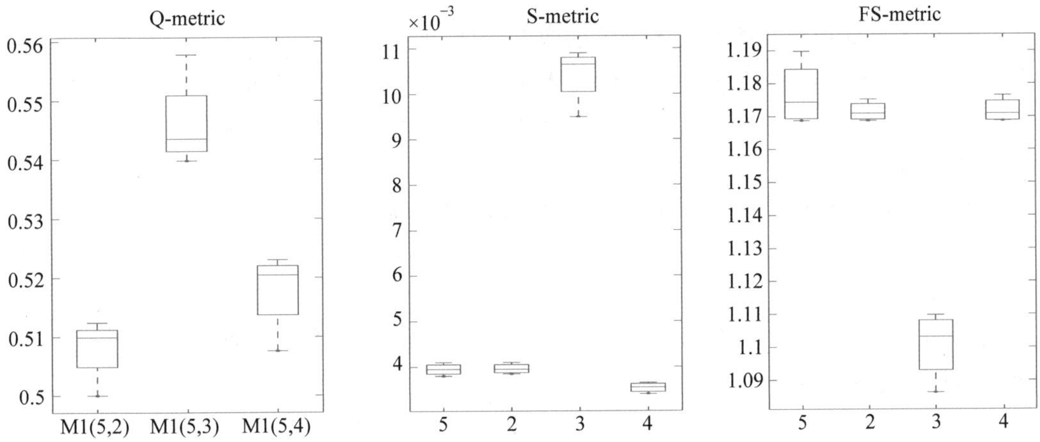

图 4.21　三种算法针对函数 F_8 求得的 Q-metric 值、S-metric 值和 FS-metric 值

同时，从数据统计图中可以看出：对于 F_1、F_3、F_5 和 F_6，与 FMPSO 相比，MOMA 得到的 Pareto 前沿更接近真实的 Pareto 界面。

对于 F_2，与 FMPSO 相比，MOMA 得到的 Pareto 前沿分布更宽广且均匀。

对于 F_4，与 FMPSO 相比，MOMA 得到的 Pareto 前沿在三个性能指标上均要优于 FMPSO。

对于 F_7、F_8，与 FMPSO 相比，MOMA 所得 Pareto 前沿更接近真实的 Pareto 界面，而且散布更宽广。

总的来说，本章所提出的两种算法 FMPSO 和 MOMA 都要优于 NSGA-Ⅱ和 MOPSO，而且 MOMA 的性能比 FMPSO 的性能更好。

4.5 收敛性分析

下面证明 FMPSO 和 MOMA 的收敛性。首先介绍以下概念。

定义 4.8

设$\{\xi_k\}$是概率空间$\{\Omega,F,P\}$上的实值随机变量序列，若存在随机变量ξ，s.t.

$$P\{\lim_{t\to\infty}\xi_t=\xi\}=1 \tag{4-12}$$

成立，则称随机变量序列$\{\xi_t\}$以概率1收敛到随机变量ξ。$P\{\circ\}$表示随机事件$\circ$的概率。

定义 4.9

称个体$\boldsymbol{X}'$是从$\boldsymbol{X}$通过杂交和变异可达的，若$\boldsymbol{X}'$由$\boldsymbol{X}$通过杂交和变异产生的概率大于0，则

$$P\{\mathrm{MC}(\boldsymbol{X})=\boldsymbol{X}'\}>0 \tag{4-13}$$

其中，$\mathrm{MC}(\boldsymbol{X})$表示由$\boldsymbol{X}$通过杂交和变异产生的点。

定义 4.10

若$P\{\|\mathrm{MC}(\boldsymbol{X})-\boldsymbol{X}'\|\leqslant\varepsilon\}>0$成立，则称个体$\boldsymbol{X}'$是从$\boldsymbol{X}$通过杂交和变异为$\varepsilon$精度可达的。

引理 4.1

若一个多目标优化智能算法满足下面两个条件，即

(1) 可行域中任意两点$\boldsymbol{X}'$和$\boldsymbol{X}$，$\boldsymbol{X}'$是从$\boldsymbol{X}$通过杂交和变异可达的。

(2) 序列$I(t)$是单调的，即对$\forall t$，$I(t+1)$中的任意解优于$I(t)$中的任意解或者至少不差于$I(t)$中的解。

则该多目标算法以概率1收敛到多目标优化问题的最优解I_{true}。

$$P\{\lim_{t\to\infty}I(t)=I_{\mathrm{true}}\}=1 \tag{4-14}$$

推论 4.1

若将引理4.1中的第一个条件“可达”改为ε精度可达，多目标智能算法以概率1收敛到问题具有ε精度的Pareto最优解集。

$$P\{\lim_{t\to\infty}\|I(t)-I_{\mathrm{true}}\|\leqslant\varepsilon\}=1 \tag{4-15}$$

其中，$\|I(t)-I_{\mathrm{true}}\|\leqslant\varepsilon$表示$\{\|\boldsymbol{X}-\boldsymbol{X}^*\|\leqslant\varepsilon \mid \forall\boldsymbol{X}\in I(t),\exists\boldsymbol{X}^*\in I_{\mathrm{true}}\}$，$I_{\mathrm{true}}$为多目标优化问题的Pareto最优解。

定理 4.1

对充分小的$\varepsilon>0$，若式(4-4)的目标函数$f(\boldsymbol{X})$在搜索空间S上连续，则FMPSO和MOMA将以概率1收敛到问题具有ε精度的Pareto最优解集I_{true}，

$$P\{\lim_{t\to\infty}\|I(t)-I_{\mathrm{true}}\|\leqslant\varepsilon\}=1 \tag{4-16}$$

证明：

首先证明算法FMPSO和算法MOMA对任意两个$\boldsymbol{X}',\boldsymbol{X}\in S$，$\boldsymbol{X}'$是从$\boldsymbol{X}$通过杂交和变异为$\varepsilon$-精度可达的，即

$$P\{\|\mathrm{MC}(\boldsymbol{X})-\boldsymbol{X}'\|\leqslant\varepsilon\}>0 \tag{4-17}$$

其中，$\mathrm{MC}(\boldsymbol{X})$是$\boldsymbol{X}$通过杂交和变异算子产生的任意点。对于FMPSO，设粒子$\boldsymbol{X}$被选上参与遗传算法智能的概率为$1-p_s>0$，随后参加杂交的概率为$p_c>0$。设由$\boldsymbol{X}$通过杂交产生的任意一个后代为$\bar{\boldsymbol{X}}$，$\bar{\boldsymbol{X}}$被选上参加变异的概率为p_m，则$\boldsymbol{X}'$从$\boldsymbol{X}$通过杂交和变异为ε-精度可达的概率为

$$P\{\|\mathrm{MC}(\boldsymbol{X})-\boldsymbol{X}'\|\leqslant\varepsilon\}=(1-p_s)\cdot p_c\cdot p_m\cdot P\{\|M(\bar{\boldsymbol{X}})-\boldsymbol{X}'\|\leqslant\varepsilon\} \tag{4-18}$$

对于 MOMA，个体 $\boldsymbol{X}$ 被选上参加杂交的概率为 $p_c>0$。设由 $\boldsymbol{X}$ 通过杂交产生的任意一个后代为 $\bar{\boldsymbol{X}}$，$\bar{\boldsymbol{X}}$ 被选上参加变异的概率为 p_m，则 $\boldsymbol{X}'$ 从 $\boldsymbol{X}$ 通过杂交和变异为 ε-精度可达的概率为

$$P\{\|\mathrm{MC}(\boldsymbol{X})-\boldsymbol{X}'\|\leqslant\varepsilon\}=p_c\cdot p_m\cdot P\{\|M(\bar{\boldsymbol{X}})-\boldsymbol{X}'\|\leqslant\varepsilon\} \tag{4-19}$$

于是，只须证明 $\boldsymbol{X}'$ 是由 $\bar{\boldsymbol{X}}$ 通过变异为 ε-精度可达的，即

$$P\{\|M(\bar{\boldsymbol{X}})-\boldsymbol{X}'\|\leqslant\varepsilon\}>0 \tag{4-20}$$

事实上，若对 $\boldsymbol{X}'$ 的任意一个分量 x'_k，令 $|\tilde{\omega}_{i_k}^k-x'_k|=\min\{|\tilde{\omega}_j^k-x'_k|, j=1,2,\cdots,n_k\}$，则 $|\tilde{\omega}_{i_k}^k-x'_k|\leqslant\varepsilon$。其中，$\tilde{\omega}_j^k$ 由上述 MOMA 算法 Step 2 中的(4)确定。令 $\bar{\bar{\boldsymbol{X}}}=(\tilde{\omega}_{i1}^1, \tilde{\omega}_{i2}^2,\cdots,\tilde{\omega}_{in}^n)$，则 $\|\bar{\bar{\boldsymbol{X}}}-\boldsymbol{X}'\|\leqslant\varepsilon$。

因此，如果我们能证明 $P\{M(\bar{\boldsymbol{X}})=\bar{\bar{\boldsymbol{X}}}\}>0$，则 $P\{\|M(\bar{\boldsymbol{X}})-\boldsymbol{X}'\|\leqslant\varepsilon\}>0$ 成立。设 h 是 $M(\bar{\boldsymbol{X}})$ 和 $\bar{\bar{\boldsymbol{X}}}$ 之间的 Hamming 距离，即 $M(\bar{\boldsymbol{X}})$ 和 $\bar{\bar{\boldsymbol{X}}}$ 之间不同分量的个数为 h，不失一般性，设 $M(\bar{\boldsymbol{X}})$ 和 $\bar{\bar{\boldsymbol{X}}}$ 的后 $n-h$ 个分量相同，于是有

$$P\{M(\bar{\boldsymbol{X}})=\bar{\bar{\boldsymbol{X}}}\}=\left(p_m^h\prod_{i=1}^{h}\frac{1}{n_i}\right)\left[(1-p_m)^{n-h}\prod_{j=h+1}^{n}\left(1-\frac{1}{n_j}\right)\right]>0$$

因此，

$$P\{\|M(\bar{\boldsymbol{X}})-\boldsymbol{X}'\|\leqslant\varepsilon\}>0 \tag{4-21}$$

成立。故 $\boldsymbol{X}'$ 是从 $\boldsymbol{X}$ 通过杂交和变异为 ε-精度可达的。

由 FMPSO 的 Step 7 和 MOMA 的 Step 3 可知：$I(t)$ 改进了 $I(t-1)$ 中的点，于是 $I(1),I(2),\cdots,I(t)$ 是单调的。

对充分小的 $\varepsilon>0$，令

$$I_{\text{true}}^{\varepsilon}=\{\boldsymbol{X}\mid\|\boldsymbol{X}-\boldsymbol{X}^*\|\leqslant\varepsilon,\boldsymbol{X}^*\in I_{\text{true}}\} \tag{4-22}$$

因为 $f(\boldsymbol{X})$ 在搜索空间上连续，故对 $\forall\boldsymbol{X}_1\notin I_{\text{true}}^{\varepsilon}$，$\exists\boldsymbol{X}_2\in I_{\text{true}}^{\varepsilon}$，使得 $f(\boldsymbol{X}_2)<f(\boldsymbol{X}_1)$。

注意到 FMPSO 和 MOMA 产生的最优解序列 $\{I(t)\}$ 可以看成是具有两个状态的 Markov 链。

状态 1 序列 $\{I(t)\}$ 满足：对 $\forall\boldsymbol{X}(t)\in I(t)$，$\exists\boldsymbol{X}^*\in I_{\text{true}}(t)$，使得 $\|\boldsymbol{X}(t)-\boldsymbol{X}^*\|\leqslant\varepsilon$。

状态 2 序列 $\{I(t)\}$ 不满足状态 1 的条件。

由序列 $\{I(t)\}$ 的单调性知，从状态 1 转移到状态 2 的概率为 0，因此状态 1 为吸收态。由任两点的 ε-精度可达性知，从状态 2 转移到状态 1 的概率恒大于 0。因此，状态 2 为瞬时态。由 Markov 链理论知结论成立。证毕。

第5章

解决多目标约束优化问题的两种粒子群算法

在多目标约束优化问题中，如何在约束条件下依然能求出一组分布均匀且散布广泛的非劣解供决策者选择是十分重要的。20世纪90年代以来，大量基于智能算法的多目标优化方法逐步被重视，但目前求解多目标优化的智能算法主要考虑相互冲突的多目标间的优化，而很少考虑约束条件。而约束处理是工程优化问题中的一个关键部分，因此有必要建立一个有效的方法以求解一般的约束多目标优化问题。

本章针对约束多目标优化问题设计了两种算法，具体安排如下：5.1节介绍了求解多目标约束优化问题的一种混合粒子群算法；5.2节提出了一种基于不可行精英保留策略的粒子群优化方法；5.3节给出了算法的收敛性分析。

5.1 解决多目标约束优化问题的混合粒子群算法

本节设计了一个基于阈值的粒子比较准则，使之适用于处理多目标约束优化问题，该准则可以保留一部分序值较小且约束违反度在允许范围内的不可行解粒子，从而达到由不可行解向可行解智能的目的；为了产生一组分布均匀且散布广泛的Pareto解，设计了一个新的拥挤度函数，使得位于稀疏区域和Pareto前沿边界附近的点有较大的拥挤度函数值，从而被选择上的概率也较大；设计了一个具有两阶段的变异算子，第一阶段变异：计算出参与变异的粒子所受的合作用力，在此合力的基础上定义了粒子的变异方向，沿着该方向进行变异可能会找到序值较小或约束违反度较小的粒子。为了避免粒子沿着一个固定的方向进行搜索，保证算法的全局收敛性，选择一定数目的点参与第二阶段变异。仿真结果表明本节算法能产生一组沿着Pareto前沿分布均匀且散布广泛的最优解。本章考虑的是下列有约束的多目标优化问题。

$$\text{MOPs}\begin{cases}\min\limits_{\boldsymbol{X}\in S} f(\boldsymbol{X})=(f_1(\boldsymbol{X}),f_2(\boldsymbol{X}),\cdots,f_m(\boldsymbol{X}))\\ \text{s.t. } g_j(\boldsymbol{X})\leqslant 0,\quad j=1,2,\cdots,p\\ \qquad h_j(\boldsymbol{X})=0,\quad j=p+1,p+2,\cdots,s\end{cases} \tag{5-1}$$

其中，$\boldsymbol{X}=(x_1,x_2,\cdots,x_n)$是$n$维向量；$g_1(\boldsymbol{X}),g_2(\boldsymbol{X}),\cdots,g_p(\boldsymbol{X})$称为不等式约束条件；$h_{p+1}(\boldsymbol{X}),h_{p+2}(\boldsymbol{X}),\cdots,h_s(\boldsymbol{X})$称为等式约束条件；$S=\prod\limits_{i=1}^{n}[l_i,u_i]$表示搜索空间，$S$中所有满足约束条件的可行解构成的可行域记为$\Omega\subseteq S$。

在式(5-1)中，$h_j(\boldsymbol{X})=0$是第j个等式约束，一般而言，对于等式约束，通过容许误差

(也称容忍度)$\delta>0$ 可将其转化为两个不等式约束，

$$\begin{cases} h_j(\boldsymbol{X})-\delta\leqslant 0 \\ -h_j(\boldsymbol{X})+\delta\leqslant 0 \end{cases} \tag{5-2}$$

因此，下面只考虑带不等式约束的多目标优化问题。

$$\text{MOPs}\begin{cases} \min\limits_{\boldsymbol{X}\in S} f(\boldsymbol{X})=(f_1(\boldsymbol{X}),f_2(\boldsymbol{X}),\cdots,f_m(\boldsymbol{X})) \\ \text{s.t. } g_j(\boldsymbol{X})\leqslant 0,\quad j=1,2,\cdots,s \end{cases} \tag{5-3}$$

粒子 $\boldsymbol{X}$ 的约束违反度定义为：$\Phi(\boldsymbol{X})=\sum\limits_{j=1}^{s}\max(0,g_j(\boldsymbol{X}))$。

定义 5.1

一个解 $\boldsymbol{X}\in\Omega$ 称为式(5-3)的 Pareto 最优解(非劣解)，当且仅当不存在 $\boldsymbol{X}'\in\Omega$ 使得 $\boldsymbol{X}'\prec\boldsymbol{X}$。

5.1.1 粒子保留准则

文献[2]中提出了一种基于约束主导原理的粒子比较准则，该准则使得可行粒子优于不可行粒子，而这种策略往往会导致算法的未成熟收敛。为了避免这一缺陷，本节在 3.3.2 节的基础上扩展了基于阈值的粒子比较准则，使之适用于处理多目标约束优化问题，该准则可以保留一部分序值较小约束违反度也不太大的不可行解粒子，达到由不可行解向可行解智能的目的。

定义粒子的不可行度阈值 $\varphi=\dfrac{1}{T_0}\sum\limits_{i=1}^{N}\Phi(\boldsymbol{X}_i)/N$，其中，$\dfrac{1}{T_0}$为退火因子，随着迭代的进行 T_0 由 0.4 线性增加到 0.8，$\Phi(\boldsymbol{X}_i)$为粒子的约束违反度，N 为种群规模。具体步骤如下所述。

(1) 若粒子 $\boldsymbol{X}_i$、$\boldsymbol{X}_j$ 都为可行粒子且 $\boldsymbol{X}_i\prec\boldsymbol{X}_j$，则选择 $\boldsymbol{X}_i$；否则：

① 找出非劣集合 I 中拥挤度最大的粒子(拥挤度计算同 4.2.1 节)，记作 $\boldsymbol{X}_f$。

② 若 $\text{ang}(f(\boldsymbol{X}_i),f(\boldsymbol{X}_f))\leqslant\text{ang}(f(\boldsymbol{X}_j),f(\boldsymbol{X}_f))$，则粒子 $\boldsymbol{X}_i$ 为优，否则粒子 $\boldsymbol{X}_j$ 为优。$\text{ang}(f(\boldsymbol{X}_i),f(\boldsymbol{X}_f))$表示向量 $f(\boldsymbol{X}_i)$和 $f(\boldsymbol{X}_f)$之间的夹角。

(2) 当两个粒子都为不可行粒子时，如果它们的约束违反度都小于给定的阈值 φ，则将这两个粒子看作是可行粒子，按照(1)进行比较；否则，选择约束违反度较小的粒子。

(3) 当粒子 $\boldsymbol{X}_i$ 可行而粒子 $\boldsymbol{X}_j$ 不可行时，如果 $\boldsymbol{X}_j$ 的约束违反度小于阈值 φ 时，则将两粒子看作是可行粒子，按照(1)进行比较；否则，$\boldsymbol{X}_i$ 为优。

上述的粒子保留准则可以避免算法的未成熟收敛，但是不能保证 Pareto 前沿分布的均匀性和宽广性。本节针对两目标优化问题设计了一个新的拥挤度函数，使得位于稀疏区域的点具有较大的函数值而且使位于 Pareto 前沿边界附近的点也具有较大的函数值，从而使这些点被选择上的概率很大，有助于产生一组分布均匀且散布广泛的最优解。

5.1.2 一种新的拥挤距离函数

令当前的 Pareto 前沿有 N_p 个点，记为 $M=\{u_1,u_2,\cdots,u_{N_\text{p}}\}$，相应在决策空间中的点为 $\boldsymbol{X}_1$、$\boldsymbol{X}_2$，$\cdots$，$\boldsymbol{X}_{N_\text{p}}$。令 Pareto 前沿的两个边界点(参考点)为 u_b、u_c，如图 5.1 所示，相应的

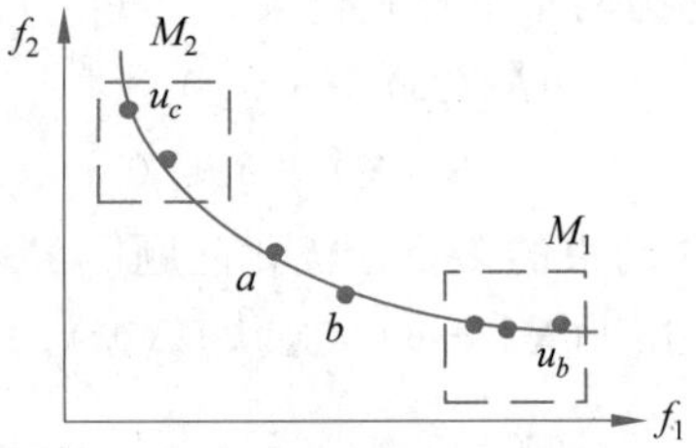

图 5.1　拥挤距离计算

在决策空间中的点为 $\boldsymbol{X}_b$、$\boldsymbol{X}_c$，$\boldsymbol{X}_b=\arg\min\{f_2(\boldsymbol{X}_1),f_2(\boldsymbol{X}_2),\cdots,f_2(\boldsymbol{X}_{N_p})\}$，$\boldsymbol{X}_c=\arg\min\{f_1(\boldsymbol{X}_1),f_1(\boldsymbol{X}_2),\cdots,f_1(\boldsymbol{X}_{N_p})\}$。

算法 5.1：新的拥挤距离函数。

Step 1：计算 Pareto 前沿上每一点与 u_b 之间的欧几里得距离，找到 Pareto 前沿上的边界区域 M_1。

$$D_{i1}=\mathrm{dist}(u_i,u_b),\quad i=1\sim N_p \tag{5-4}$$

$$\overline{D_1}=\frac{1}{N_p}\sum_{i=1}^{N_p}D_{i1} \tag{5-5}$$

$$M_1=\{u_j\mid \mathrm{dist}(u_j,u_b)\leqslant 0.5\,\overline{D_1},1\leqslant j\leqslant N_p,u_j\neq u_b\} \tag{5-6}$$

Step 2：计算集合 M/M_1 中的每一点与 u_c 之间的距离，找到 Pareto 前沿上的边界区域 M_2。

$$D_{i2}=\mathrm{dist}(u_i,u_c),\quad u_i\in M/M_1 \tag{5-7}$$

$$\overline{D_2}=\frac{1}{|M/M_1|}\sum_{i=1}^{|M/M_1|}D_{i2} \tag{5-8}$$

$$M_2=\{u_j\mid \mathrm{dist}(u_j,u_c)\leqslant 0.5\,\overline{D_2},u_j\in M/M_1,u_j\neq u_c\} \tag{5-9}$$

Step 3：计算 Pareto 前沿中每个点的拥挤距离。

$$\mathrm{crowd}(\boldsymbol{X}_i)=\begin{cases}\mathrm{crowd}_1(\boldsymbol{X}_i)\cdot\dfrac{\mathrm{dist}(u_b,u_c)}{\mathrm{dist}(u_b,u_i)}, & u_i\in M_1\\[2ex] \mathrm{crowd}_1(\boldsymbol{X}_i)\cdot\dfrac{\mathrm{dist}(u_b,u_c)}{\mathrm{dist}(u_c,u_i)}, & u_i\in M_2\\[2ex] \infty, & u_i=u_b \text{ 或 } u_i=u_c\\ \mathrm{crowd}_1(\boldsymbol{X}_i), & \text{其他}\end{cases} \tag{5-10}$$

$\mathrm{crowd}_1(\boldsymbol{X})$ 的计算方法同算法 NSGA-Ⅱ。

当非劣解的个数超过给定规模时，保留那些拥挤距离大的点，即位于目标空间中稀疏区域或 Pareto 前沿边界附近的粒子将以较大的概率被保留。

5.1.3　基于合力的变异算子

本节扩展了 3.3.1 节所设计的变异算子，使之适用于多目标约束优化问题，使得变异后的粒子靠近种群中约束违反度较小或序值较小的粒子。具体步骤如下（假设 $\boldsymbol{Y}$ 是进行扰动操作的一个点）。

(1) 对 $\boldsymbol{Y}$ 进行一次扰动后所得点为 $F\boldsymbol{Y}_1=\boldsymbol{Y}+\lambda\dfrac{F(\boldsymbol{Y})}{\|F(\boldsymbol{Y})\|_2}$，其中 $\lambda\in(0,1)$ 为点 $\boldsymbol{Y}$ 沿着方向 $\dfrac{F(\boldsymbol{Y})}{\|F(\boldsymbol{Y})\|_2}$ 所走的步长。$F(\boldsymbol{Y})=\sum\limits_{\boldsymbol{X}_i\in \mathrm{pop},\boldsymbol{X}_i\neq\boldsymbol{Y}}F_i(\boldsymbol{X}_i,\boldsymbol{Y})$，$F_i(\boldsymbol{X}_i,\boldsymbol{Y})$ 由下式确定：

$$F_i(\boldsymbol{X}_i,\boldsymbol{Y})=\frac{\boldsymbol{X}_i-\boldsymbol{Y}}{\|\boldsymbol{X}_i-\boldsymbol{Y}\|_2}\cdot\frac{C-\Phi(\boldsymbol{X}_i)}{R_i}\tag{5-11}$$

其中，$\Phi(\boldsymbol{X}_i)$ 为粒子 $\boldsymbol{X}_i$ 的约束违反度；C 为正常数，一般取值较大，使得 $C-\Phi(\boldsymbol{X}_i)>0$，本节中 $C=10000$。图5.2给出了施加在粒子 $\boldsymbol{Y}$ 上的合力 $\boldsymbol{F}$ 示意图，由图5.2和式(5-11)可以看出，点 $\boldsymbol{Y}$ 的移动方向是由当前种群中所有粒子共同决定的，且该方向偏向于约束违反度较小或目标函数值较小的粒子所在的位置。因此，沿着该方向进行扰动可能会找到更好的点。

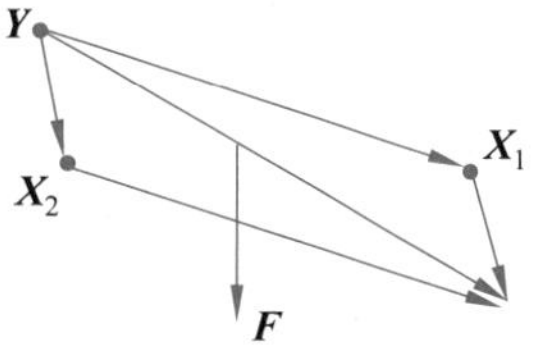

图5.2　施加在粒子 $\boldsymbol{Y}$ 上的合力

(2) 为了避免 $\boldsymbol{Y}$ 一直沿着某一方向进行扰动，对第一次扰动后所得点以概率 p_{r2} 进行第二次扰动：假设 $F\boldsymbol{Y}_1$ 将进行第二次扰动，我们将 $F\boldsymbol{Y}_1$ 的第 i 维子空间 $[l_i,u_i]$ 分成若干子区间 $[\tilde{\omega}_1^i,\tilde{\omega}_2^i]$，$[\tilde{\omega}_2^i,\tilde{\omega}_3^i]$，…，$[\tilde{\omega}_{n_i-1}^i,\tilde{\omega}_{n_i}^i]$，使得 $|\tilde{\omega}_j^i-\tilde{\omega}_{j-1}^i|<\varepsilon$，$j=2,3,\cdots,n_i$，$\varepsilon$ 为任意小正数，随机产生一数 $\delta_i\in[0,1]$，若 $\delta_i<p_{r2}$，$i=1\sim n$，随机在 $\{\tilde{\omega}_1^i,\tilde{\omega}_2^i,\cdots,\tilde{\omega}_{n_i}^i\}$ 中选一个 $\tilde{\omega}_j^i$ 作为 $F\boldsymbol{Y}_1$ 的第 i 维子空间的取值。

5.1.4　混合粒子群算法流程

算法5.2：混合粒子群算法(HPSO)。

Step 1：选择适当的参数，给定种群规模 N，在定义范围内随机初始粒子的速度与位置，产生初始种群 $\mathrm{pop}(t)$，$t=0$，找出初始种群中Pareto最优解，将其存入外部存储器 I 中。

Step 2：将粒子的 **Pbest**(t) 设置为当前位置。

Step 3：选择整个种群所经历的最好位置 **Gbest**(t)，对于每一个粒子，**Gbest**(t) 从非劣解集 I 中随机选取。

Step 4：对于种群中的每个粒子，按照式(2-7)和式(2-5)更新粒子的速度与位置，得到新种群 $\overline{\mathrm{pop}(t+1)}$。

Step 5：对于 $\overline{\mathrm{pop}(t+1)}$ 中的每个粒子，以概率 p_{r1} 按照5.1.3节所述方法进行第一次变异，再以概率 p_{r2} 进行第二次变异，令变异后的粒子群为 $\mathrm{pop}(t+1)$。

Step 6：使得 $\mathrm{pop}(t+1)$ 中所有粒子的位置都在定义范围内，令 $t=t+1$。

Step 7：用 $\mathrm{pop}(t)$ 更新外部存储器 I，若 I 中的粒子个数超过给定规模时，按照5.1.2节所述方法计算每个粒子的拥挤度，保留拥挤度较大的粒子。

Step 8：对 $\mathrm{pop}(t)$ 中的所有粒子，按照5.1.1节所述粒子比较准则更新每个粒子的个体极值。

Step 9：判断算法的停止准则是否满足，若满足转向Step 10，否则转向Step 3。

Step 10：输出外部集合 I 中的所有粒子作为问题的Pareto最优解，算法停止。

5.1.5 实例仿真与性能比较

1. 测试函数

本节选取了 10 个测试函数，它们都来自文献[2]。其中，函数 F_1 的 Pareto 最优解位于约束的边界。$F_2 \sim F_7$ 具有相同的构造形式，只是对于不同问题，参数的选取不同，而且这些函数的搜索空间是由几个不连续的可行域构成。函数的具体形式如下所述。

例 5.1：

F_1：

$$\text{CTP1}:\begin{cases}\min\ f_1(\boldsymbol{x})=x_1\\ \min\ f_2(\boldsymbol{x})=c(\boldsymbol{x})\exp(-f_1(\boldsymbol{x})/c(\boldsymbol{x}))\\ \text{s.t. } g_1(\boldsymbol{x})=f_2(\boldsymbol{x})-0.858\exp(-0.541f_1(\boldsymbol{x}))\geqslant 0\\ \qquad g_2(\boldsymbol{x})=f_2(\boldsymbol{x})-0.728\exp(-0.295f_1(\boldsymbol{x}))\geqslant 0\end{cases}$$

其中，$\boldsymbol{x}=(x_1,x_2,\cdots,x_5)$，$0\leqslant x_1\leqslant 1$，$-5\leqslant x_i\leqslant 5$，$i=2,3,4,5$。

例 5.2～例 5.7：

$F_2 \sim F_7$：

$$\text{CTP2}\sim\text{CTP7}:\begin{cases}\min\ f_1(\boldsymbol{x})=x_1\\ \min\ f_2(\boldsymbol{x})=c(\boldsymbol{x})\left(1-\dfrac{f_1(\boldsymbol{x})}{c(\boldsymbol{x})}\right)\\ \text{s.t. } g_1(\boldsymbol{x})=\cos(\theta)(f_2(\boldsymbol{x})-e)-\sin(\theta)f_1(\boldsymbol{x})\\ \qquad\qquad \geqslant a\ |\sin(b\pi(\sin(\theta)(f_2(\boldsymbol{x})-e)+\cos(\theta)f_1(\boldsymbol{x})^c)\ |^d\end{cases}$$

其中，$\boldsymbol{x}=(x_1,x_2,\cdots,x_5)$，$0\leqslant x_1\leqslant 1$，$-5\leqslant x_i\leqslant 5$，$i=2,3,4,5$，具体的参数设置如表 5.1 所示。对于 CTP1～CTP7，$c(\boldsymbol{x})=41+\sum_{i=2}^{5}(x_i^2-10\cos(2\pi x_i))$。

表 5.1 参数设置

问题	θ	a	b	c	d	e
CTP2	-0.2π	0.2	10	1	6	1
CTP3	-0.2π	0.1	10	1	0.5	1
CTP4	-0.2π	0.75	10	1	0.5	1
CTP5	-0.2π	0.75	10	2	0.5	1
CTP6	0.1π	40	0.5	1	2	-2
CTP7	-0.05π	40	5	1	6	0

例 5.8：

F_8：

$$\text{CONSTR}:\begin{cases}\min\ f_1(\boldsymbol{x})=x_1\\ \min\ f_2(\boldsymbol{x})=(1+x_2)/x_1\\ \text{s.t. } g_1(\boldsymbol{x})=x_2+9x_1\geqslant 6\\ \qquad g_2(\boldsymbol{x})=-x_2+9x_1\geqslant 1\end{cases}$$

其中，$x_1 \in [0.1, 1.0]$，$x_2 \in [0, 5]$。

例 **5.9**：

$$F_9:$$

$$\text{SRN}: \begin{cases} \min f_1(\boldsymbol{x}) = (x_1 - 2)^2 + (x_2 - 1)^2 + 2 \\ \min f_2(\boldsymbol{x}) = 9x_1 - (x_2 - 1)^2 \\ \text{s.t. } g_1(\boldsymbol{x}) = x_2^2 + x_1^2 \leqslant 225 \\ \quad\quad g_2(\boldsymbol{x}) = x_1 - 3x_2 \leqslant -10 \end{cases}$$

其中，$x_i \in [-20, 20]$，$i = 1, 2$。

例 **5.10**：

$$F_{10}:$$

$$\text{TNK}: \begin{cases} \min f_1(\boldsymbol{x}) = x_1 \\ \min f_2(\boldsymbol{x}) = x_2 \\ \text{s.t. } g_1(\boldsymbol{x}) = -x_1^2 - x_2^2 + 1 + 0.1\cos(16\arctan(x_1/x_2)) \leqslant 0 \\ \quad\quad g_2(\boldsymbol{x}) = (x_1 - 0.5)^2 + (x_2 - 0.5)^2 \leqslant 0.5 \end{cases}$$

其中，$x_i \in [0, \pi]$，$i = 1, 2$。

2. 计算结果比较

为了验证算法的有效性，在 MATLAB 7.0 的环境下对上述函数进行测试，并和带约束处理的 NSGA-Ⅱ算法、带约束处理的多目标粒子群算法（MOPSO）进行比较，参数选择如下：种群规模为 100；非劣解集规模为 100；$p_{r1} = 0.6$；$p_{r2} = 0.4$。例 5.1～例 5.4 的智能代数为 200，例 5.5～例 5.7 的智能代数为 400，例 5.8～例 5.10 的智能代数为 100。对每个函数独立运行 20 次，记录其中一次典型运行所得的 Pareto 最优解，把其绘成目标空间中的 Pareto 前沿面。图 5.3～图 5.12 分别给出了三种算法针对不同函数所求得的 Pareto 前沿面。

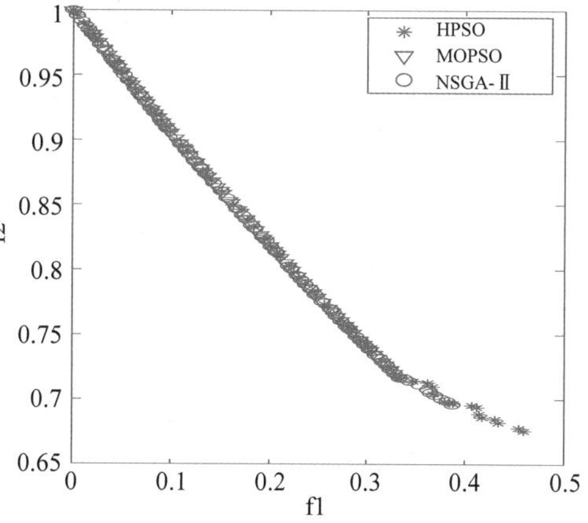

图 5.3　三种算法对 F_1 求得的 Pareto 前沿面

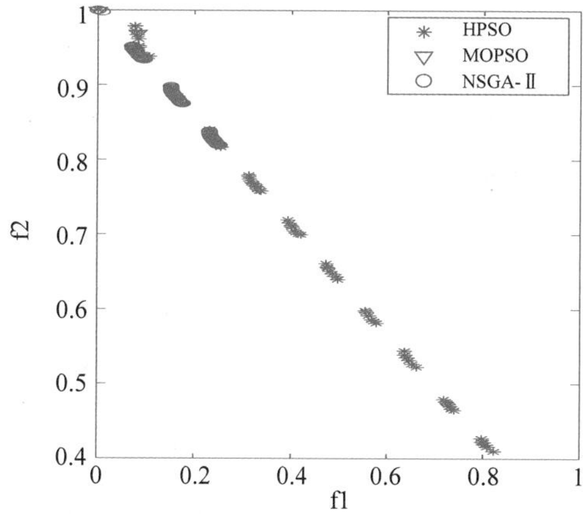

图 5.4　三种算法对 F_2 求得的 Pareto 前沿面

由图 5.3～图 5.6 可以看出：对于 $F_1 \sim F_4$，本节算法（HPSO）所求得的 Pareto 前沿比其他两种算法所得到的 Pareto 前沿分布更均匀、宽广而且更接近真实的 Pareto 前沿面。

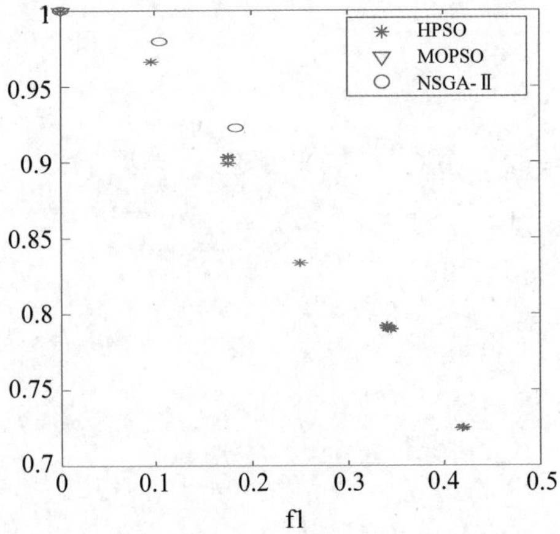

图 5.5　三种算法对 F_3 求得的 Pareto 前沿面

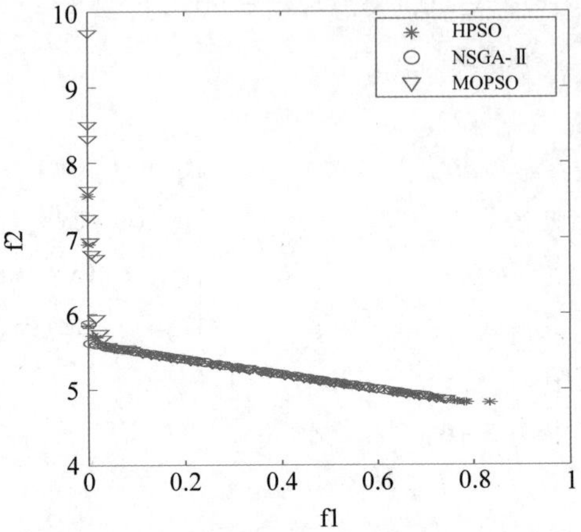

图 5.6　三种算法对 F_4 求得的 Pareto 前沿面

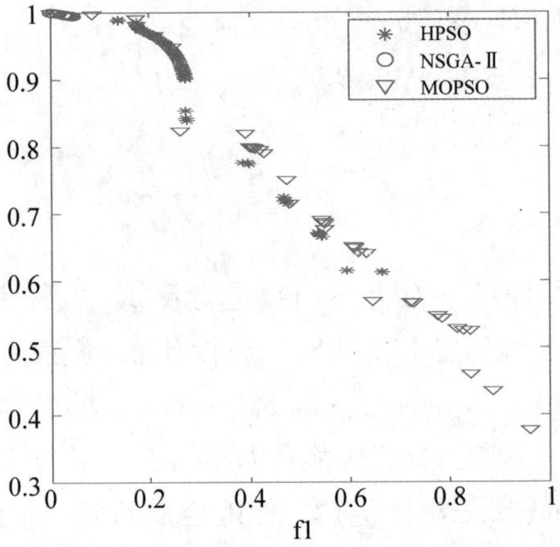

图 5.7　三种算法对 F_5 求得的 Pareto 前沿面

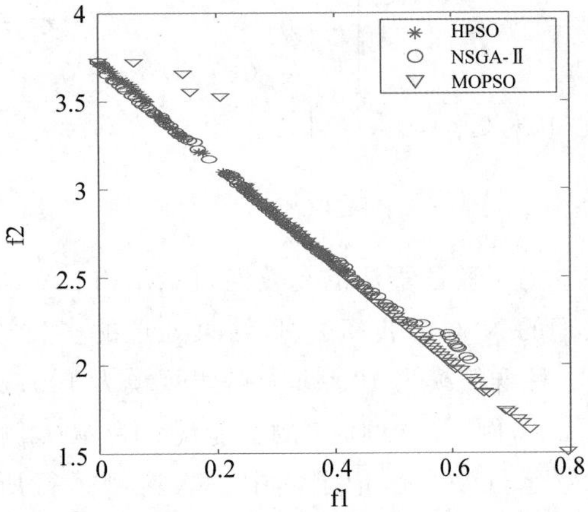

图 5.8　三种算法对 F_6 求得的 Pareto 前沿面

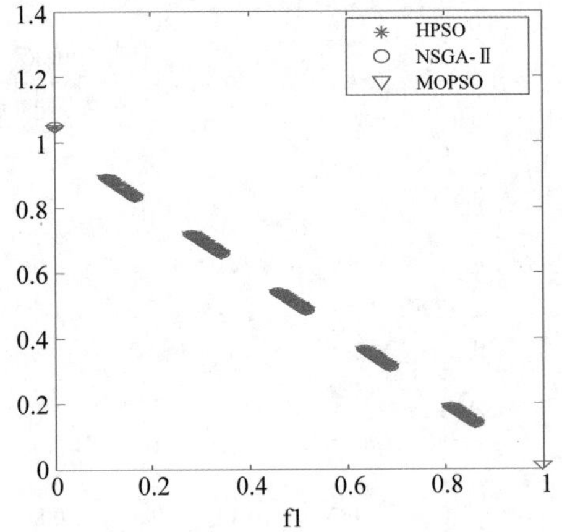

图 5.9　三种算法对 F_7 求得的 Pareto 前沿面

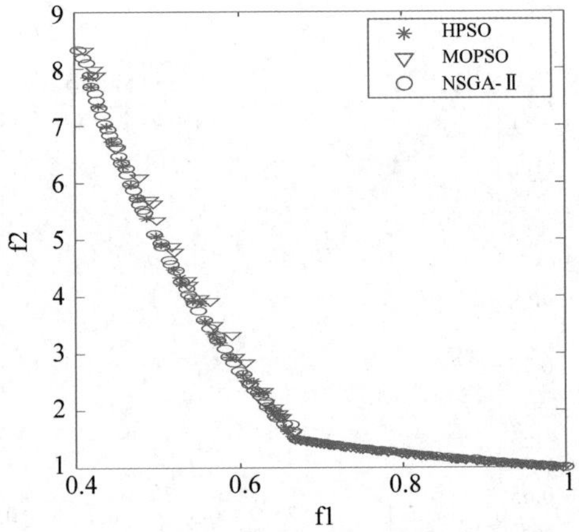

图 5.10　三种算法对 F_8 求得的 Pareto 前沿面

对于 $F_5 \sim F_{10}$，从图 5.7～图 5.12 中不能明显地看出算法的优劣。因此，借助数据统计图 boxplot。下面给出了三种不同算法针对函数 $F_5 \sim F_{10}$ 所求得的 Q-metric 值、S-metric值和 FS-metric 值，并用简单的数据统计图 boxplot 对结果进行可视化描述。为了描述方便，HPSO 用记号 1 表示，NSGA-Ⅱ用记号 3 表示，MOPSO 用记号 4 表示。

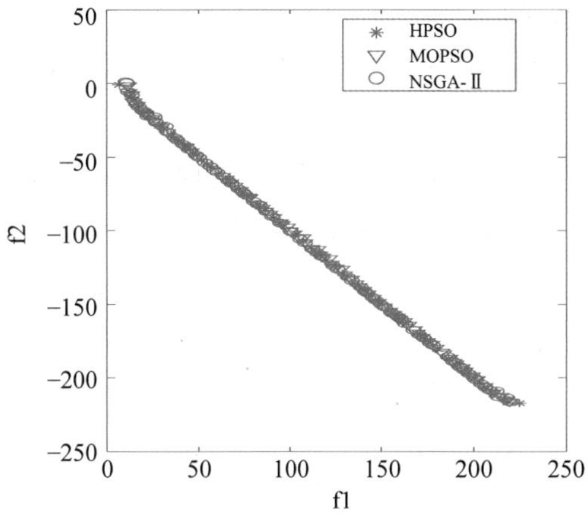

图 5.11 三种算法对 F_9 求得的 Pareto 前沿面

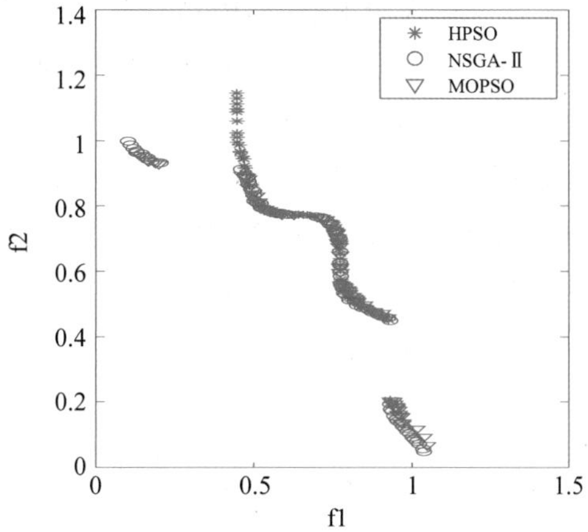

图 5.12 三种算法对 F_{10} 求得的 Pareto 前面

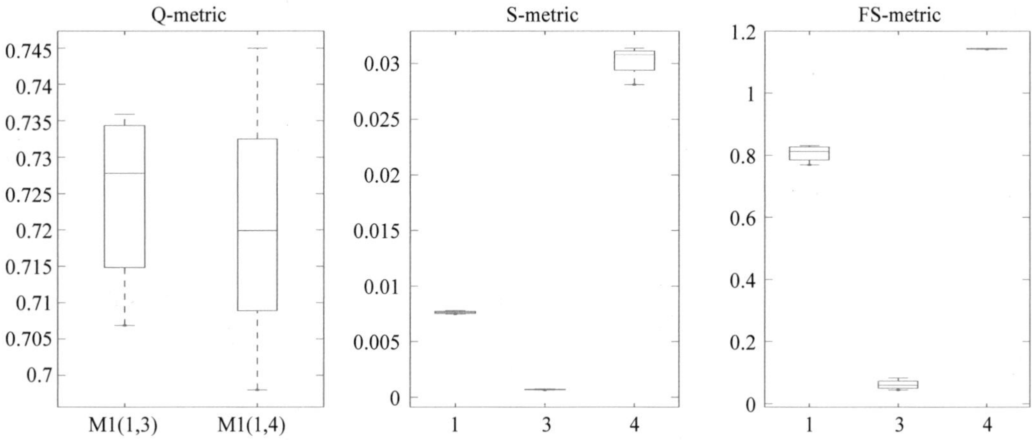

图 5.13 三种算法针对函数 F_5 求得的 Q-metric 值、S-metric 值和 FS-metric 值

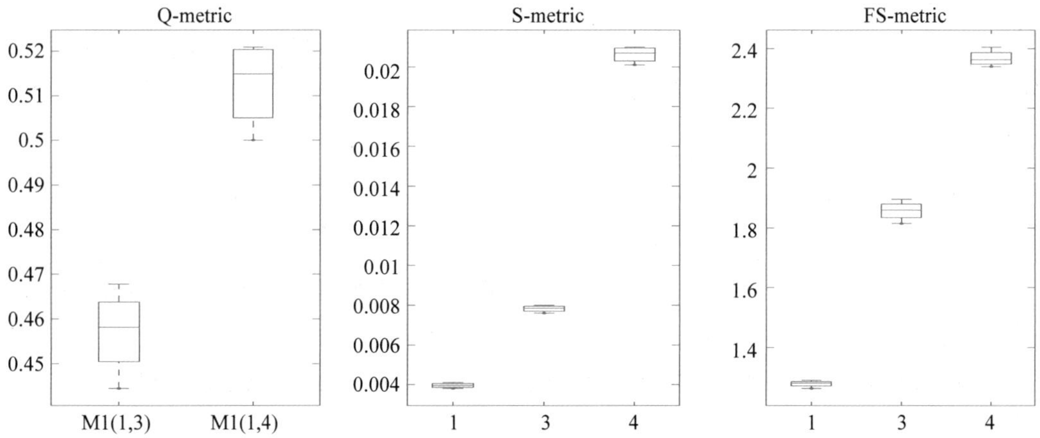

图 5.14 三种算法针对函数 F_6 求得的 Q-metric 值、S-metric 值和 FS-metric 值

从图 5.13 可以看出：对于 F_5，M1(1,3)>50%，M1(1,4)>50%，因此，HPSO 的收敛性要优于 NSGA-Ⅱ和 MOPSO。与 MOPSO 相比，本节算法所得到的 Pareto 前沿分布更均匀，与 NSGA-Ⅱ相比，HPSO 所得前沿面分布更宽广。

对于 F_6：与 MOPSO 相比，HPSO 所得 Pareto 前沿更接近真实的 Pareto 界面，而且所获得的 Pareto 界面均匀性最好。

从图 5.15 中可以看出：对于 F_7，M1(1,3)>50%，M1(1,4)>50%，因此，HPSO 的收敛性要优于 NSGA-Ⅱ和 MOPSO，而且与其他两种算法相比，本节算法所得 Pareto 前沿分布更均匀。

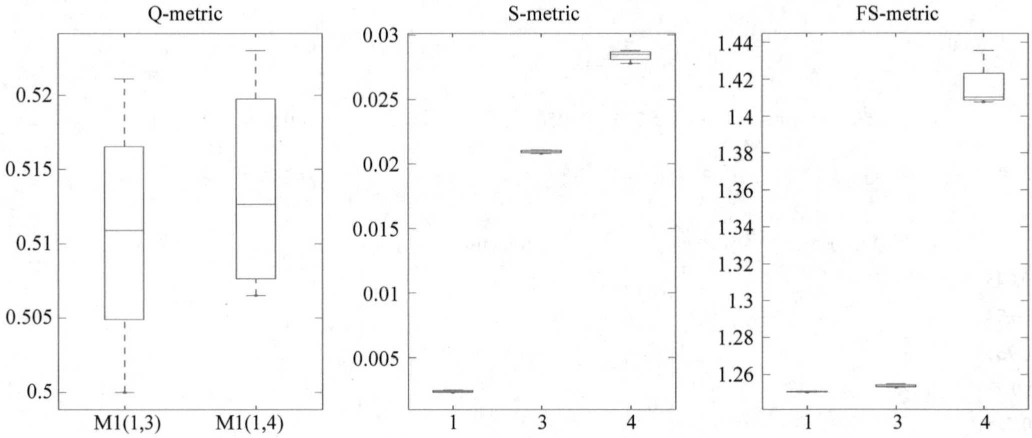

图 5.15　三种算法针对函数 F_7 求得的 Q-metric 值、S-metric 值和 FS-metric 值

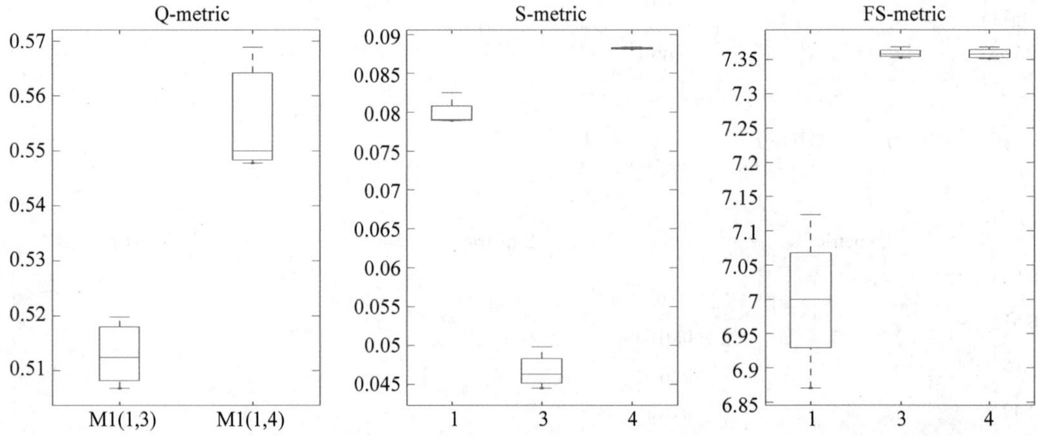

图 5.16　三种算法针对函数 F_8 求得的 Q-metric 值、S-metric 值和 FS-metric 值

对于 $F_8 \sim F_{10}$：从图 5.16～图 5.18 中可以看出，与其他两种算法相比，HPSO 所得的 Pareto 前沿更接近真实的 Pareto 前沿。

总的来说，对于上述测试函数，HPSO 所得的 Pareto 前沿在收敛性、均匀性及宽广性方面都有较好的结果。

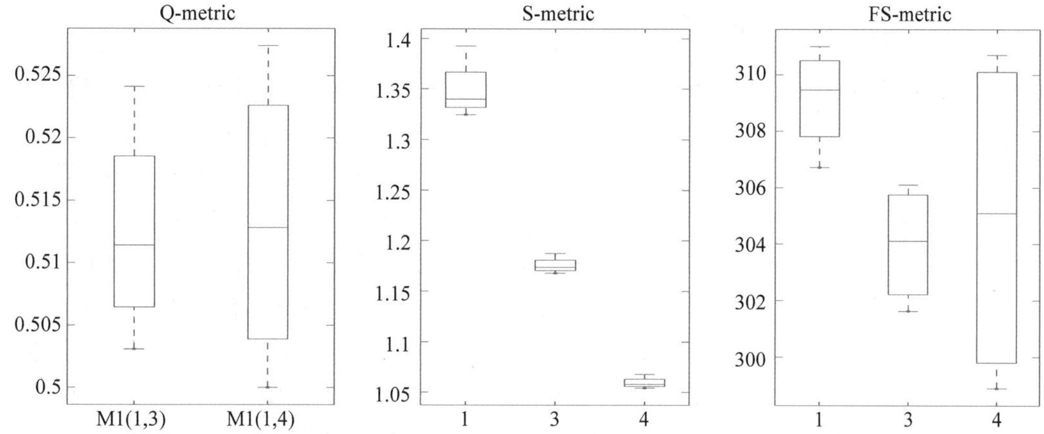

图 5.17　三种算法针对函数 F_9 求得的 Q-metric 值、S-metric 值和 FS-metric 值

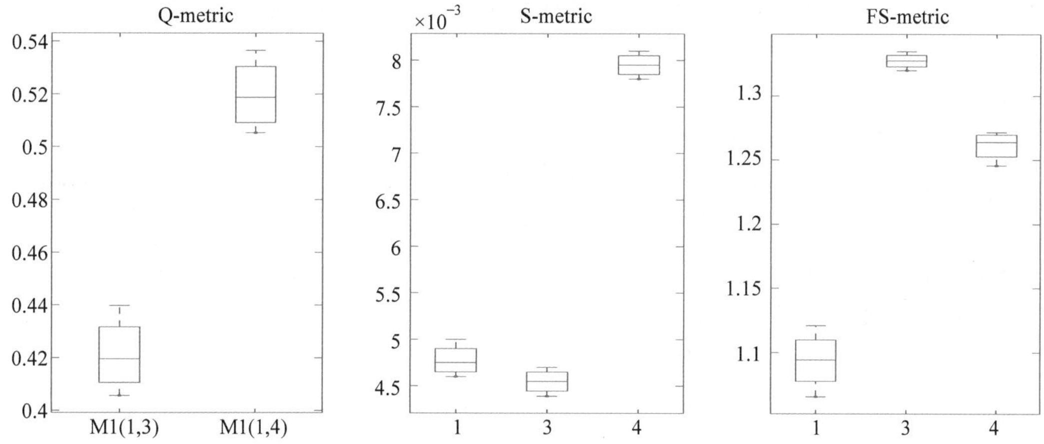

图 5.18　三种算法针对函数 F_{10} 求得的 Q-metric 值、S-metric 值和 FS-metric 值

5.2　基于不可行精英保留策略的粒子群优化算法

本节针对约束多目标优化问题设计了一个不可行精英保留策略，在智能初期从不可行精英集合中选出一定数目序值较小的不可行解粒子，而不考虑这些粒子约束违反度的大小，在智能后期从不可行精英集合中选择一部分约束违反度较小的粒子作为不可行精英粒子的代表参与智能。与 5.1.1 节所述的粒子比较准则不同，该精英保留策略不仅保留了约束违反度较小、序值也较小的粒子，还保留了约束违反度较大、序值较小的粒子。该策略有助于算法找到真正的最优解；为了产生一组分布均匀且散布广泛的 Pareto 解，设计了一个新的拥挤度函数，使得位于稀疏区域和 Pareto 前沿边界附近的点具有较大的函数值，从而使这些点被选择上的概率较大。该拥挤度函数克服了 5.1.2 节所述方法中需要确定参考点、计算量较大、适用面较窄等缺陷；改进了 5.1.3 节所设计的变异算子，新的变异算子减少了计算量，只有当粒子的约束违反度小于给定的阈值时才被选择参与变异。

5.2.1 不可行精英保留策略的提出

在大多数已有的处理多目标约束优化问题的算法中，可行解都要优于不可行解。例如，在文献[3]中，当两个粒子进行比较时，基于约束主导原则的Pareto排序法被采用。这些算法有一个共同的缺陷：可行粒子优于不可行粒子。这将会导致算法的未成熟收敛。若采用基于约束主导原则的Pareto排序法，Pareto前沿PA将被获得(图5.19)，但是PA并不是真正的Pareto前沿。为了克服这一缺陷，本节在不考虑约束违反度的情况下，一些序值较小的粒子将被保留，这些粒子将作为连接两个非劣界面PA、PB的桥梁(如粒子a、b)。算法5.3给出了具体步骤，其中I代表到目前为止找到的非劣解集，SI代表非劣解集的规模，R代表不可行精英解集，SR代表不可行精英解集的规模。

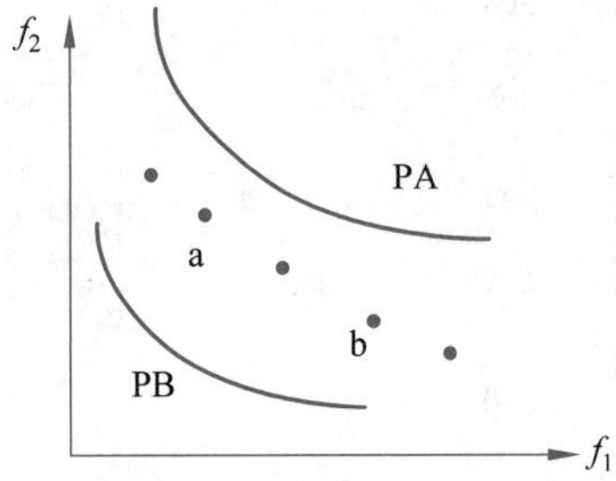

图5.19 非劣前沿示意图

算法5.3：不可行精英保留策略。

Step 1：对于种群中的每一个不可行解粒子，如果不被集合I中的任意粒子Pareto超优，则将其添加到R中。

Step 2：若集合R中的粒子被集合I中的某粒子超优，则删除R中的该粒子。

Step 3：若集合R的元素个数超过SR，

① 当$t<t_{\text{mean}}$时，选择集合R中前SR个序值较小的粒子。

② 当$t>t_{\text{mean}}$时，选择集合R中前SR个约束违反度较小的粒子。

其中，t为当前代数，$t_{\text{mean}}=t_{\max}/2$，$t_{\max}$为最大智能代数。在智能前期($t<t_{\text{mean}}$)，为了扩大粒子潜在的搜索范围、保持种群多样性，序值较小的粒子被保留；在智能后期($t\geqslant t_{\text{mean}}$)，为了保证算法的收敛，约束违反度较小的粒子被保留。

不可行精英集合规模的确定

从数值实验中，我们发现对于同一测试函数不同的SR值会产生不同的结果。以测试函数F_1为例，当SR值大于25时，所得结果较好。因此，在本节中令SR=25。图5.20给出了对于测试函数F_1，不同的SR值所产生的不同结果。

5.2.2 新的拥挤距离函数

为了克服5.1.2节所述方法需要确定参考点、计算量较大、适用面较窄等缺陷，本节设计了新的拥挤距离函数，该函数用较少的计算量就可以使位于稀疏区域和Pareto前沿边界附近的点具有较大的函数值，从而使这些点被选择上的概率较大。算法5.4给出了具体步骤。

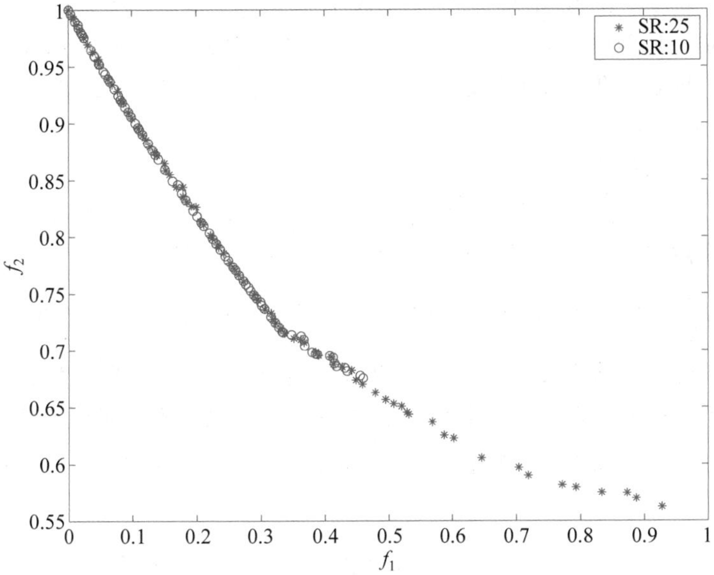

图 5.20　测试函数 F_2 获得的 Pareto 前沿

算法 5.4：拥挤距离计算。

令 $I=\{\boldsymbol{X}_1,\boldsymbol{X}_2,\cdots,\boldsymbol{X}_N\}$ 为到第 t 代为止所发现的非劣解集。

Step 1：令 dist=ones(SI,m)　//dist 为一个 SI 行 m 列的全 1 阵//

Step 2：对于每一个 $\boldsymbol{X}_i\in I$，令 $I[i]_{\text{distance}}=0$　//初始化拥挤距离//

Step 3：

for $j=1:m$

　　$I=\text{sort}(I,j)$　//对 I 中所有粒子按照第 j 个目标函数值由小到大排序//

　　$\bar{d}=\sum_{i=1}^{\text{SI}} I[i].j/\text{SI}$　//$I[i].j$ 代表集合 I 中第 i 个粒子的第 j 个目标函数值//

　　$I[1]_{\text{distance}}=I[\text{SI}]_{\text{distance}}=\infty$

　　for $i=2:\text{SI}-1$

　　$I[i]_{\text{distance}}=I[i]_{\text{distance}}+(I[i+1].j-I[i-1].j)/(f_j^{\max}-f_j^{\min})$　//$f_j^{\max}$、$f_j^{\min}$ 分别是第 j 个目标的最大和最小函数值//

　　if $I[i].j\leqslant 0.5\bar{d}$

$$\text{dist}(i,j)=\frac{I[i].j-I[1].j}{f_j^{\max}-f_j^{\min}}$$

　　end if

　end for

end for

Step 4：计算非劣解集中每个粒子的拥挤距离 $\text{crowd}(\boldsymbol{X}_i)=\dfrac{I[i]_{\text{distance}}}{\min\limits_{1\leqslant j\leqslant m}\{\text{dist}(i,j)\}}$

从算法 5.4 中可以看出，本算法在 NSGA-Ⅱ的基础上提出了一种新的拥挤距离函数，一些如何确定粒子是否位于 Pareto 前沿边界附近的策略被引进到 NSGA-Ⅱ中。通过这些策略，那些位于 Pareto 前沿边界附近和稀疏区域中的粒子在智能过程中将被保留。

5.2.3 新的变异算子

本节改进了 5.1.3 节提出的变异算子，定义了一个阈值，只有当粒子的约束违反度小于给定的阈值时才被选择参与变异。新的变异算子减少了计算量。

令 $\varphi=\frac{1}{T_0}\sum_{i=1}^{N}\Phi(\boldsymbol{X}_i)/N$，$\Phi(\boldsymbol{X}_i)$ 为粒子 $\boldsymbol{X}_i$ 的约束违反度，T_0 由 0.8 线性增加到 3。通过种群中每个粒子的约束违反度与阈值的比较来决定该粒子是否参与变异。当一个粒子的约束违反度小于阈值时，该粒子为可接受的；否则为不可接受的。粒子 $\boldsymbol{Y}$ 所受的合作用力为 $F(\boldsymbol{Y})=\sum_{\substack{\boldsymbol{X}_i\in \mathrm{pop}\wedge\Phi(\boldsymbol{X}_i)\leqslant\varphi\\ \boldsymbol{X}_i\neq\boldsymbol{Y}}}F_i(\boldsymbol{X}_i,\boldsymbol{Y})$，变异算子的其他部分同 5.1.3 节。

5.2.4 基于不可行精英保留策略的粒子群优化算法(IPSO)

基于不可行精英保留策略的粒子群优化算法(IPSO)如下。

Step 1：选择适当的参数，给定种群规模 N，在定义范围内随机初始粒子的速度与位置，产生初始种群 pop(t)，$t=0$，找出初始种群中 Pareto 最优解，将其存入外部存储器 I 中。

Step 2：将粒子的 **Pbest**(t)设置为当前位置。

Step 3：按照 5.2.1 节提出的策略保留规模为 SR 的不可行精英集 R。

Step 4：对于每个粒子，**Gbest**(t)从非劣解集 I 中随机选取。

Step 5：对于每个粒子，有

① 产生一个随机数 $r\in[0,1]$，若 $r<p_c$，$p_c=0.2+\mathrm{e}^{-\left(\frac{t}{t_{\max}}+1\right)}$，则 $\mathbf{Pbest}_i$ 从集合 R 中随机选取；否则，$\mathbf{Pbest}_i$ 保持不变。

② 按照式(2-7)和式(2-5)更新粒子的速度与位置，得到新种群 $\overline{\mathrm{pop}(t+1)}$。

Step 6：对于 $\overline{\mathrm{pop}(t+1)}$ 中的每个粒子，使用 5.2.3 节所述的变异算子进行变异，得到新种群 pop($t+1$)。

Step 7：使得 pop($t+1$) 中所有粒子的位置都在定义范围内，令 $t=t+1$。

Step 8：用 pop(t)更新外部存储器 I，若 I 中的粒子个数超过给定规模时，按照 5.2.2 节所述方法计算每个粒子的拥挤度，保留拥挤度较大的粒子。

Step 9：按照算法 5.3，用 pop(t)中的所有粒子更新不可行精英集合 R。

Step 10：对 pop(t)中的所有粒子，按照基于约束主导原理的 Pareto 排序法更新粒子的个体极值。

Step 11：判断算法的停止准则是否满足，若满足转向 Step 12，否则转向 Step 4。

Step 12：输出外部集合 I 中的所有粒子作为问题的 Pareto 最优解，算法停止。

由 Step 5 可知，当 $r<p_c$ 时，个体极值从不可行精英集合 R 中选取，这意味着每个粒子的潜在的搜索空间将被扩大。$p_c=0.2+\mathrm{e}^{-\left(\frac{t}{t_{\max}}+1\right)}$ 说明选择概率随着智能代数 t 的变化而

变化。在智能初期，p_c 取值较大，大部分个体极值都从集合 R 中选取，从而扩大了粒子的搜索范围并且保持了种群多样性；在智能后期，为了保证算法的收敛，p_c 取值较小，大部分个体极值都按照基于约束主导原理的 Pareto 排序法进行选择。

5.2.5 实例仿真与性能比较

本节采用同 5.1.5 节相同的测试函数。为了验证 IPSO 的有效性，在 MATLAB 7.0 的环境下对上述函数进行测试，并和带约束的 NSGA-Ⅱ、带约束的多目标粒子群算法(MOPSO)及 5.1 节设计的 HPSO 进行比较，参数选择如下：种群规模为 100；$p_{r1}=0.6$；$p_{r2}=0.4$；非劣解集规模为 100；例 5.1～例 5.4 的智能代数为 200，例 5.5～例 5.7 的智能代数为 400，例 5.8～例 5.10 的智能代数为 100。对每个函数独立运行 20 次，不可行精英解集的规模为 25。图 5.21～图 5.30 分别给出了 IPSO、HPSO、NSGA-Ⅱ和 MOPSO 针对不同函数所求得的 Q-metric 值、S-metric 值和 FS-metric 值，并用简单的数据统计图 boxplot 对结果进行可视化描述。

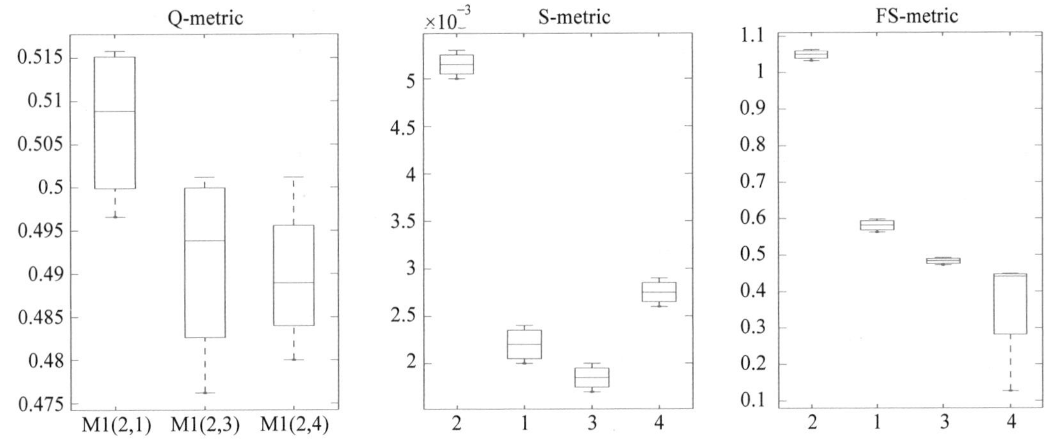

图 5.21 三种算法针对函数 F_1 求得的 Q-metric 值、S-metric 值和 FS-metric 值

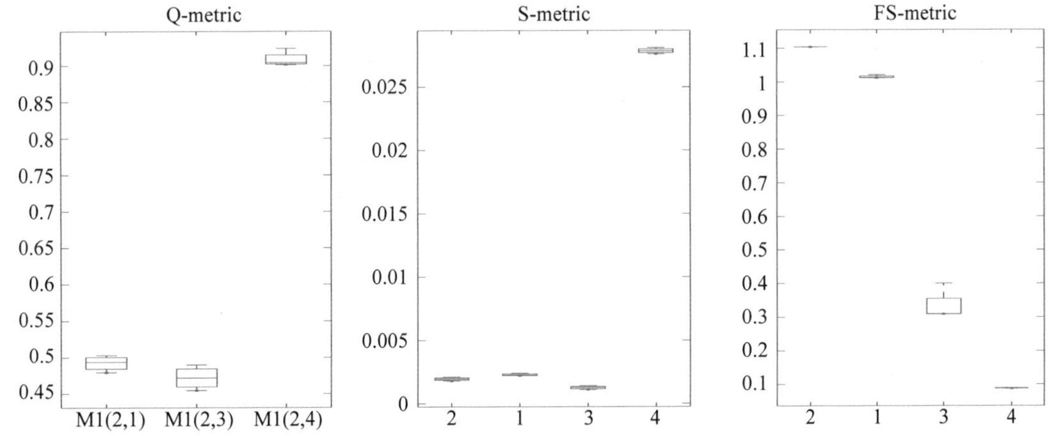

图 5.22 三种算法针对函数 F_2 求得的 Q-metric 值、S-metric 值和 FS-metric 值

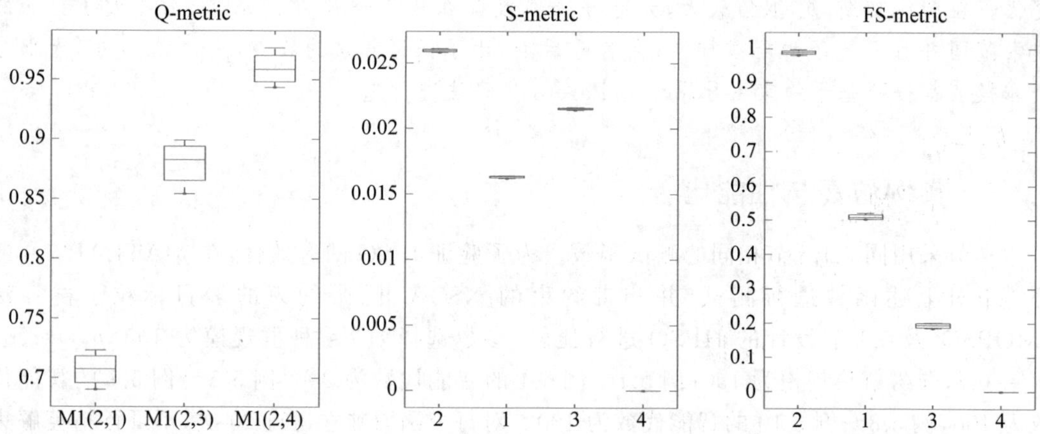

图 5.23　三种算法针对函数 F_3 求得的 Q-metric 值、S-metric 值和 FS-metric 值

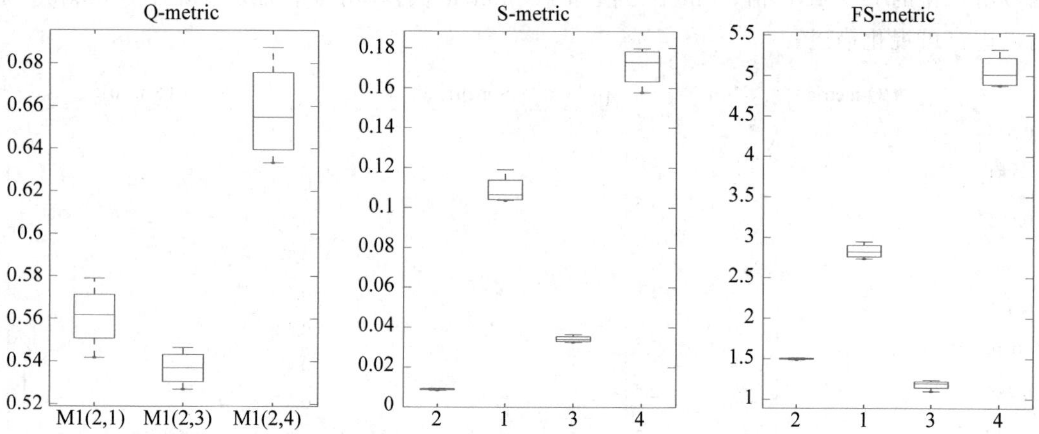

图 5.24　三种算法针对函数 F_4 求得的 Q-metric 值、S-metric 值和 FS-metric 值

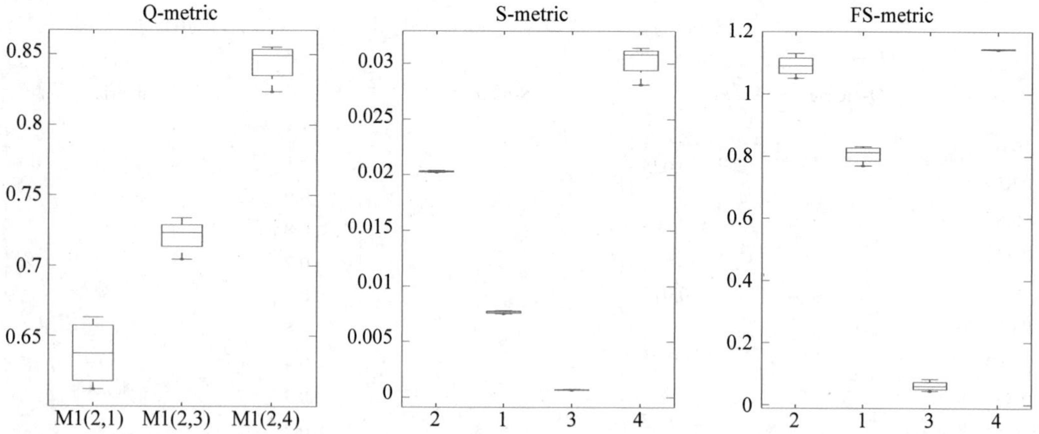

图 5.25　三种算法针对函数 F_5 求得的 Q-metric 值、S-metric 值和 FS-metric 值

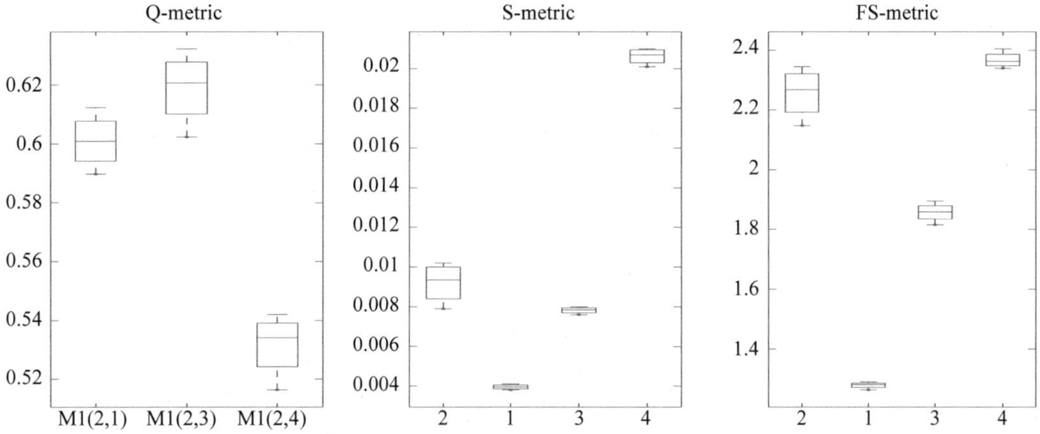

图 5.26　三种算法针对函数 F_6 求得的 Q-metric 值、S-metric 值和 FS-metric 值

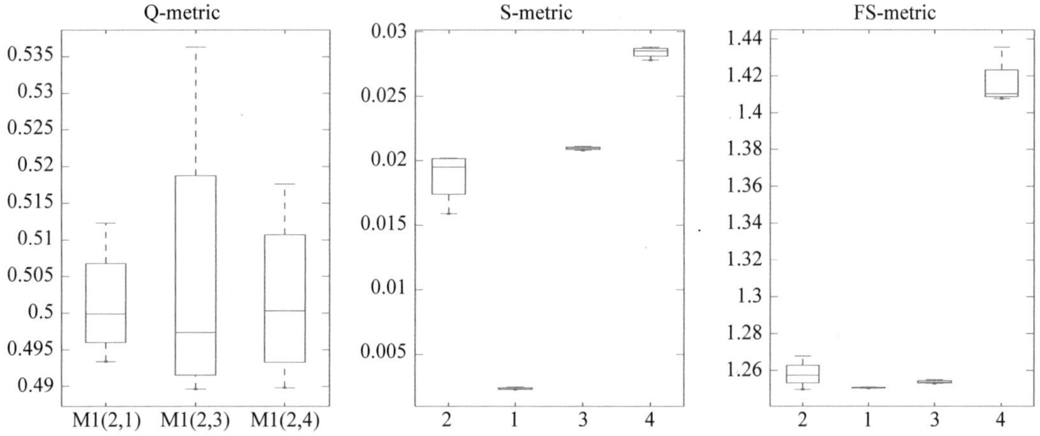

图 5.27　三种算法针对函数 F_7 求得的 Q-metric 值、S-metric 值和 FS-metric 值

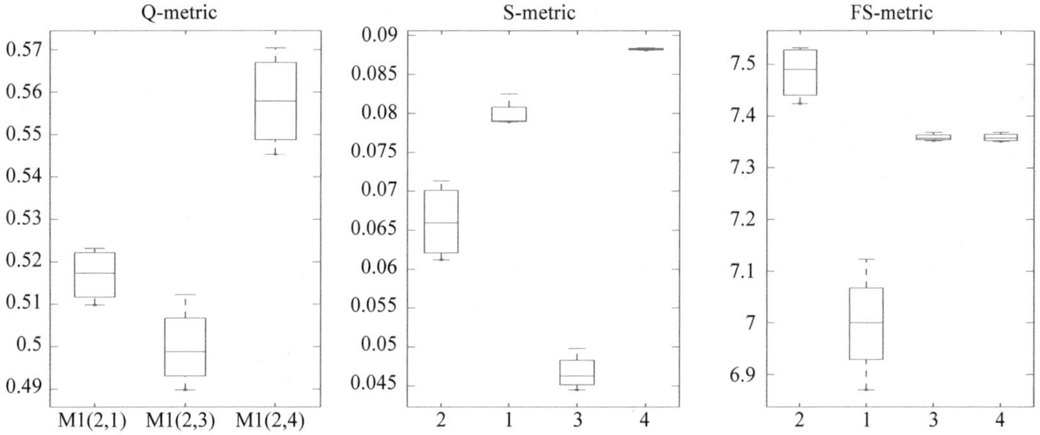

图 5.28　三种算法针对函数 F_8 求得的 Q-metric 值、S-metric 值和 FS-metric 值

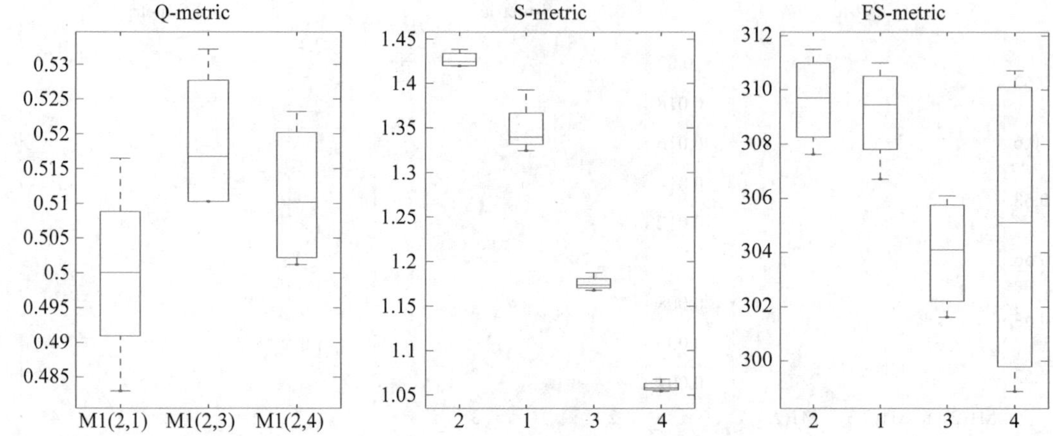

图 5.29　三种算法针对函数 F_9 求得的 Q-metric 值、S-metric 值和 FS-metric 值

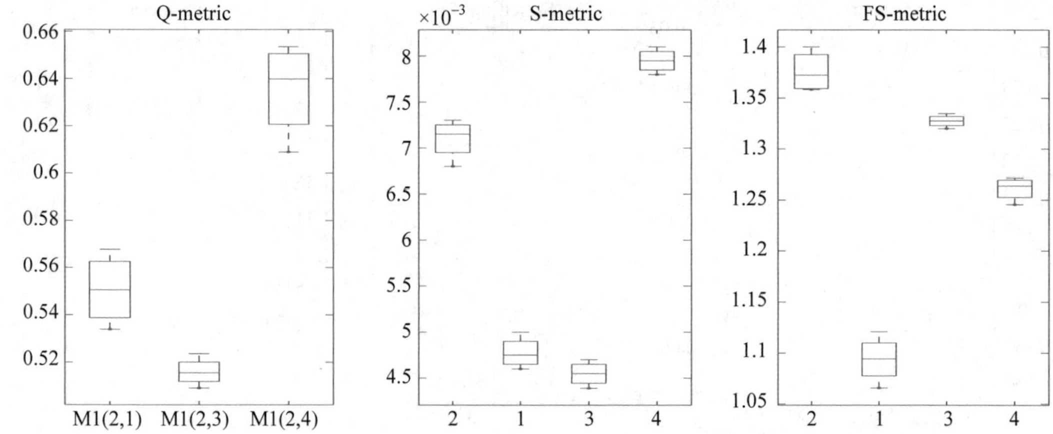

图 5.30　三种算法针对函数 F_{10} 求得的 Q-metric 值、S-metric 值和 FS-metric 值

为了方便，这里记 IPSO 为 2、HPSO 为 1、NSGA-Ⅱ为 3、MOPSO 为 4。

由图 5.21～图 5.30 可以看出：对于测试函数 $F_1 \sim F_3$、F_5、F_6、F_8、F_9 和 F_{10}，与 NSGA-Ⅱ和 MOPSO 相比，在大多数运行中本节算法（IPSO）所得的 Pareto 前沿更接近真实的 Pareto 前沿而且散布更宽广。

对于 F_4、F_7，与 NSGA-Ⅱ和 MOPSO 相比，在大多数运行中 IPSO 所得的 Pareto 前沿更接近真实 Pareto 界面而且分布均匀。

对于 $F_1 \sim F_3$、F_5、F_6、F_7、F_9、F_{10}，IPSO 所得的 Pareto 前沿在收敛性、分布宽广性方面都要优于 HPSO 所得的 Pareto 前沿。

对于 F_4，IPSO 所得的 Pareto 前沿在收敛性及均匀性方面都要优于 HPSO 所得的 Pareto 前沿。

对于 F_8，IPSO 所得的 Pareto 前沿在收敛性、均匀性及宽广性方面都要优于 HPSO 所得的 Pareto 前沿。

总的来说，本章所提出的两种算法都要优于 NSGA-Ⅱ和 MOPSO，而且对于某些问题 IPSO 性能更好。

5.3 收敛性分析

下面证明 HPSO 和 IPSO 的收敛性。先介绍如下概念。

定义 5.2

设$\{\xi_k\}$是概率空间$\{\Omega, F, P\}$上的实值随机变量序列，若存在随机变量 ξ，使得

$$P\{\lim_{t\to\infty}\xi_t=\xi\}=1 \tag{5-12}$$

成立，则称随机变量序列$\{\xi_t\}$以概率 1 收敛到随机变量 ξ。$P\{\circ\}$表示随机事件$\circ$的概率。

定义 5.3

称个体 $\boldsymbol{X}'$是从 $\boldsymbol{X}$ 通过杂交和变异可达的，若 $\boldsymbol{X}'$由 $\boldsymbol{X}$ 通过杂交和变异产生的概率大于 0，则

$$P\{\text{MC}(\boldsymbol{X})=\boldsymbol{X}'\}>0 \tag{5-13}$$

其中，MC($\boldsymbol{X}$)表示由 $\boldsymbol{X}$ 通过杂交和变异产生的点。

定义 5.4

若 $P\{\|\text{MC}(\boldsymbol{X})-\boldsymbol{X}'\|\leqslant\varepsilon\}>0$ 成立，则称个体 $\boldsymbol{X}'$是从 $\boldsymbol{X}$ 通过杂交和变异为 ε 精度可达的。

引理 5.1

若一个多目标优化智能算法满足下面两个条件。

(1) 可行域中任意两点 $\boldsymbol{X}'$和 $\boldsymbol{X}$，$\boldsymbol{X}'$是从 $\boldsymbol{X}$ 通过杂交和变异可达的。

(2) 序列 $I(t)$是单调的，即对$\forall t$，$I(t+1)$ 中的任意解优于 $I(t)$中的任意解或者至少不差于 $I(t)$中的解。

则该多目标算法以概率 1 收敛到多目标优化问题的最优解 I_{true}。

$$P\{\lim_{t\to\infty}I(t)=I_{\text{true}}\}=1 \tag{5-14}$$

推论 5.1

若将引理 5.1 中的第一个条件“可达”改为 ε 精度可达，可证明多目标智能算法以概率 1 收敛到问题具有 ε 精度的 Pareto 最优解集。

$$P\{\lim_{t\to\infty}\|I(t)-I_{\text{true}}\|\leqslant\varepsilon\}=1 \tag{5-15}$$

其中，$\|I(t)-I_{\text{true}}\|\leqslant\varepsilon$ 表示$\{\|\boldsymbol{X}-\boldsymbol{X}^*\|\leqslant\varepsilon \mid \forall \boldsymbol{X}\in I(t), \exists \boldsymbol{X}^*\in I_{\text{true}}\}$，$I_{\text{true}}$为多目标优化问题的 Pareto 最优解。

定理 5.1

对充分小的 $\varepsilon>0$，若式(5-1)的目标函数 $f(\boldsymbol{X})$在可行域 Ω 上连续，则 HPSO 和 IPSO 将以概率 1 收敛到问题具有 ε 精度的 Pareto 最优解集 I_{true}，即

$$P\{\lim_{t\to\infty}\|I(t)-I_{\text{true}}\|\leqslant\varepsilon\}=1 \tag{5-16}$$

证明：

首先证明 HPSO 和 IPSO 对任意两个 $\boldsymbol{X}', \boldsymbol{X}\in\Omega$，$\boldsymbol{X}'$是从 $\boldsymbol{X}$ 通过杂交和变异为 ε-精度可达的，即

$$P\{\|\text{MC}(\boldsymbol{X})-\boldsymbol{X}'\|\leqslant\varepsilon\}>0 \tag{5-17}$$

其中，MC($\boldsymbol{X}$)是 $\boldsymbol{X}$ 通过杂交(在粒子群算法中，通过粒子更新方程使得粒子的位置发生变

化，可看作是杂交过程）和变异算子产生的任意点。对于 HPSO 和 IPSO，设粒子 $\boldsymbol{X}$ 通过粒子群更新方程产生的点为 $\boldsymbol{Y}_1$，$\boldsymbol{Y}_1$ 被选上参加第一次变异的概率为 $p_{r1}>0$，设由 $\boldsymbol{Y}_1$ 通过第一次变异产生的新粒子为 $\bar{\boldsymbol{X}}$，$\bar{\boldsymbol{X}}$ 被选上参加第二次变异的概率为 p_{r2}，则 $\boldsymbol{X}'$ 从 $\boldsymbol{X}$ 通过杂交和变异为 ε-精度可达的概率为

$$P\{\|MC(\boldsymbol{X})-\boldsymbol{X}'\|\leqslant\varepsilon\}=p_{r1}\cdot p_{r2}\cdot P\{\|M(\bar{\boldsymbol{X}})-\boldsymbol{X}'\|\leqslant\varepsilon\} \tag{5-18}$$

于是，只需证明 $\boldsymbol{X}'$ 是由 $\bar{\boldsymbol{X}}$ 通过变异为 ε 精度可达的，即

$$P\{\|M(\bar{\boldsymbol{X}})-\boldsymbol{X}'\|\leqslant\varepsilon\}>0 \tag{5-19}$$

事实上，若对 $\boldsymbol{X}'$ 的任意一个分量 x_i'，不妨设 $x'_i\in[\bar{\omega}^i_{k_i},\bar{\omega}^i_{k_i+1}]$ $(1\leqslant k_i\leqslant n_i-1)$，由 HPSO 所采用的二次变异算子 5.1.4 节中的 Step 5 及 IPSO 所采用的二次变异算子 5.2.4 节中的 Step 6 知：对 $\bar{X}$ 的第 i 个分量 $\overline{x_i}$ 进行二次变异产生的后代 $\overline{x_i}'$ 落入选定的子区间 $[\bar{\omega}^i_{k_i},\bar{\omega}^i_{k_i+1}]$ 的概率为 $p_{f_i}\cdot\dfrac{1}{n_i-1}$（$n_i-1$ 为按照二次变异算子对搜索空间 S 的第 i 维子区间分割得到的子区间数，p_{f_i} 为第 i 个分量进行二次变异产生的后代落入可行域 $\Omega\subset S$ 的概率）。又因为 $|\bar{\omega}^i_{k_i}-\bar{\omega}^i_{k_i+1}|\leqslant\varepsilon$，故 $|\overline{x_i}'-x_i'|\leqslant\varepsilon$ 成立，于是 $\bar{\boldsymbol{X}}$ 的第 i 个分量 $\overline{x_i}$ 经变异产生的后代 $\overline{x_i}'$ 满足 $|\overline{x_i}'-x_i'|\leqslant\varepsilon$ 的概率与 $\overline{x_i}'$ 落入子区间 $[\bar{\omega}^i_{k_i},\bar{\omega}^i_{k_i+1}]$ 的概率相同，即 $p_{f_i}\cdot\dfrac{1}{n_i-1}>0$。又因为变异时点 $\bar{\boldsymbol{X}}$ 的各分量是独立进行的，因此

$$P\{\|M(\bar{\boldsymbol{X}})-\boldsymbol{X}'\|\leqslant\varepsilon\}=\prod_{i=1}^{n}p_{f_i}\cdot\frac{1}{n_i-1}>0 \tag{5-20}$$

故 $\boldsymbol{X}'$ 是从 $\boldsymbol{X}$ 通过杂交和变异为 ε 精度可达的。

由 HPSO 的 Step 7 和 IPSO 的 Step 8 可知：$I(t)$ 改进了 $I(t-1)$ 中的点，于是 $I(1)$，$I(2)$，…，$I(t)$ 是单调的。

对充分小的 $\varepsilon>0$，令

$$I^{\varepsilon}_{\text{true}}=\{\boldsymbol{X}\mid\|\boldsymbol{X}-\boldsymbol{X}^*\|\leqslant\varepsilon,\boldsymbol{X}^*\in I_{\text{true}}\} \tag{5-21}$$

因为 $f(\boldsymbol{X})$ 在搜索空间上连续，故对 $\forall\boldsymbol{X}_1\notin I^{\varepsilon}_{\text{true}}$，$\exists\boldsymbol{X}_2\in I^{\varepsilon}_{\text{true}}$，使得 $f(\boldsymbol{X}_2)<f(\boldsymbol{X}_1)$。

注意到 HPSO 和 IPSO 产生的最优解序列 $\{I(t)\}$ 可以看作具有两个状态的 Markov 链，状态 1：序列 $\{I(t)\}$ 满足：对 $\forall\boldsymbol{X}(t)\in I(t)$，$\exists\boldsymbol{X}^*\in I_{\text{true}}$，使得 $\|\boldsymbol{X}(t)-\boldsymbol{X}^*\|\leqslant\varepsilon$；状态 2：序列 $\{I(t)\}$ 不满足状态 1 的条件。由序列 $\{I(t)\}$ 的单调性知，从状态 1 转移到状态 2 的概率为 0，因此状态 1 为吸收态。由任两点的 ε 精度可达性知，从状态 2 转移到状态 1 的概率恒大于 0，因此状态 2 为瞬时态。由 Markov 链理论知结论成立。证毕。

第6章 一种新的基于非线性扩展关系的多目标智能优化算法

本章首先从选题背景和选题意义出发，介绍高维多目标优化问题的发展历程，然后描述高维多目标进化算法的国内外研究现状，接着介绍本文的研究内容与创新点，最后给出本文的工作安排。

6.1 选题背景和意义

多目标优化问题(multi-objective optimization problem，MOP)广泛存在于科学研究和工程应用，如自动控制、投资组合与决策、作业车间调度、生物医学、图像处理及数据挖掘等领域。具有多个目标需要最优化的问题被称为多目标优化问题，但往往不存在一个最优解使得每个待优化目标都达到最优值，这是由于大多数多目标优化问题在各个目标函数之间相互冲突。求解多目标优化问题传统的方法是对每个目标加权转化成单目标目标，而后利用目标规划法、最速下降法、拟牛顿法等方法得到一个最优解。传统的优化算法通常需要相关函数的一阶、二阶导数信息，而在实际问题中不容易或无法求出这些信息。此外，不同的目标加权会将多目标问题转化成很多个全局单目标优化问题，独立地求解每个单目标问题会导致计算开销过大，而且无法保证求得的最优解集覆盖整个真实最优解集且分布均匀。进化算法正是在这种背景下诞生的一种新型优化算法，它是模仿生物进化与遗传原理而设计的一种随机搜索的优化算法。

早在20世纪40年代，就有学者开始研究如何利用计算机模拟生物进化过程。1967年，美国Holland教授的学生Bagley在其博士论文中首次提出"遗传算法"的概念。进化算法逐渐发展为4个分支：遗传算法、进化策略、进化规划和遗传程序设计。由于进化算法是基于种群进化的且对目标函数的可导或可微性质没有要求，具有自组织、自适应、自学习和并行性等特性，能够实现多向和全局搜索，多目标进化算法(multi-objective optimization evolutionary algorithm，MOEA)的发展非常迅速，很多会议和期刊开始以多目标优化进化计算为主题，如会议Congress on Evolutionary Computation(CEC)、Genetic and Evolutionary Computation Conference(GECCO)；期刊*IEEE Transactions on Evolutionary Computation*、*Evolutionary Computation*、*IEEE Transactions on Systems, Man, and Cybernetics*等。

高维多目标优化问题(many-objective optimization problem，MaOP)是指目标个数大于3的多目标优化问题，如航班机位分配、无人机路径规划等问题。传统的多目标优化算法在高维多目标优化问题上表现不佳，因此高维多目标进化算法（many-objective optimization evolutionary algorithm，MaOEA）也逐步成为国际上的研究热点。具体来说，传统的多目标优化算法 MOEAs 大多利用 Pareto 支配关系来区分解的优劣，但在高维多目标优化问题中，随着目标数量的增加，非支配解在种群中的比例急剧上升，传统多目标优化算法在种群进化中的收敛压力降低，从而导致算法收敛停滞，无法求得高维多目标优化的最优解集，需要研究、设计新的高维多目标进化算法来促进收敛压力。因此，研究高维多目标优化问题的进化算法是具有理论意义和应用价值的。

6.2 国内外研究现状

现有的高维多目标进化算法大致可以分为以下几类。

第一类方法是在进化前产生一组参考点或参考向量来指引种群选择有潜力的个体进入下一代。例如，基于参考点的非支配排序多目标进化算法 NSGA-Ⅲ，该算法使用一组参考点来生成参考向量，而那些接近参考向量的候选解会被选择进入下一代种群。在 RVEA 中，该算法根据目标函数自适应地动态调整参考向量的分布，以平衡收敛性和多样性。基于参考线的进化算法不仅采用了 NSGA-Ⅲ中的多样性提升机制，而且通过测量原点到解投影在相应参考线上的距离，引入了收敛增强方案。在 CLIA 中该算法利用基于增量学习的过程生成参考向量，基于级联聚类对种群中的个体进行聚类和排序，并通过轮询选择来促进收敛性和多样性。

第二类方法是基于分解的高维多目标进化算法。基于分解的多目标进化算法 MOEA/D 将一个多目标优化问题分解为一组单目标优化问题，采用邻域的思想使得每个子问题在其领域中都受到相应的参考向量约束，每个子问题通过与领域子问题之间的进化操作来不断优化。该算法能够快速提高算法的收敛能力，但多样性严重依赖于参考向量与 TruePF 的匹配性，很多改进 MOEA/D 的进化算法在近年中被提出。MOEA/D-Pas 首先分析了一类常用的标量化方法 L_p，并指出 p 值对平衡 Pareto 最优前沿的选择压力至关重要。然后，提出了一种简单而有效的 Pareto 自适应标量化逼近方法 PaS 来逼近最优 p。

第三类方法是基于性能指标的高维多目标进化算法。由于多目标优化问题的最优解大多是一组解构成的最优解集，与单目标优化问题只有一个最优解不同，多目标优化问题无法直接比较不同算法的优劣性，性能指标被设计用于评价求得的最优解集的优劣性，从而衡量算法的收敛性、多样性和宽广性。在 HypE 中，提出了一种基于快速超体积的高维多目标进化算法，该算法使用蒙特卡罗模拟来快速估计超体积指标 HV 的值，从而选择有潜力的个体进入下一代个体。基于逆世代距离指标 IGD 的高维多目标进化算法和基于 R2 指标的高维多目标进化算法 MOMBI-Ⅱ也被提出用于求解高维多目标优化问题。

第四类方法是通过扩展解的支配区域来提升选择压力。例如，α 支配中首先提出了一个解可以支配那些在少数目标上略优于它，但在其他目标上明显差于它的解，以此来扩大解的支配区域。随后，广义 Pareto 最优、扩展关系 CDAS 等支配关系算法通过修改目标函数值等方法线性地扩展解的支配区域。自适应扩展关系 S-CDAS 是对 CDAS 的改进，S-CDAS 消除了 CDAS 中需要人为设定的参数，并在选择过程中保证了解集的宽广性。近年来，模糊逻辑关系、L 支配、非线性扩展支配关系 CN 和 SDR 支配等扩展支配区域的算法被提出用于促进算法的收敛性和维持种群的多样性。

此外,小生境方法(niching method)可以集成到高维多目标进化算法中,以促进和保持在种群内形成许多稳定的子种群。小生境方法并行搜索最优解,可以降低陷入局部最优的概率。多年来,人们也提出了许多小生境方法,包括限制性竞赛选择、并行化和聚类等方法。

多目标进化算法在高维多目标优化问题上表现不佳,是因为随着目标数量的增加,传统的 Pareto 支配关系无法鉴别出解的优劣,导致非支配的比例急剧上升,从而使得只能收敛到局部最优。在高维多目标优化问题上,对于一个可行解,它可以支配那些在一些目标上稍好于、但在大多数其他目标上明显差于它的解,而且这种支配优势应该逐渐扩大,从这一动机出发,学者们提出了一种新的非线性扩展支配关系,减缓种群中非支配解所占比例的上升速度。步骤如下所述。

首先,为了统一不同目标的数量级,对种群中个体的目标函数值进行归一化;其次,按照提出的支配关系修改个体的目标函数值,非线性扩展解的支配区域;最后,为了维持解集的多样性和宽广性,应用一种小生境方法来限制个体的比较范围。将提出的非线性扩展支配关系替换经典高维多目标进化算法 NSGA-Ⅲ中的非支配排序,数值实验的结果表明,与现有的算法相比,提出的算法表现出了良好的性能。

6.3 解集的评价指标

若想比较不同的算法在求解多目标优化问题时的好坏,由于最优解大多不只一个,而是一个最优解集,所以需要评价指标来比较算法的性能。一般地,对于多目标优化算法的性能,一般从以下几方面考虑。

(1) 收敛性:解集的收敛性是指算法所求得的最优解集与真实最优解集 PS 的差距程度。

(2) 多样性:解集的多样性是指算法所求得的最优解集是否均匀地分布在最优前沿 PF 上。

(3) 宽广性:宽解集的广性是指算法所求得的最优解集是否覆盖了整个最优前沿 PF。

随着多目标优化问题研究的不断发展,人们设计了很多评价指标来测量算法在不同方面的性能,下面介绍几个较常用的评价指标:世代距离(generational distance,GD)指标、逆世代距离(inverted generational distance,IGD)指标、超体积(hypervolume,HV)指标、覆盖率(Coverage,C)指标。

GD 指标:假设 $F=\{\boldsymbol{f}_1,\boldsymbol{f}_2,\cdots,\boldsymbol{f}_N\}$是某算法求得的最优解集对应的目标向量集合,集合 $U=\{\boldsymbol{u}_1,\boldsymbol{u}_2,\cdots,\boldsymbol{u}_l\}$($l$ 为 U 的大小)是一组均匀分布在理想 PF 上的向量组成的集合,GD 指标的作用是测量集合 F 到 U 的距离,其计算公式如下:

$$\mathrm{GD}=\frac{\sqrt{\sum_{f\in F}\left(\min_{u\in U}\|\boldsymbol{f}-\boldsymbol{u}\|\right)^2}}{|F|} \tag{6-1}$$

其中,$|F|$表示集合 F 中元素的个数。GD 指标计算了每个求得的最优解到理想 PF 上的最小距离,最终度量了集合 F 到理想 PF 的距离,反映出了算法的收敛能力,即 GD 指标求得

的值越小,则集合的收敛性越好。当 GD 的指标值为 0 时,即代表算法求得的解全部分布在理想 PF 上,是最理想的结果。

IGD 指标:假设 $F=\{\boldsymbol{f}_1,\boldsymbol{f}_2,\cdots,\boldsymbol{f}_N\}$是某算法求得的最优解集对应的目标向量集合,集合 $U=\{\boldsymbol{u}_1,\boldsymbol{u}_2,\cdots,\boldsymbol{u}_l\}$是一组均匀分布在理想 PF 上的向量组成的集合,IGD 指标的作用是测量集合 U 到 F 的距离,其计算公式如下:

$$\text{IGD}=\frac{\sqrt{\sum_{\boldsymbol{u}\in U}\left(\min_{\boldsymbol{f}\in F}\|\boldsymbol{u}-\boldsymbol{f}\|\right)^2}}{|U|} \tag{6-2}$$

其中,$|U|$表示集合 U 中元素的个数。IGD 指标计算了理想 PF 上的集合 U 中的每个点到集合 F 最小距离,最终度量了理想 PF 到集合 F 的距离,反映出了集合的收敛性和多样性。当算法求得的解离理想 PF 越近,越均匀地分布在整个理想 PF 上,则 IGD 指标求得的值越小,集合的收敛性和多样性越好。

HV 指标:假设 $F=\{\boldsymbol{f}_1,\boldsymbol{f}_2,\cdots,\boldsymbol{f}_N\}$是某算法求得的最优解集对应的目标向量集合,HV 指标的作用是测量集合 F 与参考向量围成区域的超体积,其计算公式如下:

$$\text{HV}=\bigcup_{\boldsymbol{f}\in F}\text{Vol}(\boldsymbol{f}) \tag{6-3}$$

其中,$\text{Vol}(\boldsymbol{f})$表示 $\boldsymbol{f}$ 与参考向量围成的超体积。HV 值反映出了集合的收敛性和多样性,HV 值越大,代表求得的解越靠近理想 PF,越均匀地分布在整个理想 PF 上,即集合的收敛性和多样性越好。

C 指标:假设 $F=\{\boldsymbol{f}_1,\boldsymbol{f}_2,\cdots,\boldsymbol{f}_N\}$和 $F'=\{\boldsymbol{f}'_1,\boldsymbol{f}'_2,\cdots,\boldsymbol{f}'_{N'}\}$是两个算法分别求得的最优解集对应的目标向量集合,C 指标的作用是测量集合 F 和 F'互相支配的比例,其计算公式如下:

$$C(F,F')=\frac{|\{\boldsymbol{f}'\in F'\mid\exists\boldsymbol{f}\in F:\boldsymbol{f}\prec\boldsymbol{f}'\}|}{|F'|} \tag{6-4}$$

其中,$|F'|$表示集合 F'的大小,$C(F,F')$表示 F'中的元素被 F 中的元素支配的比例,$C(F,F')$越大表明 F'中的元素被 F 中的元素支配的比例越大,由多目标的定义可知 C 的最小值为 0,最大值为 1。C 指标用于比较集合的收敛性,还需要将 $C(F',F)$与 $C(F,F')$进行比较,如 $C(F,F')>C(F',F)$表示 F 的收敛性好于 F'的收敛性。与其他几个指标相比,对于真实 PF 未知的测试问题,C 指标也可以用来比较不同算法的收敛性。

此外,仍有很多性能指标用来测评解集的表现,如度量解集多样性的 Spacing(S)指标、Pure Diversity(PD)指标,度量收敛性和多样性的 R2 指标。

6.4 新算法的提出

对于一个可行的解决方案,它可以控制那些在少数目标上稍好但在大多数目标中明显较差的解决方案,并且扩张区域的增长率应逐渐提高。同时,NSGA-Ⅲ只使用了一组参考点,没有考虑工程问题中的一些潜在点。如图 6.1 所示,在一些工程问题中,根据 NSGA-Ⅲ中的 Pareto 优势,b 点可能会被删除,但它也可能是进化过程中的最优解。这时,我们希望通过一种新的扩展优势关系找到它。为了提高 NSGA-Ⅲ在这些方面的性能,提出了一种新的非线性扩展控制关系。

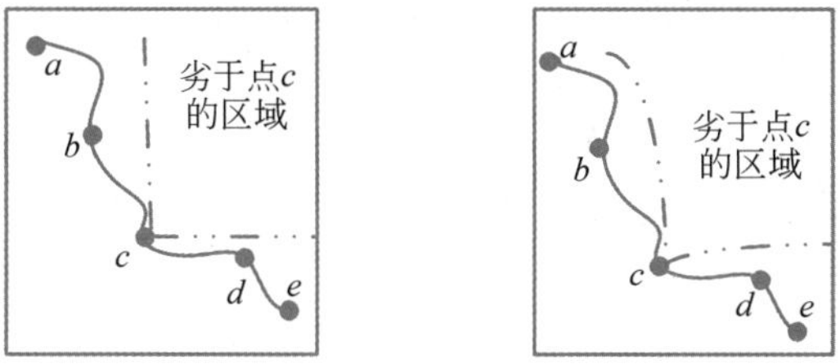

Ⅰ. NSGA-Ⅲ中的支配区域　　Ⅱ. 新算法中的支配区域

图 6.1　新算法与 NSGA-Ⅲ中的支配区域比较

6.4.1　一种新的非线性扩展优势关系

设 $F=\{\boldsymbol{F}_1,\boldsymbol{F}_2,\cdots,\boldsymbol{F}_n\}$ 为种群中 n 个个体的函数向量。首先，为了统一数量级，将个体的目标值进行归一化。

$$f_i'(\boldsymbol{x})=\frac{f_i(\boldsymbol{x})-f_i^{\min}}{f_i^{\max}-f_i^{\min}},\quad i=1,2,\cdots,m \tag{6-5}$$

其中，$f_i^{\max}$ 是 F_i 中第 i 个目标函数的最大值；$f_i^{\min}$ 是最小值。

新的非线性扩展支配(NED)关系通过以下公式扩展解的支配面积。

$$f_i''(\boldsymbol{x})=f_i'(\boldsymbol{x})-(1-\|f'(\boldsymbol{x})\|\sin\omega_i)^H,\quad i=1,2,\cdots,m \tag{6-6}$$

其中，$f'(\boldsymbol{x})$是 $f(\boldsymbol{x})$的归一化函数向量；$\|\cdot\|$ 表示 L_2 范数；ω_i 表示 $f_i'(\boldsymbol{x})$与 $f'(\boldsymbol{x})$之间的夹角；H 为一个大于 0 的参数，通过参数分析建议取 2，NED 拓展的解的控制区域如图 6.2 所示。

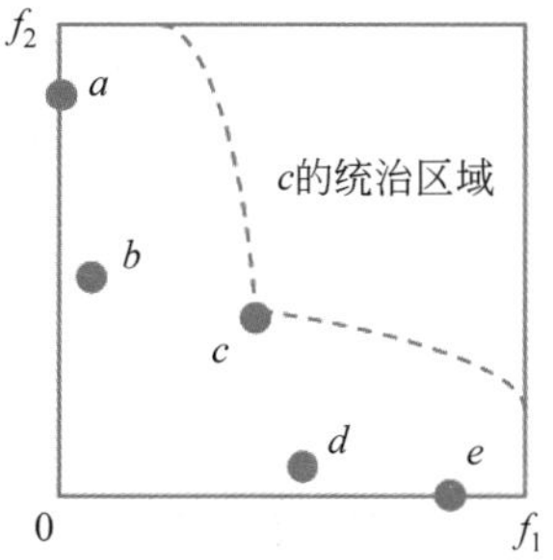

图 6.2　NED 拓展的解的控制区域

由于讨论的为最小化问题，随着目标值由小到大，纵轴方向越靠近目标最大值的解越差，所以设计的支配关系使得个体 c 的支配区域扩展增长率逐步增大，在横轴方向上也同样如此。然而，尽管 NED 促进了收敛压力，但仍需要一种机制来确保多样性。幸运的是，小生境方法是一种提高多样性的有效方法，许多基于 MaOEA 的小生境方法被提出来验证它们的有效性。在中，小生境的大小是通过计算解之间的角度来设定的。个体与其他个体之间的最小夹角由以下公式计算。

$$\theta_i=\min_{j\neq i}\left\{\arccos\frac{\boldsymbol{F}_i\cdot\boldsymbol{F}_j}{\|\boldsymbol{F}_i\|\|\boldsymbol{F}_j\|}\right\},\quad i=1,2,\cdots,2n \tag{6-7}$$

经过交叉和变异后，选择操作是从 $2n$ 个个体中选择 n 个个体进入下一代。作者将 niche 大小设为$\{\theta_1,\theta_2,\cdots,\theta_{2n}\}$中第 n 个最小元素。

6.4.2　算法框架

根据上述新的非线性扩展优势关系，如果

$$\begin{aligned}&\forall i\in 1,2,\cdots,m: f''(\boldsymbol{x})_i\leqslant f_i''(\boldsymbol{y}),\\&\exists i\in 1,2,\cdots,m: f''(\boldsymbol{x})_i< f_i''(\boldsymbol{y}),\text{并且 }\theta(\boldsymbol{x},\boldsymbol{y})\leqslant\tilde{\theta}\end{aligned} \tag{6-8}$$

则解 $\boldsymbol{x}$ 支配 $\boldsymbol{y}$。我们将新的优势关系应用于 NSGA-Ⅲ(我们称之为新算法 NSGA-Ⅲ-NED)以增强非优势排序。算法 6.1 概述了整个算法。

$\boldsymbol{Z}$ 是 NSGA-Ⅲ中用于环境选择的一组均匀生成的参考点,通过文献[8]中提出的方法获得。子代是通过交叉过程和突变过程产生的。在 6.5 节中我们将提出的算法与最新的算法进行比较,以评估其性能。

算法 6.1:NSGA-Ⅲ-NED 的算法框架。

P_0←随机初始化生成初始种群
$\boldsymbol{Z}$←生成一组均匀分布在超平面上的参考点集
$\boldsymbol{Z}_{\min}=(\widetilde{\boldsymbol{Z}}_1^{\min},\widetilde{\boldsymbol{Z}}_2^{\min},\cdots,\widetilde{\boldsymbol{Z}}_m^{\min})$
$t \leftarrow 0$
while 未满足算法终止条件 **do**
Offspring$_t$←通过交叉和变异操作从 P_t 中生成后代
归一化 $F_t=P_t\cup$Offspring$_t$ 对应的目标向量集合←通过式(6-4)
修改个体的目标函数值←通过式(6-5)
计算每个个体的最小夹角并选出 niche 大小$\widetilde{\theta}$←通过式(6-6)
 $\widetilde{\boldsymbol{Z}}_j^{\min}=\min\{\widetilde{\boldsymbol{Z}}_j^{\min},\text{Offspring}_t\},j=1,2,\cdots,m$←更新 $\boldsymbol{Z}_{\min}$
 对 F_t 中的个体进行排序←通过式(6-7)
 P_{t+1}←通过 NSGA-Ⅲ的选择操作选出下一代个体
 $t \leftarrow t+1$
end

6.5 实验性的结果与分析

为了评估该算法的性能,我们将 NSGA-Ⅲ-NED 与最新的算法进行了比较。我们使用平台 PLATEMO 进行实验。

6.5.1 测试函数和性能指标

所有算法都在广泛使用的 DTLZ 测试套件、WFG 工具箱和 MaF 测试问题上进行测试。DTLZ 是一个连续的问题集,可以扩展到任意数量的目标($m\geqslant 2$),并且可以有任意数量的变量($n\geqslant m$)。由于变量个数和目标数易于控制,DTLZ 作为标准测试函数被广泛应用于多目标优化问题中。DTLZ 中的一个 m 目标检验问题具有决策变量。对于 DTLZ1,k 设置为 5,对于 DTLZ2~DTLZ6,k 设置为 10。

WFG 工具箱可以为评价优化算法在各种问题上的性能提供更有效的依据。它是一个常见的连续基准函数。为了尽可能地进行比较,本文考虑了 WFG3 和 WFG9。一个测试函数问题 PF 是规则的,另一个是函数问题 PF 是不规则的。根据根据的建议,参数 k 和 l 分别设置为 $2\times(m-1)$ 和 20。

MaF 是 2017 年提出的一个基准功能套件，旨在促进进化多目标优化研究。MaF 中设计了 15 个基准函数，它们具有不同的属性，这些属性提供了各种 PF 的形状。由于空间的局限性，选取了两个具有不同特征的代表性问题来评价算法。

两个性能指标，即 IGD 和 PD，用于评估被比较对象的性能算法。IGD 度量是衡量解集收敛性和多样性的指标。IGD 值越小，性能越好。PD 度量是衡量解集多样性的指标。PD 值越大，多样性越好。

6.5.2　遗传算子及参数设置

采用模拟二叉交叉和多项式变异产生子代。具体来说，交叉概率设为 1，变异概率设为 $1/n$，交叉和变异的分布指数设为 20。

考虑了 5、10、15 个目标的所有测试问题。所有问题的总体大小设置为 100。对于每个问题，每个算法独立运行 30 次。函数求值的最大数目设置为 50000。此外，采用具有 5%显著性水平的 Mann-Whitney-Wilcoxon 秩和检验作为统计方法，将平均 IGD 与其他 MaOEA 进行比较。“＋”“－”“＝”分别表明该算法的结果明显好于、明显差且在统计学上与所提出的算法相似。

6.5.3　相关算法

为了验证 NSGA-Ⅲ-NED 的性能，选择了最先进的算法 NSGA-Ⅲ、MOEAD/D-PaS、MOMBI-Ⅱ和 S-CDAS 与本章提出的算法进行了比较。

(1) NSGA-Ⅲ：NSGA-Ⅲ使用一组参考点来生成参考向量。为了保持多样性，选择那些接近参考向量的候选解作为下一代的候选解。

(2) MOEAD/D-PaS：MOEA/D-PaS 分析了一系列常用的标量化方法，这些方法表明，p 值对于平衡向 Pareto 最优的选择压力至关重要。然后，提出了一种简单而有效的 Pareto 自适应尺度化(PaS)近似方法来逼近最优值。

(3) MOMBI-Ⅱ：MOMBI-Ⅱ是一种基于指标的算法。MOMBI-Ⅱ提出了一种基于 R2 指标的 MOEA 改进版本，它使用了标量化函数和接近真实 Pareto 最优前沿的相关统计信息来优化算法。

(4) S-CDAS：S-CDAS 是 CDAS 的一种修饰。在 S-CDAS 中，该算法不需要外部参数就能自动控制每个解的优势区域。S-CDAS 考虑了收敛性和多样性，实现了不同于传统 CDAS 的细粒度排序。

(5) PREA：PREA 是一种基于区域的进化多目标算法，具有基于比率的指标。在 PREA 中，利用基于比率的无限范数指标在目标空间中识别出一个候选区域。为了保证种群的多样性，提出了一种基于平行距离的个体选择策略。然后，每次从候选解中选出距离较小的两个解，并将指标适应度值较小的解从当前总体中剔除。

6.5.4　实验结果

表 6.1 列出了 10 个实验函数(DTLZ1～DTLZ6、MaF3、MaF6、WFG3 和 WFG9)的 IGD 结果的平均值和标准偏差。平均值在圆括号标准偏差在括号内。对于每个测试问题，IGD 值最好和第二好的单元格分别用深灰色和浅灰色背景标记。如表 6.1 和表 6.2 所示，实验中使用的所有算法都有一些优缺点。

表 6.1 10 个实验函数(DTLZ1～DTLZ6、MaF3、MaF6、WFG3 和 WFG9)的 IGD 统计结果

Problem	M	D	NSGA-Ⅲ	MOEAD-PaS	MOMB-Ⅲ	PREA	S-CDAS	NSGA-Ⅲ-NED
DTLZ1	5	9	5.9394e－1 (5.01e－1)－	5.0094e＋0 (8.02e＋0)－	2.6445e－1 (1.57e－1)＝	5.8425e－1 (1.77e－1)－	1.8114e－1 (9.60e－2)＝	1.8658e－1 (1.20e－1)
	10	14	3.3643e－1 (1.73e－1)－	2.8880e＋1 (9.80e＋0)－	2.9648e－1 (2.74e－2)－	7.3024e－1 (5.01e－1)－	1.3263e－1 (2.27e－3)＋	1.6585e－1 (7.91e－3)
	15	19	4.4147e－1 (2.52e－1)＋	4.4717e＋1 (1.03e＋1)－	4.1884e－1 (1.65e－1)＋	3.3170e＋0 (2.92e＋0)－	1.5507e－1 (2.22e－2)＋	1.0370e＋0 (6.68e－1)
DTLZ2	5	14	2.1643e－1 (1.18e－3)＋	4.3508e－1 (5.27e－2)－	2.3662e－1 (4.52e－3)＝	2.1741e－1 (1.59e－3)＋	6.5409e－1 (1.75e－1)－	2.3773e－1 (4.86e－3)
	10	19	5.6080e－1 (6.03e－2)＋	1.2424e＋0 (2.42e－3)－	7.2146e－1 (1.05e－1)－	4.8778e－1 (3.21e－3)＋	1.0747e＋0 (3.02e－1)－	6.0591e－1 (2.93e－2)
	15	24	7.5956e－1 (1.28e－2)＝	1.4657e＋0 (2.74e－1)－	1.1288e＋0 (4.88e－2)－	6.1355e－1 (3.73e－3)＋	9.6643e－1 (3.50e－1)＝	7.6824e－1 (1.67e－2)
DTLZ3	5	14	1.9947e＋1 (5.54e＋0)－	3.7828e＋1 (1.86e＋1)－	8.5839e＋0 (3.10e＋0)＝	1.8503e＋1 (8.09e＋0)－	1.4216e＋1 (6.12e＋0)＝	1.1456e＋1 (7.25e＋0)
	10	19	1.3271e＋1 (1.02e＋1)－	1.5692e＋2 (5.89e＋1)－	1.2066e＋0 (3.02e－1)＝	1.6876e＋1 (6.99e＋0)－	3.5395e＋1 (2.47e＋1)－	1.8064e＋0 (1.34e＋0)
	15	24	8.5737e＋0 (5.13e＋0)＋	2.2641e＋2 (2.91e＋1)－	1.5143e＋0 (8.90e－1)＋	5.1602e＋1 (2.44e＋1)＝	5.2986e＋1 (3.86e＋1)＝	4.4978e＋1 (2.02e＋1)
DTLZ4	5	14	3.6894e－1 (1.31e－1)＝	4.8605e－1 (7.14e－2)－	2.9273e－1 (9.55e－2)＝	4.0412e－1 (1.83e－1)＝	6.4387e－1 (9.84e－2)－	2.8142e－1 (8.88e－2)
	10	19	6.2460e－1 (4.79e－2)－	7.3590e－1 (9.25e－2)－	6.7455e－1 (7.32e－2)－	5.5271e－1 (5.82e－2)＋	5.8897e－1 (1.03e－2)＝	5.9027e－1 (3.73e－2)
	15	24	7.7033e－1 (1.96e－2)＋	1.3458e＋0 (1.71e－1)－	1.0204e＋0 (6.85e－2)－	6.3688e－1 (1.31e－2)＋	7.1871e－1 (6.83e－3)＋	7.9247e－1 (1.94e－2)
DTLZ5	5	14	1.2679e－1 (5.16e－2)＝	1.8957e－1 (5.34e－2)－	1.3416e－1 (8.87e－3)－	1.1958e－1 (2.40e－2)＝	7.0782e－1 (5.31e－2)－	1.0682e－1 (2.93e－2)
	10	19	2.4708e－1 (6.19e－2)＝	2.5985e＋0 (4.07e－1)－	6.7349e－1 (4.32e－2)－	3.5797e－1 (8.59e－2)－	7.3137e－1 (3.27e－2)－	2.2407e－1 (7.49e－2)
	15	24	3.5700e－1 (8.77e－2)＝	2.9560e＋0 (1.94e－5)－	7.0600e－1 (2.83e－2)－	4.3869e－1 (1.39e－1)－	7.4417e－1 (9.83e－3)－	3.3988e－1 (1.03e－1)
DTLZ6	5	14	3.3515e－1 (1.81e－1)－	2.4429e－1 (2.73e－2)－	2.0686e－1 (4.76e－3)－	2.5799e－1 (5.74e－2)－	8.9800e－1 (2.89e－1)－	1.6842e－1 (6.10e－2)
	10	19	1.8895e＋0 (7.76e－1)－	1.0244e＋1 (4.21e－1)－	6.8226e－1 (5.36e－2)＝	1.7261e＋0 (4.88e－1)－	1.6417e＋0 (1.09e＋0)－	7.7063e－1 (4.84e－1)
	15	24	1.8258e＋0 (8.14e－1)＝	1.0400e＋1 (7.38e－4)－	6.7930e－1 (7.16e－2)＋	2.6957e＋0 (9.82e－1)－	2.6340e＋0 (1.52e＋0)－	1.6034e＋0 (7.91e－1)
MaF3	5	14	2.3875e＋1 (3.14e＋1)－	6.3748e＋3 (7.25e＋3)－	2.5109e－1 (4.34e－1)＋	7.2408e＋0 (1.06e＋1)－	3.9034e＋0 (4.04e＋0)－	9.6557e－1 (1.49e＋0)
	10	19	3.7767e＋3 (7.98e＋3)－	2.7236e＋4 (1.68e＋4)－	7.3632e－1 (1.49e＋0)＝	9.7834e＋2 (9.17e＋2)－	3.0333e＋5 (2.57e＋5)－	1.5213e＋0 (2.85e＋0)
	15	24	4.4563e＋3 (1.37e＋4)＝	4.9949e＋4 (1.88e＋4)－	2.9891e＋0 (7.56e＋0)＋	4.0300e＋3 (2.20e＋3)－	2.5469e＋5 (2.34e＋5)－	6.8193e＋2 (9.98e＋2)

续表

Problem	M	D	NSGA-Ⅲ	MOEAD-PaS	MOMB-Ⅲ	PREA	S-CDAS	NSGA-Ⅲ-NED
MaF6	5	14	6.0788e-2 (1.85e-2)+	2.5922e-1 (3.91e-1)-	1.3715e-1 (4.42e-3)-	4.6606e-3 (1.26e-4)+	5.5397e-1 (1.95e-1)-	9.6233e-2 (2.17e-2)
	10	19	3.2224e-1 (1.29e-1)+	1.5723e+1 (5.11e+1)-	7.1257e-1 (6.68e-2)-	1.0801e-1 (2.49e-1)+	8.7442e-1 (2.65e-1)-	5.0724e-1 (2.38e-1)
	15	24	4.4145e-1 (1.88e-1)=	7.5636e+1 (1.17e+2)-	7.4001e-1 (5.83e-3)-	3.4816e-1 (3.93e-1)=	1.1023e+0 (3.67e-1)-	3.7980e-1 (1.45e-1)
WFG3	5	14	6.6165e-1 (8.75e-2)=	6.9099e-1 (1.40e-1)-	6.4818e-1 (9.91e-2)=	4.9471e-1 (6.01e-2)+	3.6816e+0 (7.80e-1)-	6.3072e-1 (8.31e-2)
	10	19	2.8136e+0 (7.75e-1)=	1.1189e+1 (5.42e-4)-	1.0270e+1 (6.09e-2)-	2.1947e+0 (5.11e-1)+	1.0789e+1 (8.68e-2)-	3.2671e+0 (7.87e-1)
	15	24	4.7487e+0 (5.71e-1)+	1.6954e+1 (2.46e-3)-	1.6404e+1 (5.09e-2)-	4.2723e+0 (7.05e-1)+	1.6733e+1 (2.25e+0)-	6.5524e+0 (8.54e-1)
WFG9	5	14	1.2021e+0 (1.23e-2)+	2.0649e+0 (8.33e-2)-	1.7943e+0 (2.37e-2)-	1.1988e+0 (1.54e-2)+	3.6401e+0 (3.81e-1)-	1.3364e+0 (4.55e-2)
	10	19	5.6869e+0 (1.01e-1)=	1.8909e+1 (2.33e-3)-	1.3916e+1 (3.65e+0)-	4.9312e+0 (6.19e-2)+	9.3913e+0 (6.44e-1)-	5.7358e+0 (9.21e-2)
	15	24	1.1485e+1 (1.97e-1)=	3.0013e+1 (6.29e-3)-	2.9627e+1 (1.68e-1)-	8.5697e+0 (1.62e-1)+	1.3189e+1 (9.85e-1)-	1.1404e+1 (2.54e-1)
+/-/=			**9/9/12**	**0/30/0**	**5/17/8**	**13/13/4**	**3/22/5**	

注："+""-""="分别表示结果明显好于、明显差于和统计上类似于 NSGA-Ⅲ-NED 获得的结果，后同。

表 6.2　各个先进算法在 8 个问题中 PD 值的统计结果

Problem	M	D	NSGA-Ⅲ	MOEAD-PaS	MOMB-Ⅲ	PREA	S-CDAS	NSGA-Ⅲ-NED
DTLZ1	5	9	2.4554e+7 (2.10e+7)=	1.8321e+7 (1.53e+7)=	1.6612e+6 (1.34e+6)-	9.0390e+6 (5.08e+6)-	7.8889e+6 (3.93e+6)-	1.5787e+7 (8.31e+6)
	10	14	1.7445e+9 (1.29e+9)-	8.7529e+8 (1.11e+9)-	1.5112e+7 (1.33e+7)-	2.3347e+9 (1.81e+9)-	7.7055e+9 (7.38e+8)-	2.1094e+10 (5.87e+10)
	15	19	4.7319e+10 (7.13e+10)-	3.3749e+10 (1.22e+11)-	6.0393e+7 (9.61e+7)-	3.5574e+12 (2.63e+12)-	3.6148e+11 (8.77e+10)-	1.5696e+13 (9.53e+12)
DTLZ2	5	14	1.1808e+7 (6.68e+5)+	2.2716e+6 (1.24e+6)-	5.0339e+6 (7.91e+5)-	8.0654e+6 (1.82e+6)-	9.2232e+4 (2.62e+5)-	9.5207e+6 (1.75e+6)
	10	19	1.7209e+9 (1.29e+9)+	7.4010e-3 (1.53e-2)-	2.1596e+8 (3.01e+8)-	6.9793e+8 (2.78e+8)+	8.0900e+8 (1.61e+9)+	3.8083e+8 (3.75e+8)
	15	24	9.6441e+10 (4.76e+10)+	5.0824e-1 (8.73e-1)-	1.7970e+8 (2.95e+8)-	5.8348e+10 (3.57e+10)=	1.6876e+11 (1.82e+11)=	4.8574e+10 (3.32e+10)
DTLZ3	5	14	1.8224e+8 (7.96e+7)-	2.7133e+7 (5.07e+7)-	5.9976e+6 (5.61e+6)-	1.8220e+7 (1.66e+7)-	2.7002e+6 (3.71e+6)-	3.3821e+8 (2.33e+8)
	10	19	1.5463e+10 (1.77e+10)+	9.8762e+3 (4.36e+4)-	2.9934e+7 (7.34e+7)-	3.8299e+10 (4.28e+10)+	1.4364e+9 (2.79e+9)=	1.4534e+9 (4.46e+9)
	15	24	5.4664e+11 (7.11e+11)-	2.6583e+4 (8.15e+4)-	1.0735e+8 (2.85e+8)-	3.5590e+13 (2.20e+13)-	4.6896e+11 (8.77e+11)-	2.3092e+14 (8.99e+13)

续表

Problem	M	D	NSGA-Ⅲ	MOEAD-PaS	MOMB-Ⅲ	PREA	S-CDAS	NSGA-Ⅲ-NED
DTLZ4	5	14	4.4489e+6 (4.84e+6)=	1.5110e+4 (1.19e+4)−	1.5658e+6 (8.54e+5)−	2.4668e+6 (2.30e+6)−	1.3204e+4 (1.22e+4)−	6.3459e+6 (3.17e+6)
	10	19	2.3886e+8 (5.34e+8)+	1.7337e+4 (8.51e+3)−	1.9885e+7 (1.40e+7)−	2.1540e+7 (1.53e+7)−	5.0074e+8 (3.37e+8)+	7.5431e+7 (7.41e+7)
	15	24	3.2684e+9 (9.54e+9)+	1.3387e−1 (2.87e−1)−	1.8749e+7 (3.27e+7)−	3.1157e+7 (5.67e+7)−	2.4975e+9 (2.62e+9)+	9.4107e+7 (1.20e+8)
DTLZ5	5	14	2.8166e+7 (2.86e+6)+	7.0446e+6 (1.71e+6)−	1.4186e+7 (1.49e+6)−	3.7683e+7 (2.44e+6)+	1.2558e+5 (2.13e+5)−	1.7637e+7 (3.76e+6)
	10	19	1.8089e+10 (3.12e+9)+	2.0837e+0 (2.70e+0)−	1.4123e+8 (9.65e+7)−	3.6404e+10 (2.73e+9)+	2.4893e+7 (6.54e+7)−	1.3352e+10 (3.90e+9)
	15	24	2.6584e+11 (8.75e+10)=	5.2861e−5 (1.20e−4)−	1.9223e+9 (1.59e+9)−	1.4968e+12 (1.22e+11)+	1.2589e+8 (4.77e+8)−	3.3669e+11 (1.84e+11)
DTLZ6	5	14	4.0371e+7 (5.25e+6)+	6.3019e+6 (5.56e+5)−	1.3363e+7 (1.61e+6)+	5.1506e+7 (3.30e+6)+	4.7671e+4 (1.49e+5)−	9.4255e+6 (3.69e+6)
	10	19	3.8776e+10 (9.82e+9)=	4.5812e−1 (1.14e+0)−	1.2518e+8 (1.31e+8)−	7.6333e+10 (9.35e+9)+	1.2189e+9 (2.80e+9)−	3.5533e+10 (1.97e+10)
	15	24	1.1158e+12 (4.13e+11)−	5.6846e−4 (1.96e−3)−	3.8250e+9 (4.78e+9)−	3.1657e+12 (4.68e+11)+	4.1572e+10 (9.61e+10)−	1.3452e+12 (3.97e+11)
MaF3	5	14	2.9665e+11 (1.11e+12)+	8.5007e+12 (1.25e+13)+	4.0624e+6 (5.49e+6)−	2.4210e+9 (9.83e+9)=	5.2765e+9 (1.77e+10)=	1.1896e+8 (4.46e+8)
	10	19	8.2430e+15 (1.89e+16)+	6.0602e+9 (1.67e+10)−	1.3315e+6 (2.97e+6)−	2.3946e+14 (3.62e+14)−	2.7515e+15 (2.34e+15)+	8.2076e+14 (3.07e+15)
	15	24	1.5294e+17 (3.23e+17)=	1.0195e+11 (1.31e+11)−	2.0614e+6 (3.84e+6)−	5.8822e+19 (7.07e+19)=	5.6209e+18 (2.45e+19)−	1.8908e+21 (3.84e+21)
MaF6	5	14	6.2842e+6 (5.68e+5)−	5.0613e+6 (1.96e+6)=	6.0050e+6 (9.93e+5)−	7.6832e+6 (8.97e+5)−	1.8832e+6 (2.39e+6)−	7.7982e+6 (1.40e+7)
	10	19	9.6898e+10 (5.77e+10)−	3.0169e+1 (1.17e+2)−	6.8480e+7 (1.79e+8)−	4.7384e+10 (9.18e+10)−	8.6635e+7 (3.32e+8)−	3.6629e+11 (3.16e+11)
	15	24	1.9778e+12 (4.81e+11)=	1.7157e−3 (7.14e−3)−	1.0461e+8 (2.98e+8)−	9.6248e+12 (9.94e+12)+	4.0038e+3 (4.58e+2)−	7.8810e+12 (1.13e+13)
WFG3	5	14	1.0697e+8 (8.51e+6)+	5.4121e+7 (4.58e+6)−	5.5567e+7 (8.31e+6)−	1.4412e+8 (5.98e+6)+	4.7890e+7 (1.01e+7)−	9.9794e+7 (5.19e+6)
	10	19	7.8810e+10 (1.52e+10)+	7.3452e+4 (1.65e+5)−	2.6189e+8 (2.33e+7)−	8.4042e+10 (9.21e+9)+	4.9970e+10 (4.73e+9)−	6.5200e+10 (1.76e+10)
	15	24	2.4280e+12 (3.71e+11)=	0.0000e+0 (0.00e+0)−	1.9402e+9 (2.45e+8)−	3.3583e+12 (3.84e+11)+	3.0969e+12 (1.14e+12)+	2.2766e+12 (3.16e+11)

续表

Problem	M	D	NSGA-Ⅲ	MOEAD-PaS	MOMB-Ⅲ	PREA	S-CDAS	NSGA-Ⅲ-NED
WFG9	5	14	1.7555e+8 (1.18e+7)+	6.1252e+7 (1.03e+7)−	6.3188e+7 (7.73e+6)−	2.0980e+8 (1.52e+7)+	7.7479e+7 (1.33e+7)−	1.5597e+8 (9.65e+6)
	10	19	1.1900e+11 (7.98e+9)+	9.4857e+6 (3.63e+7)−	8.8272e+9 (1.89e+10)−	3.1227e+11 (2.62e+10)+	1.5484e+11 (3.86e+10)+	1.1020e+11 (8.30e+9)
	15	24	4.3130e+12 (7.70e+11)=	5.7521e+3 (2.56e+4)−	1.1335e+9 (7.12e+8)−	2.2137e+13 (2.82e+12)+	1.6233e+13 (3.60e+12)+	4.3982e+12 (7.51e+11)
+/−/=			**15/7/8**	**1/27/2**	**1/29/0**	**15/12/3**	**7/20/3**	

注："+""−""="分别表示结果明显好于、明显差于和统计上类似于 NSGA-Ⅱ-NED 获得的结果，后同。

从表 6.1 可以看出，我们的算法在 30 个问题中在 5 个问题上得到了最好的 IGD 值，在 12 道题中得到了次优值。在 DTLZ5、DTLZ6 和 MaF3 上，我们的算法在所有测试实例中都有最好和次好的 IGD 值。此外，DTLZ5 在目标方面表现最佳。除 DTLZ2 外，该算法在所有凹面测试实例上至少得到一个最佳或次优 IGD 值。以 5 个目标、14 个决策变量的 DTLZ4 问题为例，NSGA-Ⅲ的结果为 0.3689，MOEAD-PaS 的结果为 0.4861，MOMBI-Ⅱ的结果为 0.2927，PREA 的结果为 0.4041，S-CDAS 的结果为 0.6439，NSGA-Ⅲ-NED 的结果为 0.2814，得到了最佳值。

DTLZ2 问题的 Pareto 前沿是凹的、单峰的。该算法生成的理想 PF 是一组均匀分布在超平面上的点集。在计算个体间的相邻距离时，误差较大，这可能导致所提出的算法对 DTLZ2 问题的结果不甚理想。在 WFG3 和 WFG9 上，我们的算法对于每个测试函数只得到一个次优的 IGD 值。WFG9 和 WFG3 都是不可分离的。它们是复杂的测试实例，使得算法很难根据一组均匀分布的参考点收敛到真实 PF。

对于 MaF3，NSGA-Ⅲ在 IGD 值的所有问题上的性能都比我们的算法差。MaF3 的 PF 是凸的，预先提供的参考权向量导致种群在中间区域聚集(例如，NSGA-Ⅲ得到的解)。但是所提出的 NSGA-Ⅲ-NED 在 MaF3 上表现良好。与 NSGA-Ⅲ不同，我们的算法使用了 NED，避免了在选择过程中过度集中的点。

同时，值得注意的是，在 WFG3 和 WFG9 的 IGD 值比较中，PREA 的性能优于其他算法，包括提出的 NSGA-Ⅲ-NED。其原因在于，与其他算法的解相比，本文提出的 PREA 方法得到的解更接近于这些问题的 PF。此外，PREA 算法的最终结果的多样性也优于其他算法。表 6.2 证明了这一点。

如表 6.2 所示，所提出的算法在 8 个问题中达到最佳 IGD 值，在 4 个问题中达到次最佳 IGD 值。在 WFG3 和 WFG9 上，其结果也不比 NSGA-Ⅲ和 PREA 好。然而，我们的算法在其他凹面测试中至少得到一个最佳或次优局部放电值实例。对于以 5 个目标和 14 个决策变量的 DTLZ4 问题为例，得到了最优值。

该算法在 DTLZ1 和 DTLZ3 上的两个测试问题中都达到了最佳 PD 值。在 MaF6 上，虽然该算法仅在 10 个目标问题上得到最佳值，但在其他问题上也得到次优值。PREA 在 DTLZ5、DTLZ6、WFG3 和 WFG9 的所有问题上表现最佳。在删除过程中，所提出的 PREA 多样性保持机制总是将两个最近个体之间适应值较小的个体排除，这可能有助于获得的结果在 PF 上均匀分布。我们的算法很难达到这种效果。

为了直观地显示这些算法的性能,我们还比较了这些算法的 Pareto 前沿。对于具有 5 个目标和 14 个决策变量的 DTLZ4,图 6.3 显示了真实的 PF。图 6.4 用平行坐标表示 Pareto 前沿比较。

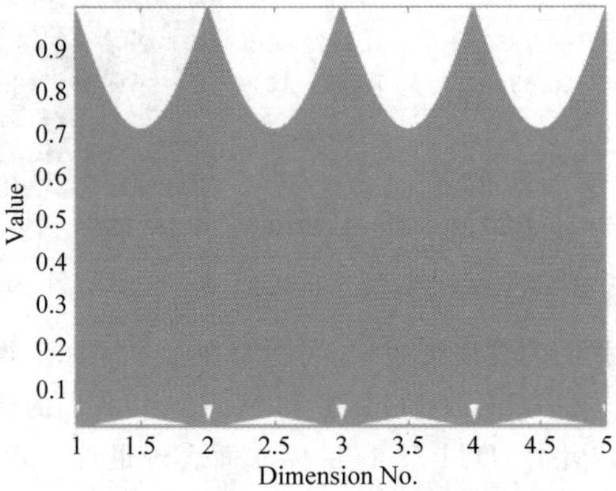

图 6.3 DTLZ4 在 5 个目标下的真实 PF

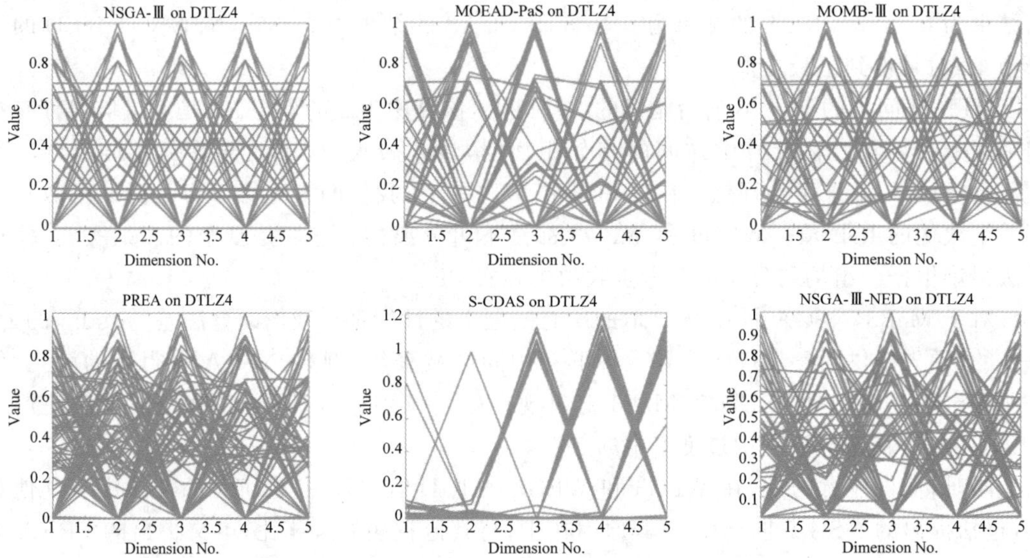

图 6.4 NSGA-Ⅲ-NED 的 PFs 比较

横轴代表目标维度,纵轴代表目标函数值。在图 6.3 中,给出了 DTLZ4 问题的实际 PF。图 6.4 中给出了在该情况下每个算法的平行坐标图。结合图 6.4,我们可以分析收敛性、覆盖性和均匀性。

首先,从收敛性的角度来看,NSGA-Ⅲ、MOEAD/D-Pas、MOMBI-Ⅱ、PREA 和 NSGA-Ⅲ-NED 的目标值范围均为 0~1,这与真实 PF 对应的目标值范围一致,但 S-CDAS 在第四和第五维度的目标值明显高于 1。这意味着许多 NSGA-Ⅲ 的个体不能收敛,并且它们与真实 PF 有一定距离。

从覆盖的角度来看,S-CDAS 算法的整体覆盖面积明显小于其他算法,且覆盖范围更为集中。虽然所有的算法都覆盖了所有 10 个目标,但除了 NSGA-Ⅲ-NED 和 PREA 在 0.5~

0.7 的区域，其他算法的解都不能覆盖很大的区域。所以它们的覆盖率比其他算法好。

作者认为，平行坐标系中的均匀分布总是意味着均匀解集，但平行坐标系中的均匀性差并不意味着分布不良的解集。由此可见，MOEAD-PaS 和 MOMBI-Ⅱ的一致性较好，NSGA-Ⅲ、PREA 和 NSGA-Ⅲ-NED 可能比前三种算法具有更好的一致性。

综上所述，结合比较算法得到的最优前沿覆盖了实际最优前沿的比例和分布效应。结果表明，由 NSGA-Ⅲ、PREA 和 NSGA-Ⅲ-NED 得到的解与真实 PF 相近。实验结果表明了该算法的有效性。

第7章 基于世代距离指标和改进小生境方法的进化算法

本章首先介绍了几种基于指标的高维多目标进化算法；其次提出了一种基于世代距离指标和改进小生境方法的进化算法；最后将提出的算法与现有算法进行数值实验比较，并对数值实验结果进行分析，实验结果表明提出的算法是有效的。

7.1 引言

随着目标数量的增加，传统的 MOEAs 将导致收敛压力降低或停滞。具体地说，随着目标数量的增加，非支配解在种群中所占的比例急剧上升。基于指标的进化算法是求解高维多目标优化问题一类有效的方法，由于指标被设计用于衡量算法的性能，所以基于指标去选择下一代种群就是选择那些能够促进指标值更好的候选解，以促进算法的性能。例如，几种基于超体积指标 HV 的 MOEA 用于求解多目标优化问题，但是在求解 MaOPs 时它们的主要缺点是计算 HV 值的开销昂贵。为此，一种用蒙特卡罗模拟的 HypE 算法来估计 HV 值，与以前的 HV 值精确计算相比，降低了计算成本。一种基于 Δp 指标的 Δp-EMOA 最早用来求解双目标优化问题，并进一步推广到三目标优化问题，将 Δp 指标与差分进化结合起来的进化算法解决了最多 10 个目标的 MaOPs 问题。此外，基于 IGD 指标和 R2 指标的进化算法也被提出用于求解高维多目标优化问题。下面介绍两种基于指标的 MaOEA 算法。

1. 基于 HV 指标的协同进化算法

在这种方法 IBC-CCBC 中，超体积 HV 值被引入协进化算法中，以计算每个个体的贡献，并选择潜在个体进入下一代种群。超体积是一个已知的指标，它的最大化等同于找到 Pareto Set。计算解集 HV 值的计算方法见式(7-1)，IBC-CCBC 为了选择潜在的好解进入下一代，利用如下公式计算每一个个体对解集 HV 值的贡献度，对于种群中的一个解 $\boldsymbol{x}$

$$\mathrm{Con}_x = \mathrm{HV}(F) - \mathrm{HV}(F \backslash \{f(\boldsymbol{x})\}) \tag{7-1}$$

其中，$\mathrm{HV}(F)$表示整个种群的 HV 值；$\mathrm{HV}(F\backslash\{f(\boldsymbol{x})\})$表示种群中除去解 $\boldsymbol{x}$ 后计算得到的 HV 值。该方法用此公式来计算每一个解对 HV 值的贡献度，然后丢弃那些贡献度小的解，它能够有效地选出潜在的解并在 MaOPs 中显示了良好的性能，该方法的局限性在于计算超体积值需要大量的计算开销。

2. 基于 IGD 指标的进化算法

在这种方法 MaOEA/IGD 中，提出将种群中的个体分成三个等级进行选择。假设 U 是一组均分在理想 PF 上的参考点，如果个体 $\boldsymbol{x}$ 至少支配 U 中的一个点，则将 $\boldsymbol{x}$ 的层级标记为 1；如果 $\boldsymbol{x}$ 与 U 中所有的点都互不支配，则将 $\boldsymbol{x}$ 的层级标记为 2；如果 $\boldsymbol{x}$ 被 U 中所有的点都支配，或被 U 中部分点支配但与其余解互不支配，则将 $\boldsymbol{x}$ 的层级标记为 3。

该算法的选择机制是按层级优先顺序由低到高选择个体进入下一代。当某一等级的个体数量超过要保留的个体数量时，选择那些能使得 IGD 值最小的个体进入下一代，即从当前等级选出要保留数量个解，使得 U 到它们的距离是最小的，这是一个线性规划问题，该算法使用匈牙利方法来解决。计算相邻距离的方法将在以下段落中给出。

综上，现有算法的主要局限性是：基于超体积 HV 指标的算法在计算 MaOPs 时花费了大量的计算量在计算 HV 值，IGD 和 HV 都是评价 MaOEAs 收敛性和多样性的指标，选择基于单纯度量收敛性指标的进化算法能够进一步促进算法的收敛性。基于这一点考虑，我们提出了一种基于 GD 指标的进化算法用于求解高维多目标优化问题，同时为了保证多样性，提出了一种改进的基于候选解角度的小生境方法。

7.2 新提出的算法 GD-MAOEA

在这一部分中提出了一种基于世代距离指标和改进小生境方法的进化算法 GD/MaOEA，首先概述整个算法，然后详细说明算法的各个步骤。

7.2.1 算法框架

假设 $P_t=\{\boldsymbol{x}_1^t,\boldsymbol{x}_2^t,\cdots,\boldsymbol{x}_N^t\}$是第 t 代种群，其中 N 表示种群大小。通过交叉和变异操作得到了后代 Offspring_t，为了得到 P_{t+1}，需要从 $F_t=P_t\cup\text{Offspring}_t$ 选出 N 个解。通过非支配排序，假设 F_t^i 是第 i 层个体组成的解集，其数量为 $|F_t^i|$。从第 1 层开始依次把该层的个体选择到下一代种群中，若

$$\sum_{i=1}^{r-1}|F_t^i|<N \quad 且 \quad \sum_{i=1}^{r}|F_t^i|>N \tag{7-2}$$

则第 r 层的个体不能再直接加入 P_{t+1} 中，非支配排序的效用停止。事实上，在高维多目标优化问题中，随着目标数量的增加，非支配排序在第 1 层就失去了选择能力，即 $F_t^1>N$。

世代距离指标 GD 的设计初衷是衡量解集的收敛性，在计算 GD 值时，对于个体 $\boldsymbol{x}$，假设其对应的目标向量为 $\boldsymbol{f}$，需要计算 $\boldsymbol{f}$ 到理想 PF 上一组均匀分布的点集 U 的最小距离，我们称该距离为 $\boldsymbol{f}$ 的邻近距离。对于种群中的个体，若按邻近距离由小到大选择个体，则 GD 的值是最小的，由于 GD 值越小解集的收敛性越好，这种选择方法就可以促进算法的收敛能力。由此为主要动机，学者们提出了算法 GD/MaOEA，算法的主要框架如下。

算法 7.1：GD/MaOEA 的主要框架。

1 P_0←随机初始化生成初始种群

2 通过非支配排序(non-dominated sorting)对个体分层

$\widetilde{U}$←生成一组均匀分布在超平面上的参考点集
t←进化代数初始化为 0
while 算法的终止条件不满足 **do**
  Offspring_t←通过交叉和变异操作生成后代
  P_{t+1}←从 $F_t = P_t \cup \text{Offspring}_t$ 中选择下一代种群(见算法 7.2)
  $t \leftarrow t+1$
end

算法 7.1 概述了整个算法,其中$\widetilde{U}$是使用文献中的方法生成的一组均匀分布在超平面上的参考点集,通过种群中的理想点和最坏点,将$\widetilde{U}$映射成理想 PF 上一组均匀分布的点集 U。

7.2.2 选择框架

为了在解的第 r 层选出 $N - \sum_{i=1}^{r-1} |F_t^i|$ 个解进入 P_{t+1},参照 GD 值的计算方法,希望从 F_t^i 中按照邻近距离由小到大的顺序添加解到 P_{t+1}。在求解 MaOPs 时,由于事先不知道问题的真实 PF,为了计算解的邻近距离,我们生成一组理想 PF 上的点集 U(见 6.2.3 节)来计算邻近距离。

通过欧氏距离计算个体的邻近距离,可能会导致一些优秀的得到了较大的邻近距离(见 6.2.3 节),我们采用改进的邻近距离计算方法解决了这一问题。此外,若直接按照邻近距离的排序选择个体,可能会导致多样性恶化,为此,我们提出了一种改进的小生境方法来维持解集的多样性(见 6.2.4 节)。由于本章的创新点主要在选择操作中,下面先介绍选择的框架。算法 7.2 是选择操作的框架,通过对个体非支配排序对于选择操作中的细节将在下面的章节中给出。

7.2.3 计算个体的邻近距离

为了给 $|F_t^i|$ 中的解分配邻近距离,首先,由于 MaOPs 的真实 PF 未知,我们需要在理想 PF 上生成一组均匀的参考点 U,文献[8]中提出了生成一组均匀分布在超平面上的参考点集$\widetilde{U}$的方法,然后映射到理想 PF 上生成 U。其次,由于传统的欧氏距离计算方法可能会导致收敛性强的点得到较大的邻近距离,采用文献[8]中提出的改进方法计算解的邻近距离。最后,为了保证解集的宽广性,人为地为极值点分配较小的邻近距离,强制保留极值点进入下一代种群。

算法 7.2:选择的框架。
输入:待选择个体 $F_t = P_t \cup \text{Offspring}_t$
输出:选择得到的后代 P_{t+1}
$P_{t+1} \leftarrow \varnothing$
通过非支配排序(non-dominated sorting)对个体分层
function Choose(F_t^r, Ranks)

　　　F_t^i←第 i 层个体
　　　if $\sum_{i=1}^{r}|F_t^i|=N$ **then**
　　　　选择$\{F_t^1,F_t^2,\cdots,F_t^r\}$进入 P_{t+1}
　　　　break
　else
　　　选择$\{F_t^1,F_t^2,\cdots,F_t^{r-1}\}$进入 P_{t+1}
　　　F_t^r←第 r 层个体
　　　U←映射$\widetilde{U}$生成一组理想 PF 上均匀分布的点集(见算法 7.3)
　　　为个体计算邻近距离
　　　Ranks←通过改进的小生境方法重新对 F_t^r 中的个体分层(见算法 7.4)
　　　function Choose(F_t^r,Ranks)
　　end
　end
　return P_{t+1}

1. 生成一组理想 PF 上均匀分布的参考点

假设 $U=\{u^1,u^2,\cdots.u^l\}$是理想 PF 上一组均匀分布的参考点(l 表示 U 的大小),为了得到 U,首先要从 F_t^r 中找到最坏点、理想点,其定义如下所示。

定义 7.1

最坏点:定义最坏点为 $F^{\max}=(f_1{}^{\max},f_2{}^{\max},\cdots,f_m{}^{\max})$,其中 $f_i{}^{\max}$表示 F_t^r 在第 i 个目标上的最大值。

定义 7.2

理想点:定义理想点为 $F^{\min}=(f_1{}^{\min},f_2{}^{\min},\cdots,f_m{}^{\min})$,其中 $f_i{}^{\min}$表示 F_t^r 在第 i 个目标上的最小值。

当得到点集$\widetilde{U}$、最坏点和理想点后,将$\widetilde{U}$映射得到理想 PF 上的一组均匀点集 U,其计算方法如算法 7.3 所示。

算法 7.3:生成理想 PF 上的均匀点集 U。

输入: 第 r 层个体 F_t^r,超平面上的均匀点集$\widetilde{U}$
输出: 理想 PF 上的均匀点集 U

$F^{\max}$←按照定义 7.1 得到最坏点
$F^{\min}$←按照定义 7.2 得到理想点
for i ← 1 to l **do**
　　for j ← 1 to m **do**
　　　$U_{ij}=\widetilde{U}_{ij}\times(F_j^{\max}-F_j^{\min})+F_j^{\min}$
　　end

end

return U

算法 7.3 是通过映射 $\widetilde{U}$ 得到的理想 PF 上一组均匀分布的点集 U，其中 l 是 $\widetilde{U}$ 和 U 的大小，m 为目标函数的个数。

2. 邻近距离的计算方法

对于 F_t^r 中的一个解 $\boldsymbol{x}$，其对应的目标向量为 $\boldsymbol{f}$，为了计算它的邻近距离，即 $\min\limits_{\boldsymbol{u}\in U}\|\boldsymbol{f}-\boldsymbol{u}\|$（令 $d(\boldsymbol{f},\boldsymbol{u})=\|\boldsymbol{f}-\boldsymbol{u}\|$ 表示 $\boldsymbol{f}$ 到 $\boldsymbol{u}$ 的距离），须首先计算 $\boldsymbol{f}$ 到 U 中每一个点的距离，然后取最小。一般地，$d(\boldsymbol{f},\boldsymbol{u})$ 是通过欧氏距离计算的，即

$$d(\boldsymbol{f},\boldsymbol{u})=\sqrt{\sum_{k=1}^{m}(f_k-u_k)^2} \tag{7-3}$$

其中，f_k 和 u_k 分别表示 $\boldsymbol{f}$ 和 $\boldsymbol{u}$ 在第 i 个目标上的函数值。邻近距离越小，解的收敛性越好，但在解决 MaOPs 问题时，真实 PF 是未知的，对于比理想 PF 上的参考点更好的解，可能获得较大的邻近距离。

如图 7.1 所示，黑色实点表示理想 PF 上的参考点，$p_1 \sim p_7$ 是七个互不支配的候选解，从 p_i 引到参考点上的实线表示 p_i 的邻近距离，显然，结果是不合理和不可接受的。例如，p_4 具有最佳收敛性，但得到了最大相邻距离，p_4 显然应该得到最小的邻近距离。在文献[2]中，该作者修改了 $d(\boldsymbol{f},\boldsymbol{u})$ 的计算方法，其计算公式如下：

$$d'(\boldsymbol{f},\boldsymbol{u})=\sqrt{\sum_{k=1}^{m}\max(f_k-u_k,0)^2} \tag{7-4}$$

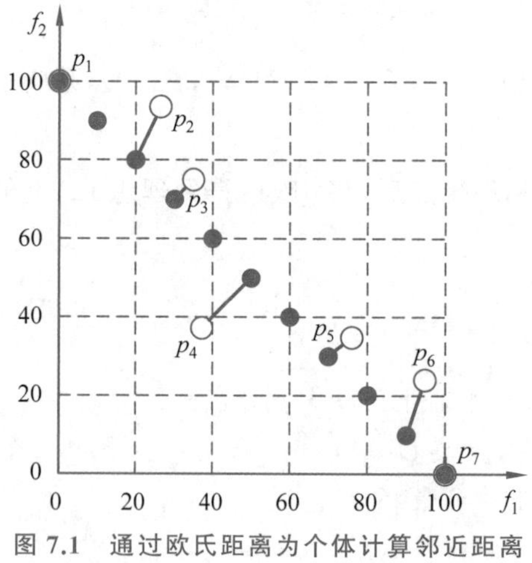

图 7.1 通过欧氏距离为个体计算邻近距离

修改后，支配参考点的解得到的邻接距离为 0，与参考点互不支配的解得到的邻近距离要小于欧氏距离，被参考点支配的解得到的邻近距离保持不变，我们采用这一方法来计算解的邻近距离。

3. 极值点保留

极值点是指 F_t^r 中在某一个目标上具有最小目标值的解（如图 7.1 所示的 p_1 和 p_7），为了保证所求得解集的宽广性，将极值点的邻近距离人为地修改为−1。

7.2.4　改进的小生境方法对解重新分层

通过上文介绍的计算方法，F_t^r 中的解得到了邻近距离，但是直接通过邻近距离由小到大的排序选择个体进入下一代种群 P_{t+1} 是不合理的，这可能导致多样性的恶化。如图 7.2 所示，通过一个两目标优化问题来解释这种可能性，黑色实点表示理想 PF 上的参考点，p_8～p_{14} 是 7 个互不支配的候选解，从 p_i 引到参考点上的实线表示 p_i 的邻近距离。如果直接按邻近距离由小到大的顺序选择，p_{10}～p_{12} 将会比 p_9 和 p_{13} 被优先选择，虽然 p_{10}～p_{12} 离理想 PF 的距离更近，但是它们拥挤在一个较小的区域，可能会导致算法陷入局部最优，为了得到分布均匀的解，作者提出了一种改进的小生境方法来保持多样性。

在 NSGA-Ⅲ算法提出了一种基于每对候选解之间夹角的小生境方法来保持多样性。通过设置个体所属的小生境 niche 大小，每个个体只与其同在一个 niche 的个体进行比较。设 θ 是个体归属的小生境大小，在文献中首先求出每个个体与最近个体的夹角，去重后取其中第 i 小的夹角为 θ 的取值（i 为要保留个体的数量），每个小生境内选择一个解，可以选择出不超过 i 个解，不足的解随机选择。这个方法的局限性在于：①较大的 θ 不利于维持多样性；②个体间比较顺序不同可能导致排序结果不同。接下来，首先通过一个例子来说明设置 θ 的大小对多样性的影响，然后设计了一种不受比较顺序影响的排序方法对个体进行分层。

1. 小生境 niche 的大小设置方法

用一个双目标优化问题来说明设置 θ 的动机，如图 7.3 所示，p_{15}～p_{20} 是六个互不支配的候选解，假设现在需选择三个个体进入下一代种群。为了设置 θ，我们首先计算每个个体与其他个体之间的最小夹角（如图 7.3 所示，最小夹角分别为 4、2、1、1、5）。按照 NSGA-Ⅲ算法选取最小夹角去重后第 3 小的夹角，θ 会被设置为 4，p_{20} 由于在其 niche 内没有其他解，

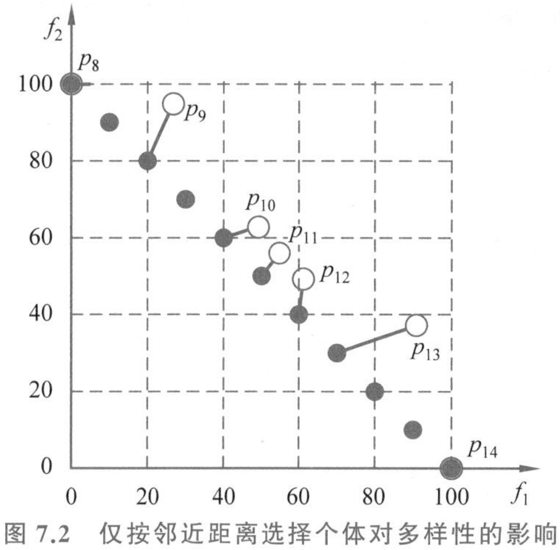

图 7.2　仅按邻近距离选择个体对多样性的影响

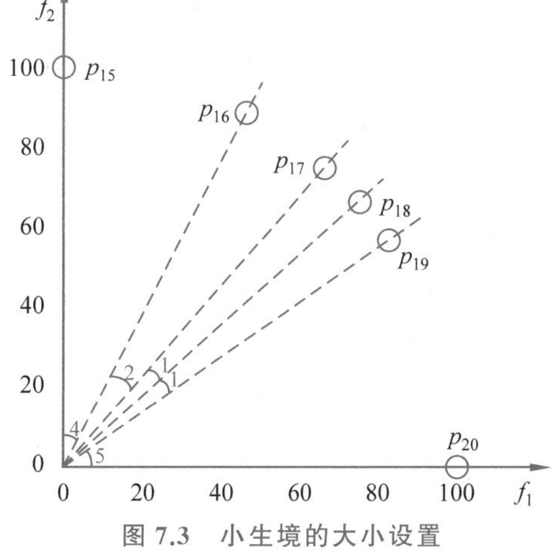

图 7.3　小生境的大小设置

被标记为第 1 层。在剩下的个体中，若 p_{16} 的邻近距离越小被标记为 1，则其他 4 个解由于都在 p_{16} 的 niche 中，最后一个解会通过随机选择出来，即若标记为 1 的个体小于要保留的个数，是不利于保持多样性的。

在 GD/MaOEA 中，我们设置 θ 为第 i 小的夹角，这样的设置会选择出不少于 i 个解（i 为要保留个体的数量）。如果选择过程中超出 i 个解，则当前分层中的个体将会重新分层（见算法 7.2 第 14 行），迭代选择直到与剩余保留数量等量的个体被选择出来。

2. 一种新的比较算法为个体重新分层

当设置好 θ 后，个体之间的比较顺序可能导致分配不合理的层级。图 7.4 以一个双目标优化问题为例，说明了比较顺序对排序的影响，并给出了消除比较顺序影响的方法。

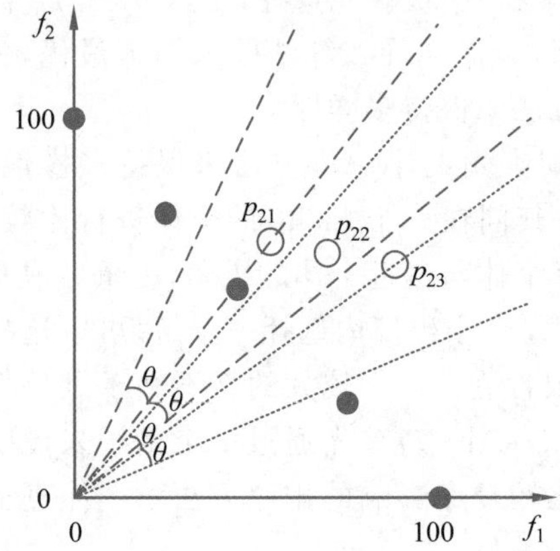

图 7.4　比较顺序对重新分配层级的影响

如图 7.4 所示，黑色实点表示理想 PF 上的参考点，$p_{21} \sim p_{23}$ 是三个互不支配的候选解，p_{21} 和 p_{23} 的 niche 范围用两种不同样式的虚线画出，且可以看出 p_{22} 即在 p_{21} 的 niche 也在 p_{23} 的 niche 中。由于 p_{21} 距离理想 PF 最近，应该得到较小的分层，出于对多样性的考虑，p_{23} 的分层应该要小于 p_{22}。

对于分层策略，如果当小生境内存在未标记的个体，假设策略为若邻近距离最小的个体未被标记，则将其标记为 1，其他个体标记为 2，若邻近距离最小的个体已经被标记，则剩下其他个体的标记值为其标记值加 1。当个体的比较顺序为 $p_{21} \rightarrow p_{22} \rightarrow p_{23}$，则结果为 p_{21} 标记为 1，p_{22} 标记为 2，p_{23} 标记为 3。但是当比较顺序为其他情况如 $p_{23} \rightarrow p_{22} \rightarrow p_{21}$，则结果为 p_{22} 标记为 1，p_{23} 标记为 2，到 p_{21} 时，由于在它的 niche 内最优标记为 1，与前一个例子结果不同，即若某个解在其小生境内最优，须进一步更新其余解的标记（即使其余解已经标记过）。又如 $p_{22} \rightarrow p_{21} \rightarrow p_{23}$ 结果为 p_{21} 标记为 1，p_{22} 和 p_{23} 标记为 2，结果也不同，须对 p_{22} 和 p_{23} 进一步再比较。

总之，比较顺序的不同对小生境内的个体分层是有影响的，且即使进一步更新分层 p_{23} 的优先级也不会高于 p_{22}。为了消除比较顺序的影响，并给多样性好的解赋予更高的优先级，设计了一种新的排序方法对个体进行分层，如算法 7.4 所示。

算法 7.4：一种新的比较算法为个体重新分层。

输入：第 r 层个体 F_t^r，要选择个体数 $N - \sum_{i=1}^{r-1} |F_r^i|$，个体的邻近距离

输出：新的层级 Ranks

```
for i←1 to |F_t^r| do
    Ranks_i = |F_t^r|
end
j←|F_t^r|
k←1
```

6 　**while** sum $\Big(\text{Ranks}== \big| F_t^r \big| < N - \sum\limits_{i=1}^{r-1} \big| F_t^i \big|\Big)$ **do**

7 　　**while** sum(Ranks$==j$)$\neq 0$) **do**

8 　　　**for** $i \leftarrow 1$ to $\big| F_t^r \big|$ **do**

9 　　　　**if** Ranks$_i == j$ **then**

10 　　　　　**if** 第 i 个解的邻近距离在其 niche 内 rank 为 j 的个体中最小 **then**

11 　　　　　　Ranks$_i = k$

12 　　　　　　第 i 个解 niche 内 rank 为 j 的个体 rank 值加 1

13 　　　　　**end**

14 　　　　**end**

15 　　　**end**

16 　　**end**

17 　　$j \leftarrow j + 1$

18 　　$k \leftarrow k + 1$

19 　**end**

20 　**return** Ranks

在算法 7.4 中,所有个体的都初始化标记为 $j = \big| F_t^r \big|$,当前等级 r_2 初始化为 1,个体只能与其具有相同标记层级的个体进行比较。

(1) 如果某个个体在它的 niche 内,与和它标记都为 r_1 的个体相比邻近距离不是最小的,则先跳过标记它。

(2) 如果某个个体在它的 niche 内,与和它标记都为 r_1 的个体相比邻近距离是最小的,则将那些个体的标记值加 1,将它标记为 r_2。

(3) 重复前两步直到不存在个体的标记值为 r_1。

(4) 令 $r_1 = r_1 + 1, r_2 = r_2 + 1$,重复前三步直到标记值小于 $\big| F_t^r \big|$ 的个体数不小于要保留的个体数。

通过算法 7.4,不管个体间的比较顺序怎样,图 7.4 中个体的标记结果都为 p_{21} 被标记为 1,p_{22} 被标记为 2,p_{23} 被标记为 1。

▶ 7.3 数值实验结果及分析

为了测试提出的算法 GD/MaOEA 在高维多目标优化问题上的性能表现,在常用测试函数上与一些现有算法进行数值实验比较,下面首先介绍实验的参数设置,然后给出了实验结果,最后对实验结果做出分析。

7.3.1 参数设置

(1) 测试问题:为了评价算法 GD/MaOEA 的性能,我们在广泛使用的 DTLZ 测试套件和 MaF 测试套件上进行了测试。

(2) 遗传算子:利用模拟二项式交叉算子和多项式变异算子产生子代。具体来说,交叉概率设置为 1，变异概率设置为 $1/n$，其中 n 为决策变量的维数，交叉和变异的分布指数都设置为 20。

(3) 性能指标：在实验中，选择了逆世代距离 IGD 指标和 PD 指标作为度量算法性能的指标，所有的数值实验都是在 PlatEMO 上进行的。

① IGD 指标是度量解集的收敛性和多样性的指标，IGD 值越小，解集的收敛性和多样性越好。

② PD 指标是度量解集多样性的指标，PD 值越大，解集的多样性越好。

(4) 其他参数设置：对于所有的测试问题，种群的规模 N 均设置为 100，且均测试目标个数为 5、10、15 的多目标问题。每个算法对于每个测试问题独立地运行 30 次，并且函数评估的最大次数设置为 50 000。此外，使用具有 5% 显著性水平的 Mann-Whitney-Wilcoxon 秩和检验作为统计方法，将算法得到的 IGD 平均值和 PD 平均值与其他算法进行比较，其中"＋""－""＝"分别表示算法的实验结果显著好于、显著差于、统计学上相似于提出的算法 GD/MaOEA。

(5) 对比算法：为了验证 GD/MaOEA 的性能，选择最被广泛比较和代表性的算法 NSGA-Ⅲ、KnEA、MOEA/D、HypE 和 MOMBI-Ⅱ 与 GD/MaOEA 进行比较。

① NSGA-Ⅲ：NSGA-Ⅲ是基于参考点的高维多目标 NSGA-Ⅱ，即当要选择的解互不支配时，选择那些接近参考点的非支配解作为下一代的候选解，由于参考点是一组均匀在超平面上的点集，这样选择的目的是为了保持解集的多样性。

② KnEA：KnEA 是一种基于膝关节点(knee points)驱动的进化算法，它的基本思想是，如果没有给出明确的用户偏好，那么 knee points 是非支配解中最受欢迎的解，且证明了对当前种群非支配解中的膝点偏好，是对得到越大的超体积指标 HV 值的近似。此外，由于在非支配前沿的每个解的邻域内，至多有一个解被识别为一个 knee point，因此在该算法中不需要引入额外的多样性保持机制，与现有的多目标优化算法相比降低了多目标优化算法的计算复杂度。

③ MOEA/D：MOEA/D 将 m 个目标的问题分解为一组单目标优化问题，每个子问题在其邻域中都受到相应的参考向量约束。

④ HypE：HypE 是一种基于指标的算法，HypE 使用蒙特卡洛模拟来估计超体积指标 HV 值，这使得用户能够在准确性和计算时间之间进行权衡。

7.3.2 实验结果及分析

按照上文提到的参数设置，我们在 MATLAB 上进行了数值实验并得到了实验结果，下面按照测试函数套件一次给出实验结果及分析。

1. DTLZ 测试套件上的实验结果及分析

在 DTLZ 测试套件中，一个 m 维目标函数的测试问题具有 $k+m-1$ 维决策变量，其中 k 在 DTLZ1 上设置为 5，k 在 DTLZ2DTLZ4 设置为 10。在 DTLZ1-DTLZ4 测试问题上得到的 IGD 平均值结果如表 7.1 所示。对于每个问题，含最优 IGD 平均值的单元格添加深灰色背景标注，含次优 IGD 平均值的单元格添加浅灰色背景标注。在 DTLZ1-DTLZ4 测试问题上得到的 PD 平均值结果如表 7.2 所示，含每个问题的最优 PD 平均值的单元格添加深灰色背景标注，含次优 PD 平均值的单元格添加浅灰色背景标注。

表 7.1　算法在 DTLZ 问题上得到的 IGD 平均值统计结果

Problem	M	NSGA-Ⅲ	KnEA	MOEA/D	HypE	GD/MaOEA
DTLZ1	5	6.8671e−2=	2.0690e−1−	6.8382e−2=	2.8154e−1−	6.8349e−2
	10	2.6981e−1−	6.6216e+0−	1.3864e−1=	4.6894e−1−	1.3785e−1
	15	3.9443e−1−	9.9461e+0−	1.7096e−1+	5.4984e−1−	2.2449e−1
DTLZ2	5	2.1227e−1+	2.3910e−1+	2.1210e−1+	4.6629e−1−	2.6515e−1
	10	6.6050e−1−	5.2366e−1+	5.0212e−1+	9.1837e−1−	5.7034e−1
	15	9.2256e−1−	6.4568e−1+	1.0762e+0−	1.0699e+0−	6.8444e−1
DTLZ3	5	7.1600e−1−	5.7052e−1−	7.2596e−1−	2.4174e+0−	2.7795e−1
	10	2.0730e+1−	2.9331e+2−	9.0393e−1+	6.7082e+0−	3.5832e+0
	15	1.0806e+1−	3.4501e+2−	1.3053e+0+	8.3597e+0+	9.3321e+0
DTLZ4	5	3.0428e−1=	2.3524e−1−	4.5839e−1−	6.9451e−1−	2.1749e−1
	10	6.8847e−1−	5.1558e−1−	7.7251e−1−	9.8147e−1−	4.9399e−1
	15	9.2920e−1−	6.4143e−1=	1.0095e+0−	1.0849e+0−	6.4901e−1
+/−/=		1/9/2	3/8/1	5/5/2	1/10/0	

注：“+”“−”“=”分别表示算法的实验结果显著好于、显著差于、统计学上相似于提出的算法。

表 7.2　算法在 DTLZ 问题上得到的 PD 平均值统计结果

Problem	M	NSGA-Ⅲ	KnEA	MOEA/D	HypE	GD/MaOEA
DTLZ1	5	2.3133e+6−	3.5998e+6−	2.1624e+6−	3.4309e+6−	1.1417e+7
	10	1.1364e+9−	2.6316e+11+	2.6509e+9−	1.7890e+8−	5.4195e+10
	15	4.3487e+10−	1.2845e+13=	4.4226e+10−	5.7648e+8−	7.9344e+12
DTLZ2	5	4.5735e+6−	3.2025e+6−	4.2553e+6−	2.1260e+6−	3.1530e+7
	10	1.1928e+9−	6.3905e+7−	1.7080e+9−	1.9782e+8−	2.3764e+10
	15	7.3148e+10−	3.6508e+8−	5.6573e+10−	5.9316e+8−	1.3074e+12
DTLZ3	5	1.9054e+7−	5.1937e+6−	2.3435e+7−	2.3557e+7−	2.9215e+7
	10	2.1118e+10−	2.1297e+12+	2.4294e+9−	1.1388e+9−	2.7827e+11
	15	5.1025e+11−	1.0530e+14=	8.0095e+9−	3.0931e+9−	1.1555e+14
DTLZ4	5	3.9719e+6−	2.1859e+6−	2.4177e+6−	5.9054e+4−	3.0940e+7
	10	6.1418e+7−	1.9960e+6−	4.0401e+7−	1.1856e+4−	1.1048e+10
	15	4.7424e+7−	3.6602e+5−	2.6827e+8−	6.4371e+4−	9.3231e+10
+/−/=		0/12/0	2/8/2	0/12/0	0/12/0	

注：“+”“−”“=”分别表示算法的实验结果显著好于、显著差于、统计学上相似于提出的算法。

对于 DTLZ1 问题，MOEA/D 在 15 目标问题上得到了最优 IGD 值，在 5 目标和 10 目标问题上得到了次优的 IGD 值，GD/MaOEA 在 5 目标和 10 目标问题上得到了最优的 IGD 值。GD/MaOEA 在 5 目标问题的 PD 值最好，KnEA 在 10 目标和 15 目标问题的 PD 值最好。DTLZ1 的 Pareto 前沿是线性、多模态的，在这个测试问题上，提出的算法表现出良好的收敛性和多样性。

对于 DTLZ2 问题，MOEA/D 在 5 目标和 10 目标上取得了最优的 IGD 值，KnEA 在 15 目标问题上取得了最优的 IGD 值，在 15 目标问题上提出的 GD/MaOEA 得到了次优的 IGD 值。DTLZ2 问题的 Pareto 前沿是凹的，提出的算法生成的理想 PF 是一组均匀分布在超平面上的点集，在计算个体的邻近距离时与真实值误差较大可能导致提出的算法在 DTLZ2 问题上只在 15 目标上得到了次优的 IGD 值。对于 PD 指标得到的实验结果，GD/MaOEA 总是表现出最好的性能，这主要是由于改进小生境方法维持了良好的多样性。

对于 DTLZ3 问题，GD/MaOEA 在 5 目标问题上取得了最优的 IGD 值，在 10 目标问题上取得了次优 IGD 值，MOEA/D 在 10 目标和 15 目标上取得了最优 IGD 值。GD/MaOEA 在 5 目标和 15 目标问题上的 PD 值最佳，在 10 目标问题上也取得了次优值，KnEA 在 10 目标问题上的 PD 值最优。DTLZ3 问题的 Pareto 前沿是凹、多模态的，其局部最优 PF 前沿随目标个数的增加呈指数增长，这可能削弱算法的收敛能力而陷入局部最优，基于分解的 MOEA/D 将问题转换为一组单目标问题，避免陷入局部最优，而 GD/MaOEA 中提出的改进小生境方法在选择时在每个 niche 内分别选择，对于多模态问题也避免了陷入局部最优。

对于 DTLZ4 问题，KnEA 在 15 目标问题上得到了最优的 IGD 值，GD/MaOEA 得到了次优的 IGD 值。除此之外，GD/MaOEA 在其他所有情况下均获得最优 IGD 值和最优 PD 值。DTLZ4 问题的 Pareto 前沿是凹、有偏的，由于 DTLZ4 问题上解的密度分布是不均匀的，导致 DTLZ4 的主要挑战是保持种群的多样性，提出的算法在这个测试问题上表现出了最好的性能。

2. MaF 测试套件上的实验结果及分析

表 7.3 列出了算法在 MaF1、MaF2、MaF4、MaF6、MaF9、MaF13 问题上得到的 IGD 平均值结果。对于每个问题，包含最优 IGD 值的单元格添加深灰色背景标注，包含次优 IGD 值的单元格添加浅灰色背景标注。表 7.4 列出了算法在 MaF1、MaF2、MaF4、MaF6、MaF9、MaF13 问题上得到的 PD 平均值结果。对于每个问题，包含最优 PD 值的单元格添加深灰色背景标注，包含次优 PD 值的单元格添加浅灰色背景标注。

表 7.3 算法在 MaF 问题上得到的 IGD 平均值统计结果

Problem	M	NSGA-Ⅲ	KnEA	MOEA/D	HypE	GD/MaOEA
MaF1	5	2.4627e−1−	1.3624e−1+	2.4269e−1−	4.1601e−1−	1.5457e−1
	10	3.3019e−1−	2.7473e−1+	5.3436e−1−	4.7622e−1−	2.8423e−1
	15	3.7662e−1−	3.6420e−1−	6.4913e−1−	5.1238e−1−	3.3459e−1

续表

Problem	M	NSGA-Ⅲ	KnEA	MOEA/D	HypE	GD/MaOEA
MaF2	5	1.4442e−1−	1.4481e−1−	1.3481e−1−	3.0629e−1−	1.1278e−1
	10	3.5979e−1−	2.2715e−1=	3.8407e−1−	7.2273e−1−	2.2854e−1
	15	3.4869e−1−	2.2293e−1+	5.8140e−1−	7.4412e−1−	2.5116e−1
MaF4	5	1.5156e+1−	3.7922e+0−	1.1653e+1−	1.7971e+1−	3.6886e+0
	10	1.8976e+2−	5.0166e+2−	5.3369e+2−	6.0574e+2−	1.0303e+2
	15	5.5587e+3−	1.9086e+4=	1.6070e+4−	1.0537e+4−	3.2962e+3
MaF6	5	5.4492e−2−	2.3338e−2−	2.2461e−1−	4.7807e−1−	5.2884e−3
	10	1.0744e+0−	9.1656e+0−	4.0325e−1=	5.5985e−1=	7.1288e−1
	15	1.8390e+0+	2.2362e+1−	5.0862e−1+	1.0374e+0+	4.4613e+0
MaF9	5	4.0751e−1−	7.4801e−1−	1.9851e−1−	9.2309e−1−	1.5409e−1
	10	2.2558e+0−	1.0842e+2−	1.4202e+0−	9.3854e+0−	3.1912e−1
	15	2.6414e+0−	3.0696e+0−	5.4887e+0−	1.0794e+1−	3.1286e−1
MaF13	5	2.4539e−1−	2.3292e−1−	2.2084e−1−	6.3097e−1−	1.3915e−1
	10	3.7681e−1−	3.1016e−1−	9.7701e−1−	7.9897e−1−	1.8943e−1
	15	7.1996e−1−	3.5559e−1−	1.3255e+0−	9.1933e−1−	2.3011e−1
+/−/=		1/17/0	3/13/2	1/16/1	1/16/1	

注:"+""−""="分别表示算法的实验结果显著好于、显著差于、统计学上相似于提出的算法。

表7.4 算法在MaF问题上得到的PD平均值统计结果

Problem	M	NSGA-Ⅲ	KnEA	MOEA/D	HypE	GD/MaOEA
MaF1	5	1.5274e+7−	2.5379e+7=	2.6836e+6−	8.7651e+6−	2.6250e+7
	10	9.3470e+9−	1.5327e+10−	2.5020e+6−	5.2633e+9−	1.6854e+10
	15	1.8232e+11−	7.3178e+11+	6.6681e+7−	1.5245e+11−	6.2105e+11
MaF2	5	1.8038e+7−	1.3921e+7−	1.8503e+7−	4.0847e+6−	2.1516e+7
	10	6.9108e+9−	6.4990e+8−	6.7476e+9−	5.2862e+8−	2.0062e+10
	15	1.5203e+11−	1.28283e+10−	8.7902e+10−	7.3228e+9−	8.6116e+11
MaF4	5	7.6765e+8=	3.1051e+8−	1.2272e+7−	4.3221e+8=	9.3503e+8
	10	6.2328e+11−	3.8300e+12+	1.0061e+10−	2.8868e+12−	3.3778e+12
	15	8.3510e+13−	1.6493e+15+	5.5515e+11−	6.7849e+14+	3.4411e+14
MaF6	5	6.4789e+6−	7.8583e+6=	4.3158e+6−	1.5323e+6−	8.3109e+6
	10	1.2303e+11−	4.8826e+11+	9.5851e+8−	4.7791e+8−	3.1048e+11
	15	2.5224e+12−	3.5261e+13+	2.5381e+10−	3.4352e+10−	1.3713e+13

续表

Problem	M	NSGA-Ⅲ	KnEA	MOEA/D	HypE	GD/MaOEA
MaF9	5	6.0832e+8−	5.7301e+8−	4.2937e+7−	6.6842e+8−	1.8229e+9
	10	2.5220e+13+	3.8251e+13+	1.3531e+10−	1.1166e+13=	1.3762e+13
	15	7.3440e+14−	4.9559e+14−	3.1677e+11−	4.2439e+14−	7.5986e+14
MaF13	5	2.3465e+11−	1.8163e+11−	1.6529e+7−	2.5788e+9−	1.3470e+13
	10	6.3090e+16=	1.2181e+17=	1.7144e+9−	9.2218e+10−	1.4222e+21
	15	1.0734e+19=	1.3705e+19=	4.7425e+10−	1.2695e+14−	8.0952e+20
+/−/=		1/14/3	6/8/4	0/18/0	1/15/2	

注："+""−""="分别表示算法的实验结果显著好于、显著差于、统计学上相似于提出的算法。

对于 MaF1 问题，KnEA 在 5 目标和 10 目标问题上得到了最优 IGD 值，GD/MaOEA 在 15 目标问题上的 IGD 值最优，在 MaF1 问题上得到的 IGD 值优于 NSGA-Ⅲ、MOEA/D 和 HypE。MaF1 问题的 Pareto 前沿是线性的，且在任何目标子集上都没有单一的最优解，由此 MOEA/D 的表现不佳。在 PD 值方面，KnEA 在 15 目标问题上的 PD 值最优，GD/MaOEA 在 5 目标和 10 目标问题上的评价最好。

MaF2 问题的 Pareto 前沿是凹的，且在任何目标子集上都没有一个最优解。对于 MaF2 问题，MOEA/D 在 5 目标问题上得到了次优的 IGD 值，KnEA 在 10 目标和 15 目标问题上得到了最优的 IGD 值。GD/MaOEA 在 5 目标问题上的 IGD 值最优，在 10 目标和 15 目标问题上也取得了次优的 IGD 值。对于 PD 值，GD/MaOEA 在三个问题上都得到了最佳值，在多样性方面表现出了良好的性能。

对于 MaF4 问题，GD/MaOEA 在 5 目标、10 目标和 15 目标问题上都得到了最优的 IGD 值，对于 15 目标问题，KnEA 得到的 IGD 值统计上相似于 GD/MaOEA。GD/MaOEA 得到了 5 目标问题的最优 PD 值，KnEA 得到 10 目标和 15 目标问题的最优 PD 值。MaF4 问题的 Pareto 前沿是凹、多模态的，容易使得算法陷入局部最优，改进的小生境算法在每个 niche 内分别选择，提出的算法在 MaF4 问题上表现出良好的收敛性和多样性。

对于 MaF6 问题，GD/MaOEA 在 5 目标问题上得到了最优的 IGD 值和最优 PD 值。MOEA/D 在 10 目标和 15 目标上得到了最优的 IGD 值。KnEA 在 10 目标和 15 目标问题上得到了最优 PD 值。为了可视化看到算法在该问题上的性能表现，图 7.5 以每种算法 30 次运行中得到的 IGD 值的中值对应的解集绘图，展示了几种算法在 5 目标问题上得到的 Pareto 前沿。如图 7.5 所示，横轴表示目标维数，纵轴表示目标函数值，图 7.5 中首先给出了 MaF6 问题真实的 Pareto 前沿，各个算法得到的最优前沿随后给出，通过比较算法得到的最优前沿在真实最优前沿上覆盖了比例和分布效果，可以看出 HypE 收敛了到局部最优解，NSGA-Ⅲ、KnEA 和 MOEA/D 在保持多样性方面存在问题，GD/MaOEA 的表现在这个问题是最优的。

MaF9 问题的 Pareto 前沿是凹、退化的，对于 MaF9 问题，GD/MaOEA 在三个问题上都得到了最优的 IGD 值。GD/MaOEA 在 5 目标和 10 目标问题上的 PD 值最优，KnEA 在 10 目标问题上的 PD 值最佳，我们的算法在 MaF9 问题上表现出了良好的性能。

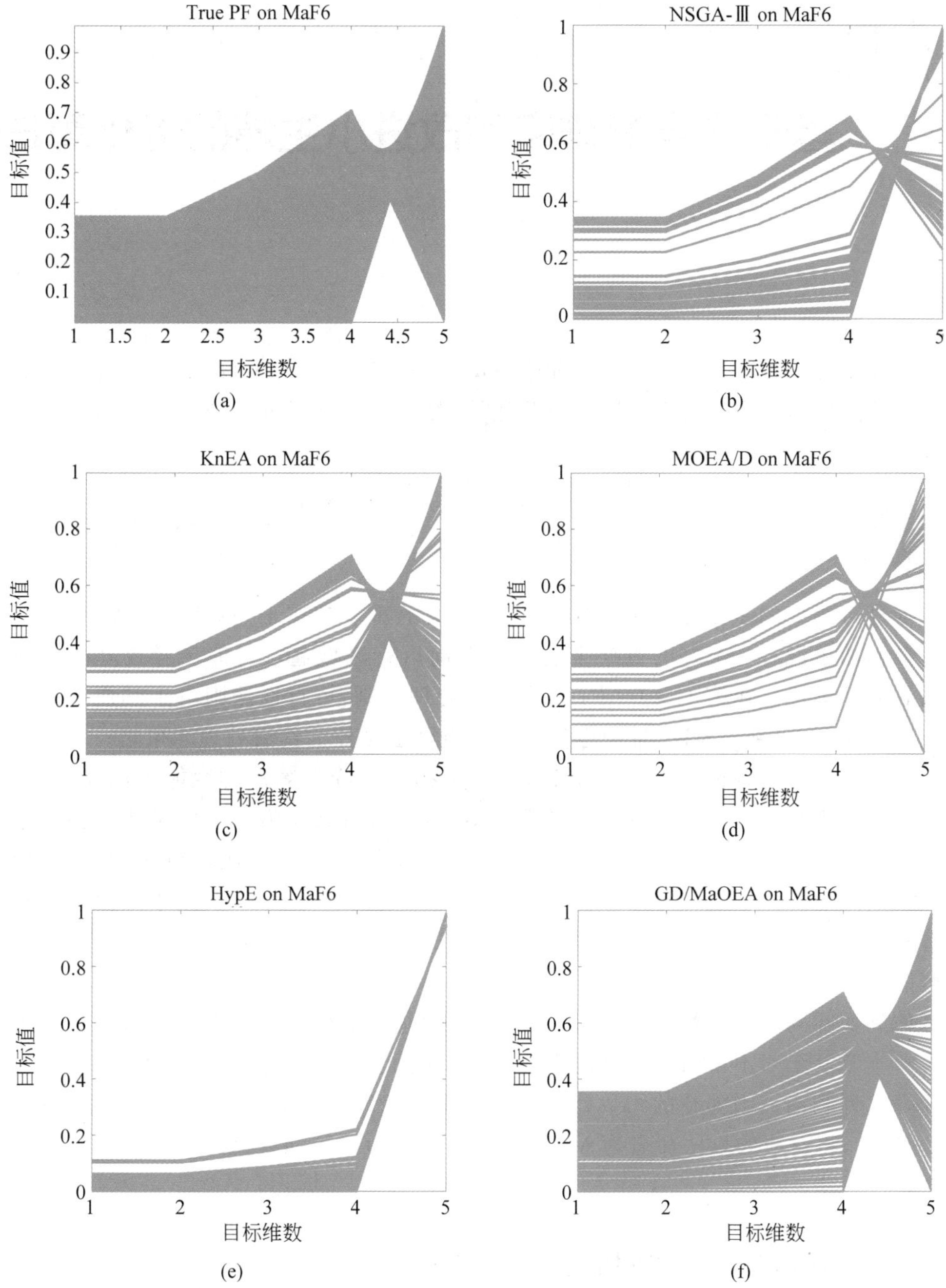

图 7.5　算法在 5 目标 MaF6 问题上的中值 IGD 值对应的解集

MaF13 问题的 Pareto 前沿是凹、单峰、不可分离的退化问题。对于 MaF13 问题，GD/MaOEA 在 5 目标、10 目标和 15 目标问题上都得到了最优的 IGD 值和最优的 PD 值。提出的算法在这个测试问题上表现出了最好的性能。

第 8 章 基于非支配排序和改进小生境的进化算法

本章提出了一种基于非支配排序和改进小生境的带约束的多目标进化算法，在对各个步骤进行详述后与多个流行算法进行实验比较，在对实验结果进行分析后可以得出该算法的有效性。

8.1 引言

在处理带约束的多目标优化问题时，需要解决的难点就在于约束时导致的可行区域过小或离散。如果没有一个好的策略来引导种群向可行区域逼近可能会导致算法收敛慢或者收敛到局部最优。在第 1 章介绍了很多约束处理机制，可行性法则由于其规则简单而在早期被广泛应用，直到 NSGA-Ⅲ中也使用了可行性法则作为约束处理的策略。后来人们逐渐发现不可行解蕴含着很多有用的信息，盲目地抛弃会降低算法的性能。比如，一个很靠近可行区域的不可行解对于种群来说是很有用的，可以将其作为一个桥梁使得种群进化到该可行区域，但是如果该不可行解和其他可行区域的可行解进行比较被淘汰时，这个宝贵的信息就消失了。出于这种考虑，ε 约束法对可行性法则进行了改进，其中阈值的设置对不可行解有一定的宽容性，使得那些违反度不是很高但收敛性很好的不可性解有继续参与进化的可能。

考虑到实际问题中的约束个数通常很多，而这些数量很多的约束就极易导致不可行区域很大。本章基于对不可行解信息的充分利用设计了一种新的约束处理机制并与 ε 约束法结合加强这种利用。因为新的约束处理机制主要是处理多约束问题，故本章将该机制命名为 MC-CHT，将对应的算法命名为 MC-MOEA，然后为了增强种群的多样性提出了一种改进的小生境方法。

8.2 新的约束处理机制 MC-CHT

在有多个约束的情况下，每一个约束都有自己的不可行区域，多个不可行区域叠加就会造成最终的可行区域狭小和离散，会产生非常多的局部最优陷阱。为了解决这种情况，本章设计了一种针对多约束的约束处理机制（multi-constraints CHT，MC-CHT）。在介绍之前先进行约束的约束能力的定义。

约束能力（constraint capability，CC）：假设有两个约束 C_a 和 C_b，C_a 决定的不可行区域大小为 Ω_a，C_b 决定的不可行区域大小为 Ω_b。如果 Ω_a 的面积或超体积大于 Ω_b 的面积或超

体积，我们就称 C_a 的约束能力强于 C_b。

MC-CHT 的核心思想是将约束根据约束能力进行排序，在算法运行中逐个加入，即在算法前期只考虑部分约束，随着算法运行到后期再考虑所有的约束。这样考虑部分约束就可以扩大搜索空间，同时将 MC-CHT 与 ε 约束法结合，进一步扩大搜索空间。下面通过两种约束情况来说明 MC-CHT 与 ε 约束法结合的优点。

（1）约束过多就会造成不可行区域重叠的情况，在决策空间的个体违反了多个约束，造成本身的违反度很高，但是这些个体在目标空间有可能处于可行区域边界附近。通过 MC-CHT 减少约束个数，这些个体的违反度会大大下降，再加上 ε 约束法进一步地将违约小的不可行解认为是可行解，因此存活概率会进一步提高。这些个体的宝贵信息就可以保留到种群中并为之后的进化提供助力。

（2）约束过多导致可行区域狭小和离散。在这种情况下，通常会产生非常多的局部最优陷阱。如果采用将可行解的优先度高于不可行解的策略，一旦种群陷入某个局部最优后就很难跳出来，因为这个区域足够小使得收敛后的种群多样性很差，而周围都是大片的不可行区域。使用 ε 约束法可以将原本的狭小的可行区域变得更大一些，但是这种作用可能还不足以使种群跳出陷阱。当计算部分约束的时候，可行区域之间就会因为约束的减少而产生联系。通过 MC-CHT 与 ε 约束法的结合，双重的压力会促使原本离散的可行区域会靠得更近。

8.3 新提出的算法 MC-MOEA

本节先介绍提出的基于非支配排序和改进小生境的多目标进化算法的整体框架，然后介绍每一个步骤及创新部分的动机。

算法框架：MC-MOEA 的主要框架可见算法 8.1。

首先，通过约束排序算法（见算法 8.2）对约束进行排序，得到约束强度由强到弱的一个序列，然后随机初始化生成种群。在进行主循环时，先通过全局选择（见算法 8.3）对初始种群进行一次中间计算得到代表解的收敛性，多样性和可行性的三个指标用于后续处理。在主循环中，通过已经得到的三个指标选择出父代，然后父代杂交与变异生成子代。合并父代和子代后全局选择做中间计算并选出下一代种群。直到算法终止，否则一直进行进化迭代。

8.3.1 约束排序

在这一步骤中我们要对约束根据其约束能力进行排序，但是由于我们缺乏对问题的先验知识，无法直接得知约束的相关信息。所以我们根据概率学上的估计来估算约束的约束能力。详细算法流程见算法 8.2，首先算法需要计算约束强度的种群大小 N_{MC} 和约束的个数 N_c，并规定第 i 个约束为 C_i。随机生成 N_{MC} 规模的种群 P_{MC}，然后设置约束 C_i 导致的不可行区域比例 ifp_i，以及种群中所有解在约束下 C_i 下的违反度 CV_i 为 0。

接下来开始计算。对于约束 C_i，先计算种群 P_{MC} 所有解在约束 C_i 下的违反度，如果 $C_i(x_j)>0$ 表明解 x_j 违反了约束 C_i，那么我们对 ifp_i 进行加一操作表示约束 C_i 的约束强度增加，同时将违反度 $C_i(x_j)$ 计入 CV_i 中。所有约束都进行一遍上述操作，得到每一个约束 C_i 的 ifp_i 和 CV_i，然后进行一次降序排序即 ifp_i 越大的 C_i 排在前面，当 ifp_i 相等时 CV_i 越大

的 C_i 排在前面。最终得到一个按照约束能力排序的约束序列(sorted constraints,SC)。

算法 8.1：MC-MOEA 的主要框架。

输入：种群规模 N,计算约束强度的种群大小 N_{MC},函数评估次数(算法终止条件)

输出：最终种群 P

1　排好序的约束(sorted constraints,SC)←约束排序算法(constrained sorting)(见算法 8.2)

2　P_0←随机初始化生成第一代种群

3　t←进化代数初始化为第 0 代

4　f_c,f_d,f_f←通过全局选择(environment selection)做中间计算(见算法 8.3)

5　**while** 算法没有达到终止条件 **do**

6　　P'←通过 f_c,f_d,f_f 选择父代(tournament selection)(见算法 8.6)

7　　P''←父代 P' 通过交叉变异生成子代

8　　S←合并子代与原种群 $P_t \cup P''$

9　　f_c,f_d,f_f,P_{t+1}←通过全局选择(environment selection)做中间计算并选出下一代

10　　t←$t+1$

11　**end**

算法 8.2：约束排序(constrained sorting)。

输入：计算约束强度的种群大小 N_{MC},约束个数 N_c

输出：排好序的约束(sorted constraints,SC)

1　P_{MC}←随机初始化生成一个规模为 N_{MC} 的种群

2　约束 C_i 的不可行区域比例 infeasible proportion (ifp$_i$)←初始化为 0,for $i=1,2,\cdots,N_c$

3　种群所有个体在约束 C_i 下的违反度 CV$_i$← 0 for $i=1,2,\cdots,N_c$

4　i←约束计数初始化为 0

5　**for** 每一个约束 C_i **do**

6　　j← 0

7　　**for** 每一个解 x_j **do**

8　　　**if** $C_i(x_j)>0$ **then**

9　　　ifp$_i$+=1

10　　　CV$_i$ += $C_i(x_j)$

11　　**end**

12　　j←$j+1$

13　　**end**

14　i←$i+1$

15　**end**

16　排好序的约束(sorted constraints,SC)←降序排序(ifp$_i$,CV$_i$)

8.3.2　全局选择

在全局选择（environment selection）步骤中，我们需要通过中间计算得到解的三种性质：收敛性、多样性和可行性，分别用 f_c、f_d、f_f 表示。然后再由这三种性质选择出下一代种群。首先，我们通过 MC-CHT 计算出在这一代种群中所有解的违反度，如果在 MC-CHT 规则下是可行解那么 f_f 就为 0，否则 f_f 就是违反度的大小。其次，得到了解的可行情况就通过非支配排序得到解的分布层数，因为层数越小表明收敛性越好，所以 f_c 就用层数表示。最后，使用改进的小生境方法获得种群的多样性，其好坏用 f_d 表示，多样性越好，f_d 越大。

接下来，开始进行选择，其中 F_l 表示第 l 层的所有解。从第一层开始依次将解加入下一代种群 P_{t+1} 中，如果数量还不够规定好的种群规模 N 就继续添加下一层，直到加入新的一层解导致数量超过了 N。这时收敛性就无法给到选择压力，我们通过多样性来进行进一步选择。在 F_l 选出足够数量的解加入 P_{t+1} 使得种群规模恰好为 N。

算法 8.3：全局选择（**environment selection**）。

输入： 第 t 代种群 P_t，种群规模 N，参数 φ，排好序的约束（sorted constraints，SC）

输出： 第 $t+1$ 代种群 P_{t+1} 以及种群中解的 f_c，f_d，f_f

P_{t+1} ← 第 $t+1$ 代种群初始化为空 $\varnothing$
f_f ← 通过 MC-CHT 得到解的可行性（P_t，φ，SC，N）（见算法 8.4）
f_c ← 通过非支配排序（non-dominated sorting）得到解的收敛性
f_d ← 通过改进小生境得到解的多样性（见算法 8.5）
l ← 非支配排序后层数初始化为 1
while $|P_{t+1}| \leqslant N$ **do**
　　$P_{t+1} \leftarrow P_{t+1} \cup F_l$ 将第 l 层的解加入 P_{t+1} 中
　　$l \leftarrow l+1$
end
if $|P_{t+1}| > N$ **then**
　　$P_{t+1} \leftarrow P_{t+1} - F_l$ 将第 l 层的解从 P_{t+1} 中取出
end
$P_{next} = \text{sort}(f_d(F_l))$ 将第 l 层的解根据多样性好坏进行降序排序
$P_{t+1} \leftarrow P_{next}$ 将选出来的解加入 P_{t+1} 直到数量正好为 N

8.3.3　可行性计算

我们使用 MC-CHT 来计算解的可行性，记为 f_f。我们的主要目的就是为了在进化前期增加搜索区域，拓展种群的进化方向。为了达成这一目的就需要使得一部分不可行解变成可行解，详细算法流程见算法 8.4。

首先计算参与进化的约束个数，根据以下公式

$$d=\begin{cases}\lceil t/(\varphi\cdot T_{\max})\rceil\cdot N_c, & t<\varphi\cdot T_{\max}\\ N_c, & t\geqslant\varphi\cdot T_{\max}\end{cases}\tag{8-1}$$

其中,t 表示当前的函数评估次数;$T_{\max}$表示总的函数评估次数;N_c 表示约束的总数。由于我们最终想要的是真实可行区域的解,那么在进化后期我们就停止这种扩大搜索区域的策略,具体而言,我们采用一个参数 φ 来决定 MC-CHT 的参与代数,并且 $\varphi\in[0,1]$。通过式(8-1)可以看出,随着进化的深入,参与进化的约束个数逐渐增多直到所有约束均参与进化。参与约束的个数计算出来后我们再通过式(8-2)计算解的违反度。

$$\mathrm{CV}(x)=\sum_{i=1}^{d}C_i(x)\tag{8-2}$$

其中,C_i 表示排好序的约束中的第 i 个约束。然后使用式(8-3)结合 ε 约束思想来计算解的可行性。

$$f_{\mathrm{f}}(x)=\begin{cases}0, & \mathrm{CV}(x)\leqslant\mathrm{CV}_{\varepsilon}\\ \mathrm{CV}(x), & \mathrm{CV}(x)>\mathrm{CV}_{\varepsilon}\end{cases}\tag{8-3}$$

其中 $\mathrm{CV}_{\varepsilon}$ 是根据 ε 约束方法由式(8-4)计算

$$\mathrm{CV}_{\varepsilon}=\begin{cases}\mathrm{CV}(x_{\theta})\left(1-\dfrac{t}{\varphi_{\varepsilon}\cdot T_{\max}}\right)^{p}, & t<\varphi_{\varepsilon}\cdot T_{\max}\\ 0, & t\geqslant\varphi_{\varepsilon}\cdot T_{\max}\end{cases}\tag{8-4}$$

其中,φ_{ε} 表示 ε 约束参与进化代数,因为 MC-CHT 与 ε 约束是共同作用的,所以我们将 φ_{ε} 与 φ 设置为相同值;$\mathrm{CV}(x_{\theta})$表示种群根据违反度升序排序后第 θ 个解的违反度;$p\in[2,10]$控制着 ε 约束扩大搜索空间的能力。

算法 8.4:可行性计算。

输入:第 t 代种群 P_t,种群规模 N,参数 φ,排好序的约束(sorted constraints,SC)

输出:种群中所有解的可行性 f_{f}

```
d←根据式(8-1)计算出参与进化的约束个数
for 每一个解 do
    CV(x)←根据式(8-2)
end
CVε←根据式(8-4)
for 每一个解 do
    ff(x)←根据式(8-3)
end
```

8.3.4 改进的小生境方法

在 NSGA-Ⅱ中的计算同一层的解的拥挤度时有两种极端情况,如图 8.1 和图 8.2 所示。

先看图 8.1,解 D 与解 E 距离很近,其他解都比较均匀。计算拥挤度时解 D 与解 E 都比较低,在根据算法 8.4 选择多样性好的解进入下一代时就有可能没有解 D 也没有解 E。再看图 8.2,解 D 与解 E 距离很近但是距离解很远,导致计算拥挤度解 D 与解 E 的拥挤度

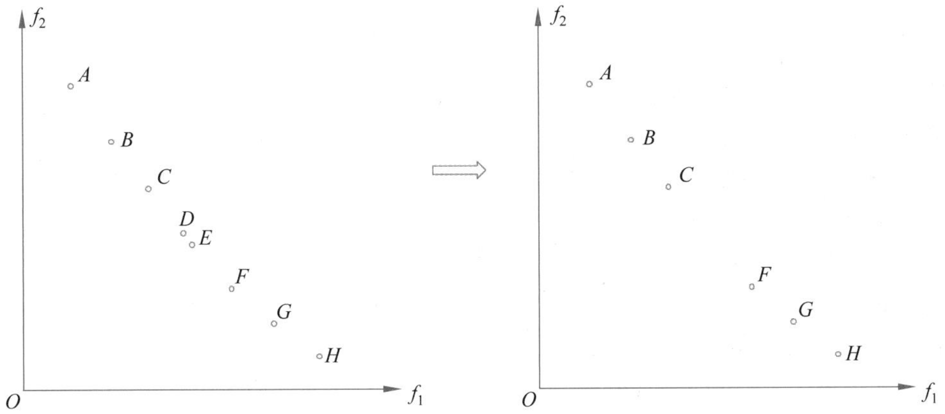

图 8.1　两个解距离很近的极端情况一

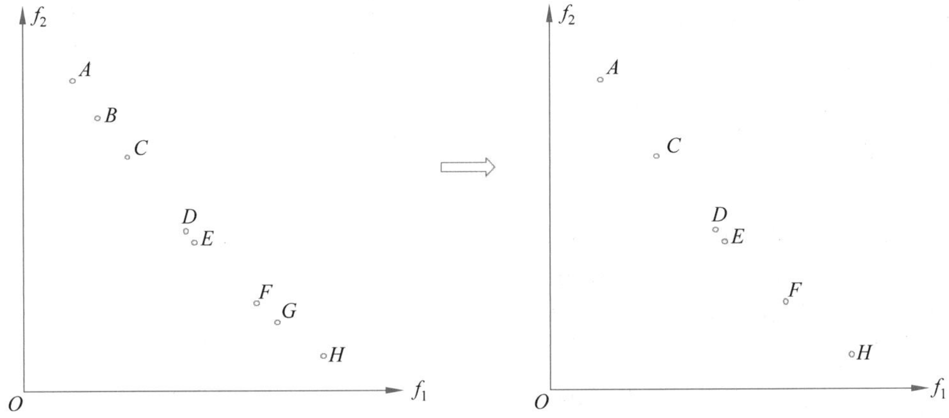

图 8.2　两个解距离很近的极端情况二

都比较高，在根据算法 8.4 选择多样性好的解进入下一代时就有可能同时有解 D 和解 E。如果是第一种情况就会导致缺乏一部分多样性信息，发生第二种情况时，可以看到解 B 和解 G 没有了，但是无论是解 B 还是解 G 哪一个进入下一代都比解 D 和解 E 同时进入要好。两种情况都会造成种群多样性的损失，基于此原因，本章设计了一种改进的小生境方法避免两种极端情况。

小生境的核心思想就是找出那些彼此靠得很近而与其他解又比较远的解。具体算法流程见算法 8.5。首先计算解两两之间的欧氏距离，得到一个行列都为种群规模 N 的矩阵 $\boldsymbol{R}$。再初始化每一个解的邻域 Nei，同时邻域的大小 r 设置为 $1/\sqrt[M]{N}$，这样可以使得当种群个数越多时，邻域就越小，而目标个数越多时，邻域越大。对每一个解开始进行比较，以解 x_i 为例，如果与解 x_j 的距离 R_{ij} 小于或等于 r，那么就将解 x_j 加入解 x_i 的邻域中，同时将解 x_i 加入解 x_j 的邻域中。然后通过拥挤度计算所有解的拥挤度，将其作为初始的多样性 f_{d}。做完这一步后，对于所有解的邻域进行检查，以解 x_i 为例，如果其邻域 Nei_i 中的解 x_j 的邻域 Nei_j 与 Nei_i 完全相同说明找到了一个彼此靠得很近而与其他解又比较远的解集。因为这一层的收敛性都是相同的，所以我们就保持解 x_i 的多样性不变而将其他解的多样性设置为 0。这样在进行选择时，就可以避免前文所说的两种极端情况。

算法 8.5：小生境方法。

输入：第 t 代种群 P_t，种群规模 N，$r(1/\sqrt[M]{N})$

输出：种群中所有解的多样性 f_d

1 $R\leftarrow$ 计算解两两之间的欧氏距离

2 **for** 每一个解 x **do**

3 $\text{Nei}_x \leftarrow x$

4 **end**

5 **for** $i=1:N$ **do**

6 **for** $j=i+1:N$ **do**

7   **if** $R_{ij}\leqslant r$ **then**

8    $\text{Nei}_i \leftarrow j$

9    $\text{Nei}_j \leftarrow i$

10   **end**

11 **end**

12 **end**

13 $f_d \leftarrow$ 通过拥挤度计算

14 **for** $i=1:N$ **do**

15 **if** 多样性 $f_d(i)$ 为 0 **then**

16   **continue**

17 **end**

18 **for** Nei_i 中每一个解 j **do**

19   **if** $\text{Nei}_i \neq \text{Nei}_j$ **then**

20   **break**

21   **end**

22   **else**

23   **for** 对 Nei_i 中所有解 j **do**

24     $f_d(j) \leftarrow 0$

25   **end**

26 **end**

27 **end**

28 **end**

选择父代的目的是选出具备潜力的优质解，具体算法流程见算法 8.6。在两个解进行比较时，可行性好的解获胜，如果可行性相同则收敛性好的解获胜，如果收敛性依旧相同则多样性好的解获胜。

算法 8.6：选择父代（tournament selection）。

输入：种群规模 N，种群的 f_c，f_d，f_f，种群 P

输出：种群规模为 N 的父代

1　　$i\leftarrow$选出的父代个数初始化为 0

2　　$P\leftarrow$初始化为空 $\varnothing$

3　　**for** $i=1\colon N$ **do**

4　　$x_1,x_2\leftarrow$从种群 P 中随机选出两个个体

5　　**if** $f_f(x_1)<f_f(x_2)$ **then**

6　　$P\leftarrow$将 x_1 加入父代

7　　**elif** $f_f(x_1)>f_f(x_2)$ **then**

8　　$P\leftarrow$将 x_2 加入父代

9　　**else**

10　　**if** $f_c(x_1)<f_c(x_2)$**then**

11　　$P\leftarrow$将 x_1 加入父代

12　　　　**elif** $f_c(x_1)>f_c(x_2)$**then**

13　　$P\leftarrow$将 x_2 加入父代

14　　**else**

15　　　　　**if** $f_d(x_1)<f_d(x_2)$**then**

16　　$P\leftarrow$将 x_1 加入父代

17　　　　　**elif**

18　　$P\leftarrow$将 x_2 加入父代

19　　　　**end**

20　　　**end**

21　　**end**

▶ 8.4　数值实验结果及分析

为了验证提出的 MC-MOEA 在约束问题上的性能,将算法与多个现有算法在同一问题上进行实验比较。先介绍实验设置然后根据实验结果分析算法的性能。

8.4.1　实验设置

(1) 测试问题：我们选择 LIRCMOPs 测试函数与可以自由调节参数的 DAS-CMOPs 测试函数。

(2) 评价指标：在最后评价算法结果时选择逆世代距离(inverted generational distance, IGD)指标和超体积(hypervolume,HV)指标。

(3) 对比算法：为了充分验证 MC-MOEA 的性能,我们选择了最具代表性的 4 种算法 NSGAⅡ-CDP,ANSGA-Ⅲ,TiGE 和 CMOEA-MS 来做对比实验。

① NSGAⅡ-CDP：NSGAⅡ-CDP 是极具代表性的基于非支配的多目标算法,其将种群根据非支配排序分层并按照拥挤度来进一步选择,加入可行性法则作为约束处理机制。

② ANSGA-Ⅲ：ANSGA-Ⅲ是将非支配与分解结合的高性能算法,并且加入了自适应

调节参考向量的约束处理机制来处理约束。

③ TiGE：TiGE 是一个处理约束的三目标框架，将种群解的收敛性、多样性和可行性作为新的三个目标取代原先的目标函数，然后进行进化迭代。

④ CMOEA-MS：CMOEA-MS 使用两阶段进化的策略，并能自适应地平衡种群的收敛性和可行性。

(4) 遗传算子：实验采用遗传算法生成子代，而遗传算法采用模拟二项式交叉算子与多项式变异算子。具体设置：交叉概率为 1；变异概率为 $1/n$，其中 n 为决策变量维数；交叉与变异分布指数都设为 20。

(5) 其他参数设置：对于所有测试函数，种群规模均设置为 100，函数评价次数设置为 50000 次。本章算法 MC-CHT 中 N_{MC} 的大小不宜过小，不然无法得到令人信服的概率学上的结果；也不宜过大，因为种群的生成也算函数的评价次数，太大会降低算法真正收敛的迭代次数。综上考虑，本章设计为 1000 个。需要说明的是，因为有 1000 次的函数评价次数来估算约束强度所以实际用于进化的函数评价次数为 49000 次。每个算法对每个问题独立运行 30 次并且使用具有 5% 显著性水平的 Mann-Whitney-Wilcoxon 秩和检验作为统计方法。这种统计方法将本章算法通过实验得到的 IGD 平均值和 HV 平均值与其他算法进行比较，使用"+""−""="表示统计学上显著好于，显著差于和相似于本章算法。

8.4.2 实验结果和分析

1. 自身对比实验

根据之前介绍的 MC-MOEA 算法，里面有一个比较重要的参数 φ，该参数控制着 MC-CHT 和 ε 约束参与进化的代数，在与其他算法进行比较前，我们先通过设置 φ 参数的对照实验来找出一个合适的值。具体设置 φ 的值分别为 0.4、0.5、0.6、0.7 和 0.8，再将对应的算法命名为 MC-MOEA4、MC-MOEA5、MC-MOEA6、MC-MOEA7 和 MC-MOEA8。这次对比实验仅在 DASCMOPs 问题上进行比较，评价指标依旧是 IGD 和 HV。

表 8.1 是不同 φ 参数在 DASCMOPs 问题上的 IGD 指标平均值结果。可以看出，MC-MOEA5 在 DASCMOP1 上取得了最优结果，MC-MOEA6 在 DASCMOP8 和 DASCMOP9 上取得了最优结果。而 MC-MOEA8 在 DASCMOP3 到 DASCMOP7 上均取得了最优结果。根据秩和检验，MC-MOEA4 在 4 个问题上的 IGD 结果显著差于 MC-MOEA8，MC-MOEA5 在 5 个问题上的 IGD 结果显著差于 MC-MOEA8，MC-MOEA6 在 4 个问题上的 IGD 结果显著差于 MC-MOEA8，MC-MOEA7 在两个问题上的 IGD 结果显著差于 MC-MOEA8。

表 8.1 不同 φ 参数在 DASCMOPs 问题上的 IGD 指标平均值结果

Problem	MC-MOEA4	MC-MOEA5	MC-MOEA6	MC-MOEA7	MC-MOEA8
DASCMOP1	7.3042e−1=	7.2483e−1=	7.2669e−1=	7.5048e−1=	7.3832e−01
DASCMOP2	2.9690e−1=	2.9457e−1=	2.9312e−1=	3.0395e−1=	2.8747e−01
DASCMOP3	3.3419e−1−	3.4284e−1−	3.2906e−1−	3.0036e−1=	2.7841e−01

续表

Problem	MC-MOEA4	MC-MOEA5	MC-MOEA6	MC-MOEA7	MC-MOEA8
DASCMOP4	4.7217e-1-	3.9439e-1-	4.0847e-1-	3.3816e-1=	3.0114e-01
DASCMOP5	3.5772e-1-	4.3217e-1-	2.9193e-1-	2.2877e-1-	7.7156e-02
DASCMOP6	5.1873e-1-	5.2655e-1-	5.2905e-1-	4.8477e-1=	4.3763e-01
DASCMOP7	9.2124e-2-	9.0643e-2-	6.9922e-2=	7.4536e-2-	5.9973e-02
DASCMOP8	9.0450e-2=	8.9203e-2=	8.6307e-2=	9.8382e-2=	1.0325e-01
DASCMOP9	4.6183e-1=	4.4752e-1=	4.0895e-1=	4.4279e-1=	4.3995e-01
+/-/=	0/5/4	0/5/4	0/4/5	0/2/7	

表 8.2 是不同 φ 参数在 DASCMOPs 问题上的 HV 指标平均值结果，在某一问题上取得最优结果的数据用蓝色字体（见表 8.2 二维码，后同）表示。可以看到，MC-MOEA4 在 DASCMOP2 和 DASCMOP8 上取得了最优结果，MC-MOEA6 在 DASCMOP1 和 DASCMOP9 上取得了最优结果，而 MC-MOEA8 在其余测试函数上均取得了最优结果。根据秩和检验，MC-MOEA4 在 4 个问题上的 HV 结果显著差于 MC-MOEA8，MC-MOEA5 在 5 个问题上的 HV 结果显著差于 MC-MOEA8，MC-MOEA6 在 3 个问题上的 HV 结果显著差于 MC-MOEA8 但有 1 个问题的结果显著好于 MC-MOEA8，MC-MOEA7 在 1 个问题上的 HV 结果显著差于 MC-MOEA8。

表 8.2

表 8.2 不同 φ 参数在 DASCMOPs 问题上的 HV 指标平均值结果

Problem	MC-MOEA4	MC-MOEA5	MC-MOEA6	MC-MOEA7	MC-MOEA8
DASCMOP1	4.7639e-3=	5.2246e-3=	7.0520e-3=	3.6749e-3=	3.4935e-03
DASCMOP2	2.3963e-1=	2.3824e-1=	2.3638e-1=	2.3530e-1=	2.3891e-01
DASCMOP3	2.1706e-1-	2.1302e-1-	2.1298e-1-	2.1680e-1=	2.2354e-01
DASCMOP4	5.5773e-2-	8.1281e-2-	7.1038e-2-	1.0567e-1=	1.2196e-01
DASCMOP5	1.7457e-1-	1.3861e-1-	2.0816e-1-	2.3265e-1-	3.1111e-01
DASCMOP6	8.7141e-2=	8.2455e-2-	8.4355e-2=	1.0516e-1=	1.2647e-01
DASCMOP7	2.6248e-1-	2.6269e-1-	2.7056e-1=	2.6937e-1=	2.7391e-01
DASCMOP8	1.8512e-1=	1.8452e-1=	1.8438e-1=	1.8487e-1=	1.8136e-01
DASCMOP9	1.0292e-1=	1.0535e-1=	1.1634e-1+	1.0931e-1=	1.0934e-01
+/-/=	0/4/5	0/5/4	1/3/5	0/1/8	

通过以上分析，可以看到随着 φ 的逐渐增大，算法的性能有一定提高，综合考量 MC-MOEA8 的性能最佳，因此接下来使用 MC-MOEA8 作为代表与其他算法进行实验对比。

2. MC-CHT 的提升作用

因为本章算法 MC-MOEA 使用了 MC-CHT 与 ε 约束结合的约束处理策略，为了验证

MC-CHT 的提升作用,设置了一组对照实验,一组为 MC-CHT 与 ε 约束均有的 MC-MOEA,一组为仅有 ε 约束的ε-MOEA。由表 8.1 和表 8.2 的对照实验得知 φ 在 0.8 时最佳,因此对照实验中的算法的参数 φ 也设置为 0.8。测试函数依旧为 DASCMOPs 测试函数,评价指标为 IGD 与 HV。

表 8.3 是有无 MC-CHT 的 MC-MOEA 在 DASCMOPs 问题上的 IGD 指标平均值结果,可以看出 MC-MOEA 取得了 8 个问题的最优结果,并且根据秩和检验,MC-MOEA 在 4 个问题上显著优于 ε-MOEA。尤其是在 DASCMOP5 上面性能提高了近 8 倍。表 8.4 是在有无 MC-CHT 的 MC-MOEA 在 DASCMOPs 问题上的 HV 指标平均值结果,可以看出 MC-MOEA 取得了 8 个问题的最优结果,并且根据秩和检验,MC-MOEA 在 4 个问题上显著优于 ε-MOEA。在 DASCMOP4 到 DASCMOP6 3 个问题上,MC-MOEA 均有一个数量级的提升。综上所述,MC-CHT 对于算法的性能是有显著提升的。

表 8.3 有无 MC-CHT 的算法在 DASCMOPs 问题上的 IGD 指标平均值结果

Problem	ε-MOEA	MC-MOEA
DASCMOP1	7.4107e−1=	7.3832e−01
DASCMOP2	2.9689e−1=	2.8747e−01
DASCMOP3	3.8729e−1−	2.7841e−01
DASCMOP4	4.5988e−1−	3.0114e−01
DASCMOP5	5.8370e−1−	7.7156e−02
DASCMOP6	6.5980e−1−	4.3763e−01
DASCMOP7	6.4838e−2=	5.9973e−02
DASCMOP8	1.0117e−1=	1.0325e−01
DASCMOP9	4.4678e−1=	4.3995e−01
+/−/=	0/4/5	

表 8.4 有无 MC-CHT 的算法在 DASCMOPs 问题上的 HV 指标平均值结果

Problem	ε-MOEA	MC-MOEA
DASCMOP1	2.8534e−3=	3.4935e−03
DASCMOP2	2.3446e−1=	2.3891e−01
DASCMOP3	1.9419e−1−	2.2354e−01
DASCMOP4	4.6408e−2−	1.2196e−01
DASCMOP5	7.3611e−2−	3.1111e−01
DASCMOP6	3.5286e−2−	1.2647e−01
DASCMOP7	2.7131e−1=	2.7391e−01
DASCMOP8	1.8148e−1=	1.8136e−01
DASCMOP9	1.0788e−1=	1.0934e−01
+/−/=	0/4/5	

3. 与其他算法的对比实验

DASCMOPs 是一组可以自由调节问题难度的带约束的多目标问题，3 个调节参数在本实验中设置为(0.5，0.5，0.5)。表 8.5 是算法在 DASCMOPs 问题上的 IGD 指标平均值结果，蓝色字体表示算法在该问算法题上取得最优结果。表 8.6 是算法在 DASCMOPs 问题上的 HV 指标平均值结果，蓝色字体表示算法在该问题上取得最优结果。

表 8.5

表 8.5　算法在 DASCMOPs 问题上的 IGD 指标平均值结果

Problem	NSGAⅡ-CDP	ANSGA-Ⅲ	TiGE	CMOEA-MS	MC-MOEA
DASCMOP1	7.4374e−1−	7.4086e−1=	6.3200e−1+	7.5311e−1−	7.3832e−01
DASCMOP2	2.9329e−1=	2.8515e−1=	2.2998e−1+	3.1823e−1−	2.8747e−01
DASCMOP3	3.6031e−1−	3.5851e−1−	3.3582e−1−	4.0648e−1−	2.7841e−01
DASCMOP4	3.9402e−1−	4.9927e−1−	3.6990e−1−	8.6962e−1−	3.0114e−01
DASCMOP5	5.5781e−1−	6.0694e−1−	2.8569e−1−	7.4614e−1−	7.7156e−02
DASCMOP6	6.2313e−1−	6.4363e−1−	4.2952e−1=	8.3854e−1−	4.3763e−01
DASCMOP7	6.4871e−2=	7.4484e−2=	4.4768e−1−	9.4755e−1−	5.9973e−02
DASCMOP8	8.8675e−2=	1.8357e−1=	3.1425e−1−	8.9501e−1−	1.0325e−01
DASCMOP9	4.4958e−1=	4.5040e−1=	4.2644e−1=	4.9890e−1−	4.3995e−01
+/−/=	0/5/4	0/4/5	2/5/2	0/9/0	

表 8.6

表 8.6　算法在 DASCMOPs 问题上的 HV 指标平均值结果

Problem	NSGAⅡ-CDP	ANSGA-Ⅲ	TiGE	CMOEA-MS	MC-MOEA
DASCMOP1	2.7904e−3=	3.4299e−3=	2.3992e−2+	1.7516e−3−	3.4935e−03
DASCMOP2	2.3590e−1=	2.3917e−1=	2.5490e−1+	2.3049e−1−	2.3891e−01
DASCMOP3	2.0370e−1−	2.0715e−1−	2.0953e−1−	1.9001e−1−	2.2354e−01
DASCMOP4	6.2557e−2−	3.8972e−2−	6.0427e−2−	2.0807e−3−	1.2196e−01
DASCMOP5	7.4450e−2−	6.6120e−2−	1.7941e−1−	2.5282e−2−	3.1111e−01
DASCMOP6	4.4050e−2−	3.9828e−2−	1.0624e−1=	6.7902e−3−	1.2647e−01
DASCMOP7	2.7501e−1=	2.6535e−1−	1.2475e−1−	1.4343e−2−	2.7391e−01
DASCMOP8	1.8686e−1=	1.7108e−1=	1.2187e−1−	3.4842e−3−	1.8136e−01
DASCMOP9	1.0858e−1=	1.0472e−1=	7.7243e−2−	9.7121e−2−	1.0934e−01
+/−/=	0/4/5	0/5/4	2/6/1	0/9/0	

NSGAⅡ-CDP 在 DASCMOP8 上取得了最优结果，TiGE 在 DASCMOP1、DASCMOP2、DASCMOP6 和 DASCMOP9 上取得了 IGD 指标的最优结果，MC-MOEA 在其余问题上均取得了 IGD 指标的最优结果。根据秩和检验，NSGAⅡ-CDP 在 5 个问题显著差于 MC-MOEA。ANSGA-Ⅲ在 4 个问题的 IGD 结果显著差于 MC-MOEA。TiGE 在 2 个问题上的 IGD 结果显著好于 MC-MOEA，但是在 5 个问题上的 IGD 结果显著差于 MC-MOEA。CMOEA-MS 在 9 个问题上均明显差于 MC-MOEA。

NSGA Ⅱ-CDP 在 DASCMOP8 上取得了最优结果，TiGE 在 DASCMOP1 和 DASCMOP2 上取得了 HV 指标的最优结果，MC-MOEA 在其余问题上均取得了 HV 指标的最优结果。根据秩和检验，NSGA Ⅱ-CDP 在 4 个问题上显著差于 MC-MOEA。ANSGA-Ⅲ在 5 个问题的 HV 结果显著差于 MC-MOEA。TiGE 在两个问题上的 HV 结果显著好于 MC-MOEA，但是在 6 个问题上的 HV 结果显著差于 MC-MOEA。CMOEA-MS 在 9 个问题上均明显差于 MC-MOEA。

表 8.7 是算法在 LIRCMOP5 到 LIRCMOP14 问题上的 IGD 指标平均值结果，蓝色字体表示算法在该问题上取得最优结果，表 8.8 是算法在 LIRCMOP4 到 LIRCMOP14 问题上的 HV 指标平均值结果，蓝色字体表示算法在该问题上取得最优结果。

表 8.7

表 8.7　算法在 LIRCMOPs 问题上的 IGD 指标平均值结果

Problem	NSGA Ⅱ-CDP	ANSGA-Ⅲ	TiGE	CMOEA-MS	MC-MOEA
LIRCMOP5	1.2231e+0=	1.2482e+0−	1.4466e+0−	1.5440e+0−	1.22E+00
LIRCMOP6	1.3456e+0=	1.3930e+0−	1.4990e+0−	1.4131e+0−	1.35E+00
LIRCMOP7	7.7070e−1−	1.1008e+0−	1.3874e+0−	1.5056e+0−	1.36E−01
LIRCMOP8	1.2061e+0−	1.4730e+0−	1.7487e+0−	1.6193e+0−	2.46E−01
LIRCMOP9	1.0357e+0−	1.0157e+0−	2.1079e+0−	1.0651e+0−	9.70E−01
LIRCMOP10	9.3833e−1=	1.0106e+0−	1.6226e+0−	1.0839e+0−	9.09E−01
LIRCMOP11	7.6917e−1+	9.1857e−1−	1.8803e+0−	1.0054e+0−	8.38E−01
LIRCMOP12	8.8002e−1=	8.4292e−1=	1.8327e+0−	9.7740e−1−	8.65E−01
LIRCMOP13	1.3258e+0−	1.3183e+0+	1.5171e+0−	1.3208e+0=	1.32E+00
LIRCMOP14	1.2815e+0−	1.2756e+0+	1.4960e+0−	1.2771e+0+	1.28E+00
+/−/=	1/5/4	2/7/1	0/10/0	1/8/1	

表 8.8

表 8.8　算法在 LIRCMOPs 问题上的 HV 指标平均值结果

Problem	NSGA Ⅱ-CDP	ANSGA-Ⅲ	TiGE	CMOEA-MS	MC-MOEA
LIRCMOP5	0.0000e+0=	0.0000e+0=	0.0000e+0=	0.0000e+0=	0.00E+00
LIRCMOP6	0.0000e+0=	0.0000e+0=	0.0000e+0=	0.0000e+0=	0.00E+00
LIRCMOP7	1.4136e−1−	8.8644e−2−	4.8957e−2−	2.5078e−2−	2.45E−01
LIRCMOP8	7.1416e−2−	3.0614e−2−	7.7012e−3−	1.7391e−2−	2.24E−01
LIRCMOP9	9.8803e−2−	1.0874e−1−	1.4094e−3−	9.3442e−2−	1.35E−01
LIRCMOP10	6.9386e−2−	6.0250e−2−	3.9603e−3−	5.3515e−2−	8.27E−02
LIRCMOP11	2.1728e−1=	1.8139e−1−	2.3373e−2−	1.5911e−1−	2.00E−01
LIRCMOP12	2.3527e−1=	2.4725e−1=	3.9457e−2−	1.9867e−1−	2.43E−01
LIRCMOP13	7.5191e−5=	2.3306e−4+	1.1485e−5−	1.2002e−4=	6.74E−05
LIRCMOP14	4.2165e−4=	5.3943e−4=	0.0000e+0−	4.7704e−4=	4.17E−04
+/−/=	0/4/6	1/5/4	0/8/2	0/6/4	

在 IGD 指标上，NSGAⅡ-CDP 在问题 LIRCMOP11 上取得了最优结果，ANSGA-Ⅲ在 LIRCMOP11 和 LIRCMOP12 问题上取得了最优结果，MC-MOEA 在其余问题上均取得了最优结果。根据秩和检验，NSGAⅡ-CDP 在一个问题上的 IGD 结果显著好于 MC-MOEA，但在 5 个问题的 IGD 结果显著差于 MC-MOEA。ANSGA-Ⅲ在 2 个问题上的 IGD 结果显著好于 MC-MOEA，但在 7 个问题的 IGD 结果显著差于 MC-MOEA。TiGE 在 10 个问题的 IGD 结果都显著差于 MC-MOEA。CMOEA-MS 在 1 个问题上的 IGD 结果显著好于 MC-MOEA，但在 8 个问题的 IGD 结果显著差于 MC-MOEA。

在 HV 指标上，所有算法在 LIRCMOP5 和 LIRCMOP6 上均表现很差，以至于没有解落在参考向量围成的超体积里。NSGAⅡ-CDP 在问题 LIRCMOP11 上取得了最优结果，ANSGA-Ⅲ在 LIRCMOP13 和 LIRCMOP14 问题上取得了最优结果，MC-MOEA 在其余问题上均取得了最优结果。根据秩和检验，NSGAⅡ-CDP 在 4 个问题上显著差于 MC-MOEA。ANSGA-Ⅲ在 1 个问题上显著优于 MC-MOEA，但在 5 个问题上显著差于 MC-MOEA。TiGE 在 8 个问题上都显著差于 MC-MOEA。CMOEA-MS 在 6 个问题上显著差于 MC-MOEA。

综上分析，MC-MOEA 在 LIRCMOPs 问题上取得了具有竞争力的结果。

第 9 章 基于协同进化框架和两阶段进化的进化算法

本章先介绍一下利用协同进化处理带约束的多目标优化问题的基本框架；其次详细介绍基于此框架的一种现有算法 CTAEA，在此基础上介绍本章提出的基于协同进化和动态调节种群数量的进化算法；最后通过本章算法与现有算法的实验比较来证明提出的算法的有效性。

9.1 引言

协同进化作为进化算法的一种已经在超多目标优化问题、大规模多目标优化问题和动态多目标优化问题上取得了很好的效果。但是协同进化在约束领域的研究相对较少。协同进化最早应用到约束领域是处理约束单目标优化问题(constrained single-objective optimization problem，CSOP)。文献[4]提出了一种基于协同进化的遗传算法，在进化中保持多个种群，每个种群都有不同的罚函数系数来平衡约束和目标之间的冲突。文献[4]中也使用了协同进化来维持多个种群，每个种群都只关注一个约束，在进化时种群先满足自己负责的约束再满足其他种群负责的约束。在约束多目标优化问题 CMOP 上，文献[4]提出了一种基于协同进化的粒子群算法。粒子群被分成两个不重叠的种群，可行种群里全是可行解，不可行种群里全是不可行解。两个种群的进化是完全独立的且每个种群都有自己的领导者选择算法，当一个不可行解变成可行解后就会从不可行种群迁移到可行种群中。在 CTAEA 中也是维持了两个种群：一个是计算目标与约束的种群 CA；另一个是只计算目标值的种群 DA。但是两个种群的进化并不是完全独立的，在更新种群 DA 时，CA 种群个体的性质也会影响 DA 的结果。

经过多年发展，协同进化的基本框架与第 2 章提到的进化算法框架有些不同，因为在进化过程中协同进化会同时保持多个种群而不是一个种群。现存大多数协同进化基本框架如图 9.1 所示。

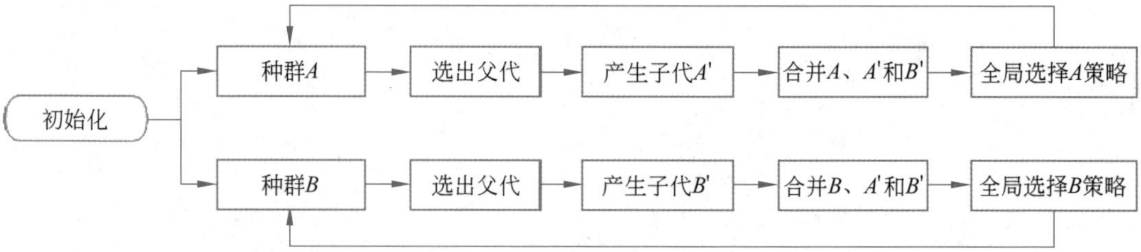

图 9.1 协同进化基本框架

这是以两个种群为例，实际上协同进化框架中可以保持两个以上的种群。种群 A 和种群 B 有各自的倾向喜好，通过选出的父代杂交变异产生各自的子代 A' 和 B'。更新种群 A 时合并 A、B' 和 A'，然后再通过种群 A 的全局选择策略选出下一代种群 A。同理，更新种群 B' 时合并 B、A' 和 B'，然后再通过种群 B 的全局选择策略选出下一代种群 B。协同进化种群之间的信息交流就发生在全局选择这一步，种群 A 产生的子代 A' 可能含有在种群 B 的倾向喜好下表现出非常好的解，这些解就会保留在种群 B 中，加快种群 B 的进化。在面临存在多个局部最优陷阱的带约束的多目标问题 CMOPs 时，一旦种群收敛到局部最优陷阱就很难跳出来。但是通过两个种群的信息交换就可能促使已经收敛到局部最优的种群跳出来重新参与进化。

虽然协同进化有很多优越性，但是如何设置多个种群的倾向性，以及引导多个种群之间的互相影响是比较关键的。本章为了达到充分拓展搜索区域的目的，设置两个选择压力不同的种群：一个在考虑可行性的前提下关注种群的收敛性和多样性，另一个不考虑可行性只关注种群的收敛性和多样性。将考虑可行性即约束的种群记为 P_A，不考虑可行性即不考虑约束的种群记为 P_B。通常两个种群产生子代的个数是相同的，但是同时为了解决可行区域复杂的困难约束优化问题，本章算法又设计了一个两阶段进化的策略。在第一阶段，种群 P_B 产生的子代数量多一些。在第二阶段，种群 P_A 产生的子代多一些。这样在第一阶段，不考虑约束的种群会探索更大的空间，增大种群跳出局部最优陷阱的概率。在第二阶段，可以加快种群收敛到可行区域的 Pareto 前沿。此外，为了在进化过程中保持较好的多样性，设计了一种新的多样性选择指标用于提高两个种群的多样性。图 9.2 形象地示意了 P_A 和 P_B 这两个不同倾向性的种群在面对有局部最优陷阱时的情况。

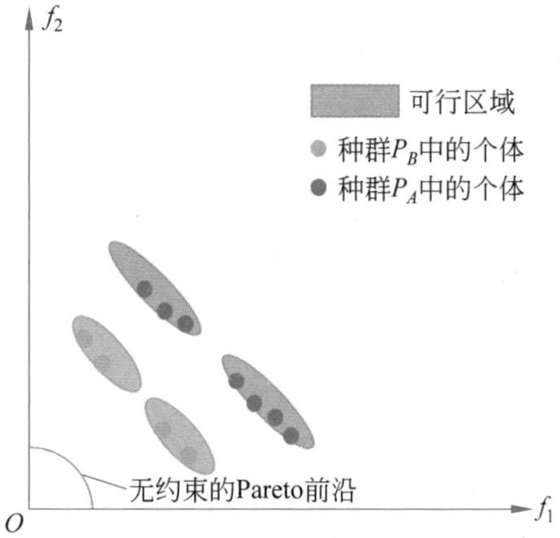

图 9.2　两种群逃离局部最优陷阱情况

图 9.2

图 9.2 以两个目标为例，其中蓝色区域是可行区域，其余是不可行区域，可以看到在有约束的情况下，可行区域被分成四部分，且存在局部最优陷阱。黑色点代表种群 P_A 中的个体，红色点代表种群 P_B 中的个体。因为可行区域之间的不可行区域范围过大，种群 P_A 陷入了局部最优中。但是如果种群 P_B 是在不考虑约束的情况下进化，就会朝着无约束的 Pareto 前沿逼近，在逼近过程中它就会找到真正的可行区域前沿。在因为 P_B 产生子代是完全独立的，所以子代处在可行区域的概率就很大，在种群 P_A 进行全局选择时，其子代就会在 P_A 的下一代存活，这样经过一代代进化迭代，种群 P_A 就完全有可能跳出局部最优陷阱找到可行区域中真正的 Pareto 前沿。正是出于这种考虑，我们选择一个种群考虑约束，而另一个种群不考虑约束，并且两个种群独立的产生子代。

9.2 提出的算法 TS-CoEA

在这一部分先介绍提出的算法的整体框架，接着分别详细介绍每一个步骤的算法流程。

9.2.1 算法框架

本章提出的基于协同进化框架的两阶段多目标进化算法记为 TS-CoEA(two stages-coevolution algorithm)。算法流程如算法 9.1 所示。在该算法中需要两个参数：一个是控制两个种群产生子代数量的参数 λ；另一个是控制第二阶段开始的参数 φ。首先，通过随机初始化生成两个种群：一个是考虑约束的种群 P_A，另一个是不考虑约束的种群 P_B，这两个种群的规模都为 N。然后通过一次中间计算得到种群 P_A 和 P_B 的适应度函数。接下来是算法主循环，在每一次循环开始要根据参数 φ 判断是否进入第二阶段，具体判断规则如式(9-1)，即

$$\lambda=\begin{cases}\lambda, & T_{\mathrm{cur}}<\varphi\cdot T_{\max}\\ 1-\lambda, & T_{\mathrm{cur}}\geqslant\varphi\cdot T_{\max}\end{cases}\tag{9-1}$$

其中，$T_{\max}$是总的函数评估次数；T_{cur}是目前的函数评估次数。从式(9-1)可以看出当进化到一定阶段，λ 就会进行一次反转。在进化开始时，从种群 P_A 中选出 $\lambda\cdot N$ 个父代 P'_A，从种群 P_B 中选出 $(1-\lambda)\cdot N$ 个父代 P'_B。然后通过交叉变异分别生成 $\lambda\cdot N$ 个子代 P''_A 和 $(1-\lambda)\cdot N$ 个子代 P''_B，在一次循环中总的子代生成个数是 N 个。接下来就是合并种群 P_A、P''_A 和 P''_B，通过种群 P_A 的全局选择策略选出新一代 P_A，同理合并种群 P_B、P''_A 和 P''_B，并通过种群 P_B 的全局选择策略选出新一代 P_B。

算法 9.1：**TS-CoEA** 的主要框架。

输入：种群规模 N，控制两个种群产生子代数量的参数 λ，控制第二阶段开始的参数 φ，函数评估次数(算法终止条件)

输出：最终种群 P_A

P_A←随机初始化生成考虑约束的种群，种群规模为 N
P_B←随机初始化生成不考虑约束的种群，种群规模为 N
f_d←种群 P_A 通过全局选择得到
f_d←种群 P_B 通过全局选择得到
while 终止条件没有满足 **do**
计算此时 φ 与算法已经迭代的次数，更新 λ
    P'_A←P_A 选择数量为 $\lambda\cdot N$ 个父代
    P'_B←P_B 选择数量为 $(1-\lambda)\cdot N$ 个父代
    P''_A←P'_A通过交叉变异产生相同数量的子代
    P''_B←P'_B通过交叉变异产生相同数量的子代
    P_A←合并 P_A、P''_A、P''_B，并通过全局选择得出下一代

P_B ← 合并 P_B、P''_A，P''_B，通过全局选择得出下一代

end

9.2.2　新的小生境方法

评价一个个体对种群多样性贡献的方法有很多，在本章使用一种新的小生境方法来对种群的个体计算其对种群多样性的贡献，结果记为 f_d。这个方法的目的是选出更具代表性的个体。

假设 $P=\{\boldsymbol{x}_1,\boldsymbol{x}_2,\cdots,\boldsymbol{x}_n\}$ 是含有 n 个个体的种群，种群中个体 $\boldsymbol{x}_i$ 目标函数值可以表示为 $(f_1(\boldsymbol{x}_i),f_2(\boldsymbol{x}_i),\cdots,f_m(\boldsymbol{x}_i))$，其中 $f_j(\boldsymbol{x}_i)$ 表示个体 $\boldsymbol{x}_i$ 在第 j 个目标函数上的函数值。我们首先根据式(9-2)对所有个体的函数值进行归一化处理。

$$\overline{f_j(\boldsymbol{x}_i)}=\frac{f_j(\boldsymbol{x}_i)-f_j^{\min}}{f_j^{\max}-f_j^{\min}},\quad j=1,2,\cdots,m \tag{9-2}$$

其中，$f_j^{\max}$ 表示所有个体在第 j 个目标函数上的最大值；$f_j^{\min}$ 表示所有个体在第 j 个目标函数上的最小值。接着，我们根据文献[8]中提出的在空间中均匀生成一组参考向量的方法，在归一化后的空间中使用。在非支配排序后处在同一层的个体分布可能如图 9.3 所示。

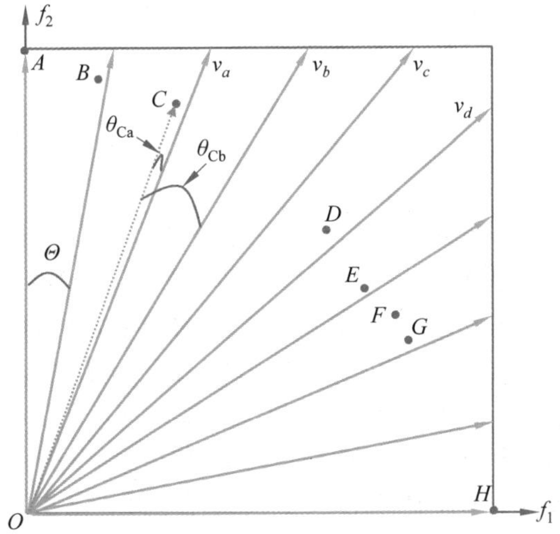

图 9.3

图 9.3　均匀生成的参考向量

其中，***A***、***B***、***C***、***D***、***E***、***F***、***G*** 和 ***H*** 是这一层的个体。个体 ***A*** 和个体 ***H*** 分别是极端值，处在空间的最边沿，进行强制保留，然后就是对剩下的个体进行排序，希望能得到最具代表性的个体。蓝色的箭头如 $\boldsymbol{v}_a$ 为参考向量，Θ 为均匀分布的参考向量之间的夹角。当生成的参考向量数量已知时，这个夹角 Θ 就是已知的常数。根据夹角公式计算每一个参考向量与所有解的夹角，并且找出夹角最小的那个个体。例如，对于参考向量 $\boldsymbol{v}_a$ 来说，个体 ***C*** 就是与 $\boldsymbol{v}_a$ 夹角最小的个体，而它们之间的夹角 θ_{Ca} 比 Θ 小，所以将个体 ***C*** 的多样性指标 f_a(***C***)进行加 1 操作。对于参考向量 $\boldsymbol{v}_b$ 来说，个体 ***C*** 也是与之夹角最小的个体，但是它们之间的夹角 θ_{Cb} 比 Θ 大。这种情况出现说明参考向量 $\boldsymbol{v}_b$ 周围比较空，而结果最好是一个均匀分布的种群，只能希望下一代能出现个体。出于这种考虑，需要个体 ***C*** 有更大的概率存活，所以将其

多样性指标 $f_{\mathrm{d}}(\boldsymbol{C})$ 进行加 $\lceil\theta_{\mathrm{Cb}}/\Theta\rceil$ 操作，即加 2 操作，最终的多样性指标 $f_{\mathrm{d}}(\boldsymbol{C})$ 为 3。这样做的原因是当距离某个参考向量最近的个体与这个参考向量越远，就给这个个体越大的多样性，从而可以提高种群的多样性。那么个体 $\boldsymbol{D}$ 的多样性指标 $f_{\mathrm{d}}(\boldsymbol{D})$ 按照这样的规则就为 2，分别是参考向量 $\boldsymbol{v}_c$ 和 $\boldsymbol{v}_d$ 给予的。通过这样的策略，可以选出更具代表性的个体进入下一代，从而保证种群的多样性。

计算多样性指标 f_{d} 的详细算法流程见算法 9.2。其中，$\theta(\boldsymbol{x},\boldsymbol{v}_i)$ 表示根据夹角公式计算出的个体 $\boldsymbol{x}$ 与参考向量 $\boldsymbol{v}_i$ 之间的夹角。

算法 9.2：计算多样性指标 f_{d}。

输入：同一层的个体集合 F_l

输出：F_l 中所有个体的 f_{d}

```
根据式(9-2)将个体进行归一化处理
f_d ← 所有个体多样性初始化为 0
V = (v_1, v_2, …, v_k) ← 生成 k 个均匀分布的参考向量
for i = 1:k do
    x, θ ← min_{x∈F_l} θ(x, v_i) 找出夹角最小的个体及最小夹角
    f_d(x) ← f_d(x) + ⌈θ/Θ⌉
end
```

9.2.3 全局选择

在这一步骤中，设计两个不同的全局选择策略分别对两个种群中选出具备潜力的下一代，先介绍种群 P_A 的全局选择策略。首先将种群 P_A 与两个种群产生的子代合并为规模为 $2N$ 的种群，记作 S。根据式(9-4)计算所有个体的约束，得到可行解的集合 P_{feasible}。因为种群 P_A 是考虑约束的种群，可行解的优先性大于不可行解，所以将可行解 P_{feasible} 优先加入下一代种群 $P_{\text{feasible}}P_{\text{Anext}}$。如果数量恰好等于 N，那么所有可行解就是下一代种群。如果数量小于 N，就先将所有可行解 P_{feasible} 加入下一代 P_{Anext}，再将剩余的个体进行非支配排序得到分好层的集合，层数越小的个体集合表示收敛性越好。其中，F_l 表示第 l 层的个体集合，$|F_l|$ 表示第 l 层的个体数量。从第一层开始依次加入下一代，如果加入某一层后超出数量 N，我们将根据算法 9.2 计算该层个体的多样性指标 f_{d}，并根据 f_{d} 从大到小选出 N_{next} 个个体进入 P_{Anext}。最后输出种群 P_{Anext}，详细算法流程见算法 9.3。

算法 9.3：种群 P_A 的全局选择。

输入：种群规模 N，种群 P_A、P''_A、P''_B

输出：下一代种群 P_{Anext}

```
S ← 合并 P_A、P''_A、P''_B
P_Anext ← 初始化为空 ∅
P_feasible ← 计算 S 中所有的个体的约束，得到可行解的集合
if |P_feasible| == N then
```

P_{Anext}←将所有可行解加入下一代
else $|P_{\text{feasible}}| < N$ **then**
P_{Anext}←将所有可行解加入下一代
F_l←对剩余个体进行非支配排序(non-dominated sorting)
$i \leftarrow 1$
while $|P_{\text{Anext}}| + |F_i| \leqslant |S|$ **do**
P_{Anext}←将 F_i 中的个体加入下一代
$i \leftarrow i+1$
end
$N_{\text{next}} \leftarrow N - |P_{\text{Anext}}|$ 得出还需要选出的数量
P_{Anext}←从 F_i 根据多样性指标 f_{d} 从大到小选出 N_{next} 个个体加入下一代(见算法9.2)
else
F_l←对所有可行解进行非支配排序(non-dominated sorting)
$i \leftarrow 1$
while $|P_{\text{Anext}}| + |F_i| \leqslant |S|$ **do**
P_{Anext}←将 F_i 中的个体加入下一代
$i \leftarrow i+1$
end
$N_{\text{next}} \leftarrow N - P_{\text{Anext}}$ 得出还需要选出的数量
P_{Anext}←从 F_i 根据多样性指标 f_{d} 从大到小选出 N_{next} 个个体加入下一代
end

接下来介绍种群 P_B 的全局选择策略。种群 P_B 在进化过程中是不考虑约束的,在合并种群 P_B、P''_A 和 P''_B 后,就进行一次非支配排序。得到分好层的集合,然后从第一层开始依次将个体加入下一代,如果超过了种群规模 N,就将对这一层的个体计算 f_{d}。按照 f_{d} 从大到小依次选出 N_{next} 个个体进入 P_{Bnext}。最后输出种群 P_{Bnext},详细算法流程见算法9.4。

算法9.4:种群 P_B 的全局选择。
输入: 种群规模 N,种群 P_B、P''_A、P''_B
输出: 下一代种群 P_{Bnext}
S←合并 P_B、P''_A、P''_B
P_{Bnext}←初始化为空 $\varnothing$
F_l←对所有个体进行非支配排序(non-dominated sorting)
$i \leftarrow 1$
while $|P_{\text{Bnext}}| + |F_i| \leqslant |S|$ **do**
$|P_{\text{Bnext}}|$←将 F_i 中的个体加入下一代
$i \leftarrow i+1$
end

$N_{\text{next}} \leftarrow N - P_{\text{Bnext}}$ 得出还需要选出的数量

$P_{\text{Bnext}} \leftarrow$ 从 F_i 根据多样性指标 f_d 从大到小选出 N_{next} 个个体加入下一代

9.2.4 选择父代

因为已经有协同进化的框架来处理约束，所以在选择父代上我们倾向于可行解。种群 P_A 种群 P_B 都使用一种策略，区别在于选出的父代个数，详细算法流程见算法 9.5。

每一次都随机挑选出两个个体，如果两个个体都是可行解，那么按照支配关系选出较好的个体，互不支配时就随机挑选。如果一个是可行解而另一个是不可行解就选择可行解。如果两者都是不可行解，就选择违反度较小的那个。

算法 9.5：选择父代。

输入：种群 P，需要生成的父代个数 N

输出：N 个父代

$S \leftarrow$ 初始化为空 $\varnothing$

for $i=1:N$ **do**

$\boldsymbol{x}_1, \boldsymbol{x}_2 \leftarrow$ 从 P 中随机挑选出两个个体

if $\mathrm{CV}(\boldsymbol{x}_1)==\mathrm{CV}(\boldsymbol{x}_2)==0$ **then**

    if $\boldsymbol{x}_1 \prec \boldsymbol{x}_2$ **then**

$S \leftarrow \boldsymbol{x}_1$

    elif $\boldsymbol{x}_2 \prec \boldsymbol{x}_1$ **then**

$S \leftarrow \boldsymbol{x}_2$

    else

$S \leftarrow$ 随机挑一个个体进入

    end

elif $\mathrm{CV}(\boldsymbol{x}_1)==0$ and $\mathrm{CV}(\boldsymbol{x}_2)>0$ **then**

$S \leftarrow \boldsymbol{x}_1$

elif $\mathrm{CV}(\boldsymbol{x}_2)==0$ and $\mathrm{CV}(\boldsymbol{x}_1)>0$ **then**

$S \leftarrow \boldsymbol{x}_2$

else

$S \leftarrow \min(\mathrm{CV}(\boldsymbol{x}_1), \mathrm{CV}(\boldsymbol{x}_2))$

end

9.3 数值实验结果及分析

为了验证提出的算法 TS-CoEA 在约束多目标优化问题上的性能，将算法与多个现有算法在同一问题上进行实验比较。先介绍实验设置然后根据实验结果分析算法的性能。

9.3.1　实验设置

（1）测试问题：我们选择 LIRCMOPs 测试函数与可以自由调节参数的 DASCMOPs 测试函数。

（2）评价指标：在最后评价算法结果时选择逆世代距离（inverted generational distance，IGD）指标和超体积（HV）指标。

（3）对比算法：为了充分验证 TS-CoEA 的性能，我们选择了最具代表性的 4 种算法 CMOEA/D、ANSGA-Ⅲ、TiGE 和 CMOEA-MS 来做对比实验。

① CMOEA/D：CMOEA/D 是非常有代表性的基于分解的高性能算法。

② ANSGA-Ⅲ：ANSGA-Ⅲ是将非支配与分解结合的高性能算法，并且加入了自适应调节参考向量的约束处理机制来处理约束。

③ TiGE：TiGE 是一个处理约束的三目标框架，将种群解的收敛性、多样性和可行性作为新的 3 个目标取代原先的目标函数，然后进行进化迭代。

④ CMOEA-MS：CMOEA-MS 使用两阶段进化的策略，并能自适应地平衡种群的收敛性和可行性。

（4）遗传算子：实验采用遗传算法生成子代，而遗传算法采用模拟二项式交叉算子与多项式变异算子。具体设置：交叉概率为 1；变异概率为 $1/n$，其中 n 为决策变量维数；交叉与变异分布指数都设为 20。

（5）其他参数设置：对于所有测试函数，种群规模均设置为 100，函数评价次数设置为 50 000 次。每个算法对每个问题独立运行 30 次并且使用具有 5% 显著性水平的 Mann-Whitney-Wilcoxon 秩和检验作为统计方法。这种统计方法将本章算法通过实验得到的 IGD 平均值和 HV 平均值与其他算法进行比较，使用“＋”“－”“＝”表示统计学上显著好于、显著差于和相似于本章算法。

9.3.2　实验结果和分析

1. TS-CoEA 中参数对算法性能的影响

在算法中有两个影响搜索性能的参数，分别是控制两个种群产生子代数量的参数 λ 和控制两阶段开始的参数 φ。在 λ 比较大时，算法在第一阶段会让不考虑约束的种群 P_B 产生更多的子代，在第二阶段会让考虑约束的种群 P_A 产生更多的子代。这种设置可以增强种群的全局搜索能力，在面对有局部最优陷阱的复杂约束问题时，有比传统算法更强的跳出陷阱的能力。在此基础上，φ 越大，第一阶段进化的代数就会越多，可以进一步增强全局搜索能力，但是太大也会导致在第二阶段收敛不到可行区域的 Pareto 前沿。我们选出比较有代表性的 5 组（λ，φ）参数：（0.9，0.9），（0.8，0.8），（0.7，0.7），（0.6，0.6），（0.5，0.5）。将这 5 组参数对应的 TS-CoEA 算法命名为 TS-CoEA9、TS-CoEA8、TS-CoEA7、TS-CoEA6 和 TS-CoEA5。在 DASCMOPs 问题上进行测试。

表 9.1 是算法在参数 λ 和 φ 较大时在 DASCMOPs 问题上的 IGD 平均值，蓝色标注的是某问题的最优值，浅蓝色标注的是某问题的次优值。当参数为（0.5，0.5）时，表明两个种群 P_A 和 P_B 在整个进化过程都产生相同的子代。可以看到过度增强全局搜索能力的 TS-

CoEA9 和 TS-CoEA8 表现相对较差，都在 DASCMOP7 和 DASCMOP8 上表现出了较差的结果。TS-CoEA7 在 1 个问题上取得了最优值，在 4 个问题上取得了次优值，且没有表现差的结果。TS-CoEA6 在 3 个问题上取得了最优值，在 2 个问题上取得了次优值，且没有表现差的结果。

表 9.1

表 9.1　算法在参数 λ 和 φ 较大时在 DASCMOPs 问题上的 IGD 平均值

Problem	TS-CoEA9	TS-CoEA8	TS-CoEA7	TS-CoEA6	TS-CoEA5
DASCMOP1	7.1703e−1 =	6.8582e−1 =	7.2326e−1 =	7.0530e−1 =	7.0659e−01
DASCMOP2	2.4696e−1 =	2.4402e−1 =	2.5811e−1 =	2.5284e−1 =	2.5759e−01
DASCMOP3	3.4625e−1 =	3.2461e−1 =	3.2749e−1 =	3.3261e−1 =	3.3958e−01
DASCMOP4	5.6894e−3 =	6.3779e−3 =	4.9988e−3 =	5.6503e−3 =	7.3621e−03
DASCMOP5	4.8205e−3 +	4.5562e−3 +	3.6685e−3 =	3.5927e−3 =	4.8727e−03
DASCMOP6	4.4244e−2 =	5.4191e−2 =	4.7876e−2 =	5.0265e−2 =	5.6894e−02
DASCMOP7	3.3044e−2 −	3.2719e−2 −	3.1432e−2 =	3.1201e−2 =	3.1888e−02
DASCMOP8	4.4584e−2 −	4.4617e−2 −	4.2521e−2 =	4.0885e−2 =	4.1425e−02
DASCMOP9	3.6677e−1 =	3.8209e−1 =	3.7763e−1 =	3.7363e−1 =	3.8322e−01
+/−/=	1/2/6	1/2/6	0/0/9	0/0/9	

表 9.2 算法在参数 λ 和 φ 较大时在 DASCMOPs 问题上的 HV 平均值，蓝色标注的是某问题的最优值，浅蓝色标注的是某问题的次优值。在 HV 上，过度增强全局搜索能力的 TS-CoEA9 和 TS-CoEA8 表现比 IGD 还要差。TS-CoEA7 没有在任何一个问题上取得最优值，但在 4 个问题上取得了次优值，且没有表现差的结果。TS-CoEA6 在 4 个问题上取得了最优值，在 2 个问题上取得了次优值，且没有表现差的结果。

表 9.2

表 9.2　算法在参数 λ 和 φ 较大时在 DASCMOPs 问题上的 HV 平均值

Problem	TS-CoEA9	TS-CoEA8	TS-CoEA7	TS-CoEA6	TS-CoEA5
DASCMOP1	7.7894e−3 =	1.7168e−2 =	5.4287e−3 =	9.6580e−3 =	1.1084e−02
DASCMOP2	2.5124e−1 =	2.5092e−1 =	2.5082e−1 =	2.5102e−1 =	2.5294e−01
DASCMOP3	2.1073e−1 =	2.1716e−1 =	2.1536e−1 =	2.1488e−1 =	2.1164e−01
DASCMOP4	1.9753e−1 =	1.9701e−1 =	1.9801e−1 =	1.9858e−1 =	1.9666e−01
DASCMOP5	3.4939e−1 −	3.4967e−1 −	3.5032e−1 =	3.5040e−1 =	3.4971e−01
DASCMOP6	3.0142e−1 =	2.9938e−1 =	2.9906e−1 =	2.9989e−1 =	2.9982e−01
DASCMOP7	2.8532e−1 −	2.8600e−1 −	2.8656e−1 =	2.8685e−1 =	2.8653e−01
DASCMOP8	2.0467e−1 −	2.0532e−1 −	2.0581e−1 =	2.0595e−1 =	2.0606e−01
DASCMOP9	1.2456e−1 =	1.2354e−1 =	1.2380e−1 =	1.2482e−1 =	1.2169e−01
+/−/=	0/3/6	0/3/6	0/0/9	0/0/9	

综上分析，适当增强种群的全局搜索能力是可以提高算法的性能，但是过度增强全局搜索能力反而会导致算法性能的下降。

2. 与其他算法的比较

选择适当增强全局搜索能力的 TSCoEA6 代表 TS-CoEA 来与其他算法比较。表 9.3 是几种算法在 DASCMOPs 问题上的 IGD 平均值，蓝色标注的表明算法取得了某问题的最优值，浅蓝色标注的表明算法取得了某问题的次优值。“＋”“－”“＝”表示对比算法在统计学上显著好于、显著差于和相似于本章算法。可以看到 CMOEA/D 在 DASCMOP3 和 DASCMOP5 上取得了最优值，根据秩和检验在 6 个问题上显著差于 TS-CoEA。ANSGA-Ⅲ只在 DASCMOP8 上取得了次优值，根据秩和检验在 8 个问题上都显著差于 TS-CoEA。CMOEA-MS 没有在任何问题上取得最优值或次优值，根据秩和检验在 9 个问题上都显著差于 TS-CoEA。TiGE 在 DASCMOP1 到 DASCMOP3 上取得了最优值，在 DASCMOP4、DASCMOP6、DASCMOP7 和 DASCMOP9 上取得了次优值。根据秩和检验在 2 个问题上显著好于 TS-CoEA，但在 5 个问题上显著差于 TS-CoEA。

表 9.3 不同算法在 DASCMOPs 问题上的 IGD 平均值

Problem	CMOEA/D	ANSGA-Ⅲ	CMOEA-MS	TiGE	TS-CoEA
DASCMOP1	7.1943e－1 ＝	7.4086e－1 －	7.5311e－1 －	6.3200e－1 ＋	7.17E－01
DASCMOP2	2.6749e－1 －	2.8515e－1 －	3.1823e－1 －	2.2998e－1 ＝	2.42E－01
DASCMOP3	3.4806e－1 ＝	3.5851e－1 ＝	4.0648e－1 －	3.3582e－1 ＋	3.39E－01
DASCMOP4	4.3098e－1 －	4.9927e－1 －	8.6962e－1 －	3.6990e－1 －	3.99E－03
DASCMOP5	2.6674e－1 －	6.0694e－1 －	7.4614e－1 －	2.8569e－1 －	3.79E－03
DASCMOP6	6.1946e－1 －	6.4363e－1 －	8.3854e－1 －	4.2952e－1 －	6.20E－02
DASCMOP7	7.6671e－2 －	7.4484e－2 －	9.4755e－1 －	4.4768e－1 －	4.73E－02
DASCMOP8	2.5898e－1 －	1.8357e－1 －	8.9501e－1 －	3.1425e－1 －	7.00E－02
DASCMOP9	4.4226e－1 ＝	4.5040e－1 －	4.9890e－1 －	4.2644e－1 ＝	3.95E－01
＋/－/＝	0/6/3	0/8/1	0/9/0	2/5/2	

表 9.3

表 9.4 是几种算法在 DASCMOPs 问题上的 HV 平均值，蓝色标注的表明算法取得了某问题的最优值，浅蓝色标注的表明算法取得了某问题的次优值。“＋”“－”“＝”表示对比算法在统计学上显著好于、显著差于和相似于本章算法。

表 9.4 不同算法在 DASCMOPs 问题上的 HV 平均值

Problem	CMOEA/D	ANSGA-Ⅲ	CMOEA-MS	TiGE	TS-CoEA
DASCMOP1	6.1082e－3 －	3.4299e－3 －	1.7516e－3 －	2.3992e－2 ＋	6.29E－03
DASCMOP2	2.4313e－1 －	2.3917e－1 －	2.3049e－1 －	2.5490e－1 ＝	2.55E－01
DASCMOP3	2.0985e－1 ＝	2.0715e－1 ＝	1.9001e－1 －	2.0953e－1 －	2.15E－01

表 9.4

续表

Problem	CMOEA/D	ANSGA-Ⅲ	CMOEA-MS	TiGE	TS-CoEA
DASCMOP4	6.2534e−2 −	3.8972e−2 −	2.0807e−3 −	6.0427e−2 −	1.99E−01
DASCMOP5	1.9698e−1 −	6.6120e−2 −	2.5282e−2 −	1.7941e−1 −	3.50E−01
DASCMOP6	5.7948e−2 −	3.9828e−2 −	6.7902e−3 −	1.0624e−1 −	2.96E−01
DASCMOP7	2.6026e−1 −	2.6535e−1 −	1.4343e−2 −	1.2475e−1 −	2.83E−01
DASCMOP8	1.4882e−1 −	1.7108e−1 −	3.4842e−3 −	1.2187e−1 −	1.97E−01
DASCMOP9	1.0530e−1 −	1.0472e−1 −	9.7121e−2 −	7.7243e−2 −	1.19E−01
+/−/=	0/8/1	0/8/1	0/9/0	1/7/1	

第10章 双层优化问题的智能算法求解

双层优化问题最早来源于 Stackelberg 问题，此模型包含一个与主目标相互权衡的约束，每当要抉择时，都得先优化其约束问题。已有研究表明，求解双层优化问题是一项 NP-hard 的任务，甚至于仅仅评估一个解是否是最优解都是 NP-hard 的。对于最简单的线性优化问题，其下层解唯一，也不可能找到一个多项式级别的算法来求解。本章首先给出所提出算法的框架；随后证明了算法的收敛性；最后做一些仿真实验，通过标准的测试函数验证算法的有效性。

10.1 引言

人类社会向来是一个层级分明的社会。有层级就会有不同的目标。各个层级的决策者都在有意或者无意地进行着各种较量，以使自身的目标利益最大化。高层的决策者往往有更高的话语权，下层决策者在高层决策后，才有一定的自由度来追求其目标利益最大化。这种多层级的复杂问题，可以使用多层优化模型来表示。其中最经典且研究最为广泛的就是双层优化模型。研究双层优化问题(bilevel linear program problem，BLPP)，有利于解决许多复杂的矛盾冲突，有利于促使不同层级的决策者实现共赢。

社会的这种层级性在生活的方方面面都有渗透，所以双层优化问题也存在于各行各业。煤矿开采活动可以产生经济效益，同时也会带来污染。煤矿开采活动由煤矿企业完成，其受到当地政府的监管。政府的监管部门充当着上层决策者的角色，煤矿企业充当着下层决策者的角色。上层决策者关注的目标是最大化税收而使用最小的环境污染代价。下层决策者即煤矿企业的目标只有一个就是使企业利润最大化。在这种情境下，人们面临的就是一个双层优化问题。其上层有两个目标：税收最大和污染最小，对应的决策变量是税收政策。下层只有一个目标，在税收政策确定后，进行合理的开采以使得利润最大化。

高速路收费站的设置同样是一个双层优化问题。收费站建设和管理人员是上层决策者，他们需要考虑制定合理的收费站安放方案，从而最大化其收益。而下层决策者即司机，在给定的一种收费站设置方案后，需要优化其行驶路径从而使得花费和耗时最小。收费站管理人员只有充分考虑了司机的使用情况，才能优化其自身安置方案，使收益更多。

在结构设计中，同样存在着双层优化问题。一般情况下结构的重量和花费充当着上层目标的角色。设计者需要去寻找合适的材质和设计合理的形状等这类决策变量来满足对应的设计目标。与此同时，一些约束如形变边界、压力、接触力可以通过最小化潜在的系统力来决定。这些约束也对应着下层的目标。

类似的实际双层问题还有很多，如国防安全、市场管理、股票投资、供应链网络、服务器部署、化工反应等。研究此类问题，建立合理的模型，设计有效的算法，有利于降低成本，节约能源，减少污染，有利于在冲突和矛盾中寻求利益最大化。特别是随着计算机性能的不断提升，也为求解此类问题提供了可能性。故而研究双层优化问题的价值和意义是深远的。

10.2 国内外研究现状

双层优化无论是问题本身还是算法，都是国际上的研究热点。但由于双层优化问题在实际应用中层出不穷，与日益增长的需求相比，其仍然需要有更加充分和广泛的研究。

10.2.1 问题研究

双层优化问题最早来源于 Stackelberg 问题，1955 年 Stackelberg 在其研究市场经济的著作中，提出了双层优化问题的近似模型。此模型包含一个与主目标相互权衡的约束，每当抉择时，都须先优化其约束问题。因为其在大多数情况下可与后期提出的双层优化问题相互转化，所以双层优化问题后来也被称作 Stackelberg 问题。随后，与 Stackelberg 问题类似结构的问题在生活中越来越多，此时缺乏统一的定义，而下层都被当作约束处理，因而这类问题都被当作约束中含有优化问题的数学问题来研究。直到 1973 年，Bracken 等在其许多研究中专门为这类问题建立了双层规划的数学模型，使得这类问题的形式更加统一。最终到了 1977 年，Candler 和 Norton 正式给出了双层优化甚至是多层规划的定义及概念。多层规划可以由双层规划复合来求解，所以本文只研究双层优化。

双层优化问题一般包含两种相互约束的、有着分明层级关系的目标需要去优化。上层目标决定下层目标，同时下层目标影响着上层目标的抉择。每获取一个双层优化问题的可行解，都需要固定上层决策变量并以其为参数来求解一个下层优化问题。通过上层目标评估大量的可行解，最终才能确定双层优化问题的最优解。另外，还存在一种情况是当上层变量确定后，求得下层问题的最优解有可能存在多个。此时根据选择策略的不同会划分出两种双层优化的类型。一种是乐观型，其总是选择那些有利于上层目标的下层最优解作为本次下层优化的结果。与之相反的，另一种是悲观型，即非合作的，其总是选择最不利于上层优化的下层最优解。伴随着上下层复杂的函数性质，以及各自约束条件的干扰，求解双层优化问题的难度将进一步加大。所以，可以发现，求解双层优化问题非常复杂且需要耗费大量的计算资源。已有研究表明，求解双层优化问题是一项 NP-hard 的任务，甚至仅仅评估一个解是否为最优解都是 NP-hard 的。对于最简单的线性优化问题，其下层解唯一。同时，也不可能找到一个多项式级别的算法来求解该问题。

10.2.2 算法研究

尽管求解双层优化问题面临着巨大挑战，许多研究者还是做出了进步性的贡献。根据研究策略的不同，双层优化的算法可以被粗略地划分成两大类。第一类主要基于函数性质推导，而第二类则基于进化计算理论。前者求解问题的速度更快，需要的计算资源更少，但是其受限于如凸、可微等一些特殊的函数性质，而实际应用性不强。一些典型的传统方法包括罚函数方法、KKT 条件法、分支定界法等。后者更具实用性质，因为其不要求具体的函数性质，正适合现实问题函数性质不可得的特点。伴随着计算机性能的不断提升，进化计算在许多领域变得越来越受欢迎，尤其是求解双层优化问题方面。Mathieu 首次使用进化算法求解双层优化问题，他使用遗传算法和线性规划分别求解上下层问题，得到还不错的效果。V. Oduguwa 和 R. Roy 使用协同进化算法(CEA)来为上下层维持两个不同的种群，通过两个种群之间的交互最终获得最优解。Angelo 采用了两种启发式搜索结合的方式来分别求解上下层问题，其上层使用蚁群算法(ACO)，下层采用了差分进化算法来处理交通规划问题。近年来，两种类型的界限越来越模糊，基于函数性质推导的学者，也会结合一些启发式策略来简化求解难度；基于进化计算的学者，也会利用一些数学性质来节约计算资源。例如，Li 等学者提出一种混合算法来求解非线性双层优化问题，其上层使用进化算法并融入一种单纯性的交叉策略，而下层则使用传统优化方法。Sinhua 等学者提出 BLEAQ 系列新方法，其使用近似策略来人为建立从上层决策变量向下层最优解的映射，从而减少了下层优化问题的求解次数。这种方法在减少下层函数评估次数的同时，节约了计算资源。然而，他们只使用简单的二次函数来拟合上层与下层的关系，当问题变得复杂时其拟合不见得有效。此外，当其映射的结果误差较大时，不应该直接作为下层的最优解。如果使用其作为下层搜索的方向指导，效果将会更好。

如上所述，求解连续性双层问题的算法层出不穷，然而其或多或少存在一些问题。例如：传统算法函数性质要求较高而实用性不强；基于嵌套的进化算法导致计算资源浪费；对于双层约束的处理不够精细；缺少有效的种群初始化策略；基于近似的下层最优解映射误差太大等。另外，这些算法大都只停留在求解测试函数层级。而现实问题大多是离散性问题，求解这类问题的算法比较稀有。虽然连续性问题经过一定变化同样适用于离散性问题，但是由于现实问题的复杂性，其运用还是有一定难度的。因此，结合具体的实际问题和现有的优化理论，去研究离散性双层优化算法还有很大的探索空间。

10.3 基于球变异和动态约束处理的双层 PSO 算法

前几章的研究和文献综述表明，双层优化模型被广泛应用与实际问题中。然而，现存的双层优化算法却存在各种各样的不足。例如：①计算代价太高；②种群初始化策略太简单；③种群多样性保持度不高；④约束处理太粗糙；⑤基于映射的上下层关系近似策略不够精细等。因此，本章提出一种基于粒子群的双层优化算法，并设计了一些新的算子来试图更好地求解双层优化问题。

本章的内容安排如下：首先给出本章所提出算法的框架以及其内部的一些方法细节；其次证明了算法的收敛性；最后做一些仿真实验，通过标准的测试函数验证算法的有效性，并讨论和分析实验结果。

10.3.1 双层优化模型

双层优化模型一般包含两个需要去优化的目标函数，上层决定下层，下层目标可以看成上层目标的约束。另外，更复杂一些，上下层都可以有各自的约束条件，可以是等式约束，也可以是不等式约束。具体其一般形式如下：

$$
\text{双层优化模型}\begin{cases}\left.\begin{array}{l}\min\limits_{x_u\in X_u} F(\boldsymbol{x}_u,\boldsymbol{x}_l)\\ \text{s.t. } G(\boldsymbol{x}_u,\boldsymbol{x}_l)\leqslant 0\end{array}\right\}\text{上层优化问题}\\ \text{其中 }\boldsymbol{x}_l\text{ 通过优化}\\ \left.\begin{array}{l}\min\limits_{x_l\in X_l} f(\boldsymbol{x}_u,\boldsymbol{x}_l)\\ \text{s.t. } g(\boldsymbol{x}_u,\boldsymbol{x}_l)\leqslant 0\end{array}\right\}\text{下层优化问题}\end{cases} \tag{10-1}
$$

其中 $F,f:\mathbf{R}^n\times\mathbf{R}^m\rightarrow\mathbf{R}$，$F$ 是上层目标函数；f 是下层目标函数；对应的 $\boldsymbol{x}_u,\boldsymbol{x}_l$ 则分别为上下层变量。上下层变量一般可以是多维的：$\boldsymbol{x}_u\in\mathbf{R}^n,\boldsymbol{x}_l\in\mathbf{R}^m$。各个维度还有其对应的上下界约束为

$$\boldsymbol{x}_u\in X_u,X_u=\{(x_u^1,x_u^2,\cdots,x_u^n)^{\mathrm{T}}\in\mathbf{R}^n\,|\,x_u^i\in[l_u^i,u_u^i],i=1,2,\cdots,n\},l_u^i,u_u^i\text{ 为常数}$$

$$\boldsymbol{x}_l\in X_l,X_l=\{(x_l^1,x_l^2,\cdots,x_l^m)^{\mathrm{T}}\in\mathbf{R}^m\,|\,x_l^i\in[l_l^i,u_l^i],i=1,2,\cdots,m\},l_l^i,u_l^i\text{ 为常数}$$

除了上下界约束，根据问题复杂程度的不同，上下层还有其对应的约束条件。$G:\mathbf{R}^n\times\mathbf{R}^m\rightarrow\mathbf{R}^p$ 代表上层约束函数；$g:\mathbf{R}^n\times\mathbf{R}^m\rightarrow\mathbf{R}^q$ 代表着下层约束函数。通过模型(10-1)可以发现，上层优化问题其约束和目标函数不单单与上层变量 $\boldsymbol{x}_u$ 相互关联，而且严重依赖于下层优化问题的最优解。同样地，下层优化问题的求解也受上层变量 $\boldsymbol{x}_l$ 的影响。因此，求解双层优化问题的步骤是，固定上层变量作为下层优化问题的参数，优化下层问题得到最优解之后，才得到上层优化问题的一个可行解。

此外，双层优化问题还有一些特殊的概念需要解释。

搜索空间：$\Omega=\{(\boldsymbol{x}_u,\boldsymbol{x}_l)\,|\,\boldsymbol{x}_u\in X_u,\boldsymbol{x}_l\in X_l\}$

约束域：$S=\{(\boldsymbol{x}_u,\boldsymbol{x}_l)\in\Omega\,|\,G(\boldsymbol{x}_u,\boldsymbol{x}_l)\leqslant 0,g(\boldsymbol{x}_u,\boldsymbol{x}_l)\leqslant 0\}$

指定 x_u，下层问题的可行域：$S(\boldsymbol{x}_u)=\{\boldsymbol{x}_l\in X_l\,|\,g(\boldsymbol{x}_u,\boldsymbol{x}_l)\leqslant 0\}$

约束域 S 在上层决策空间的投影：$S(X_u)=\{\boldsymbol{x}\in X_u\,|\,\exists\,\boldsymbol{x}_l\in X_l,(\boldsymbol{x}_u,\boldsymbol{x}_l)\in S\}$

指定投影中的一个变量 $x_u\in \boldsymbol{S}(\boldsymbol{X}_u)$，下层的合理反应集：$P(\boldsymbol{x}_u)=\{\boldsymbol{x}_l\in X_l\,|\,\boldsymbol{x}_l\in\arg\min[f(\boldsymbol{x}_u,\boldsymbol{z})\,|\,\boldsymbol{z}\in S(\boldsymbol{x}_u)]\}$

诱导域：$\mathrm{IR}=\{(\boldsymbol{x}_u,\boldsymbol{x}_l)\,|\,(\boldsymbol{x}_u,\boldsymbol{x}_l)\,|\in S,\boldsymbol{x}_l\in P(\boldsymbol{x}_u)\}$

定义 10.1

可行解：若$(x_u,x_l)\in\mathrm{IR}$，则把(x_u,x_l)称为双层优化问题的一个可行解。

定义 10.2

最优解：若(x_u^*,x_l^*)是可行解，且$\forall(x_u,x_l)\in\mathrm{IR},F(x_u^*,x_l^*)\leqslant F(x_u,x_l)$，则称$(x_u^*,x_l^*)$为双层优化问题的一个最优解。

对于指定的上层决策变量 $\boldsymbol{x}_u$，下层合理反应集 $P(\boldsymbol{x}_u)$不是单点集时，此时在本次优化中，下层优化问题可以有许多最优解可供选择。这将导致双层优化问题不是稳定的，甚至无法求得最优值。为了解决此类问题，一些研究者做出了假设，根据此种状况下选择策略的不同，产生了悲观型和乐观型两类不同的解决方案：乐观型决策机制一般总是选择有利于上层优化目标值的方案，其选择机制是合作的；悲观型则总会选择最不利于上层优化目标值的方案。

由于双层规划问题的嵌套性，导致其一般是非凸不可微的，因此，其求解难度也进一步加大。求解线性单层优化问题已被证明是 NP-hard 的，故而线性双层优化也是 NP-hard 问题。Jeroslow 首次在其论文中分析了双层优化问题的复杂性，指出了这一性质。随后，

Deng 等进一步指出，线性双层优化问题的强 NP-hard 性。不仅如此，求解双层优化问题的局部最优解，也在 1994 年被 Vicente 证明是一个 NP-hard 问题。

10.3.2　新提出的算法（BPSO-QMDC）

整体上，所提出的新算法在上下层都使用高速收敛的粒子群框架。其间设计了许多新的算子和策略，使得算法具有更好的寻优效果。首先，为了让初始化种群拥有更好的先天优势，基于极点的种群初始化策略被设计出来。该策略可以使种群初始阶段产生一些具有潜力的粒子，以加快后期迭代的收敛速度。其次，基于超球体的变异算子被融合到粒子群算法，确保了种群的多样性，该算子可以使得空间中的所有点都以概率 ε 可达，从而能够在进化中跳出局部最优。再次，为了减少函数的评估次数，本节提出了基于精英的局部搜索算子和基于 RBF 导向的下层搜索算子，这两个算子加速了算法整体的求解速度。最后，本算法还创造性地使用了一种类似于球收缩的适应度评价方法来让约束处理更加光滑，该策略有利于那些最优解位于诱导边界上的双层优化问题的求解。下面是使用了以上新算子的算法框架。

完整的算法步骤如下，为了后文描述算法方便，新算法被命名为 BPSO-QMDC。

算法 10.1：**BPSO-QMDC**。

初始化种群 pop_u，种群大小为 n_{pop}。种群预处理（**算法 10.3 预处理初始化**），设置最大迭代次数 t_{max}
for $t=1$ to t_{max} **do**
　使用 DB（在算法 10.3 建立）中数据训练从 $\boldsymbol{x}_u$ 映射到 $\boldsymbol{x}_l$ 的模型 $NewRBF_{model}$
if RBF_{model} 还没有创建 **or** $RBF_{model}.err > NewRBF_{model}.err$ **then**
用 $NewRBF_{model}$ 更新替换 RBF_{model}
endif
for $i=1$ to n_{pop} **do**
if $pbest_i$ 没有初始化 **then**
$pbest_i=\boldsymbol{x}_{ui}$
else
更新 $\boldsymbol{x}_{ui}$
　　用**算法 10.2 球变异算子**对 $\boldsymbol{x}_{ui}$ 进行变异
　　用 RBF 指导的下层 PSO 去优化下层问题得到最优解 $\boldsymbol{x}_{li}$
根据（$\boldsymbol{x}_{ui}$，$\boldsymbol{x}_{li}$）计算当前适应度值 fitness，并将其存入 DB
if $\boldsymbol{x}_{ui}.fitness > pbest_i.fitness$ **then**
$pbest_i=\boldsymbol{x}_{ui}$
if gbest 没有初始化 **or** $\boldsymbol{x}_{ui}.fitness > gbest.fitness$ **then**
$gbest=\boldsymbol{x}_{ui}$
end if
　　end if
　end if
end if
使用**算法 10.4 二次近似局部搜索** 来更新 gbest

24 如果 gbest 的精度已经达到退出标准，则跳出迭代
25 **end for**
26 输出 gbest 及其对应的下层最优解 $\boldsymbol{x}_1$

算法中的 DB 是一个数据集，用于存储算法在进化中所产生的可行解对($\boldsymbol{x}_u$, $\boldsymbol{x}_1$)，以及其对应的上下层函数值、约束值、适应度值。这个数据集用来作为样本点，建立一系列近似函数关系，包括在初始化和局部搜索阶段的使用二次函数关系，以及上下层映射的 RBF 函数关系。其中的 $\mathrm{RBF}_{\mathrm{model}}$ 是建立的从上层决策变量到下层最优解映射关系，每当完成一代进化，其将融合新的样本点训练一次得到 $\mathrm{NewRBF}_{\mathrm{model}}$，并根据训练的结果决定是否更新已有模型。7～9 行意味着为 pbest_i 赋初值，因为粒子第一次产生时，最好历史值就是其本身。在第 13 行中，下层优化依旧使用粒子群算法。所不同的是下层在种群初始化阶段，使用 RBF 所产生的下层假想最优解可以被放入种群，让其搜索更加具有导向性。接下来，将对框架中所提到的一系列算子和策略进行详细介绍。

10.3.3 球变异 PSO

粒子群算法把解抽象成一群粒子在 n 维空间中飞行。在环境因子和适应度的控制下，不断地调整位置和速度，追寻着已知的当前最优解 pbest 和全局最优解 gbest，向真正的最优解逐渐趋近。因为其没有传统的交叉和变异算子，只是基于位置和速度的更新，因此其计算效率高而收敛速度快。正是因为 PSO 高效而简洁的性质，所以本算法上下层都采用粒子群作为基本框架。

传统粒子群位置的改变只依赖于已知解合成的速度，单一的搜索方向将导致搜索空间中一些位置不可达。为了改进粒子群算法的这一劣势，本章 BPSO-QMDC 算法将一种球变异的策略融入 PSO 中。此新变异策略的基本思想是，以当前粒子为中心，以半径 r 创建一个超球面。随后以概率 p_m 随机在此超球面上选择一个新的位置作为其变异后的结果。使用这种方式，粒子可能将分布得更加均匀，且所有搜索空间中的所有位置都是依概率可达的。球变异的具体算法如下。

算法 10.2：球变异算子。

1 确定球面变异中心 $\tilde{\boldsymbol{x}}=(\tilde{x}_1,\tilde{x}_2,\cdots,\tilde{x}_n)$，其中 $\tilde{\boldsymbol{x}}$ 是将要被变异的个体，n 是其维度

2 初始化变异半径 $r=(r_1,r_2,\cdots,r_n)$，其中 $r_i=\delta(u_i-l_i)$，$i=1,2,\cdots,n$，$\delta\in(0,1)$，u_i，l_i 分别对应着解 $\tilde{\boldsymbol{x}}$ 在第 i 维度的上下界。同时确定超球面角度划分份数 K

3 假设变异后的新个体为 $\boldsymbol{x}'=(x_1',x_2',\cdots,x_n')$，则对于每一维 x_i'，如果产生一个随机数小于概率 p_m，则使用如下公式计算，否则保持原值不变：

$$\begin{cases}x_1'=\tilde{x}_1+r_1\cdot\cos(a_1)\\x_2'=\tilde{x}_2+r_2\cdot\sin(a_1)\cdot\cos(a_2)\\\quad\vdots\\x_{n-1}'=\tilde{x}_{n-1}+r_{n-1}\cdot\sin(a_1)\cdot\cdots\cdot\sin(a_{n-2})\cdot\cos(a_{n-1})\\x_n'=\tilde{x}_n+r_n\cdot\sin(a_1)\cdot\cdots\cdot\sin(a_{n-1})\cdot\cos(a_n)\end{cases}\tag{10-2}$$

其中，$a_{n-1}\in[0,2\pi]$，将$[0,2\pi]$均分成 K 份，随机选一份在其中取值作为 a_{n-1}，$a_i\in[0,\pi]$，$i=1,2,\cdots,n-2$，将$[0,\pi]$均分成 K 份，随机选一份在其中取值作为 a_i
输出变异的结果 $\boldsymbol{x}'=(x_1',x_2',\cdots,x_n')$作为一个新个体

10.3.4 基于极点的种群初始化

在传统进化算法中，种群初始化大多采用随机策略。更好一些的策略是基于一些巧妙的设计。例如，正交设计，其使得个体在种群中的分布更加均匀。很少有研究者能够考虑使用种群分布的先验知识来挑选一些比较有潜力的解放入初始种群，让迭代从一开始就比较有优势。在双层优化中，评估每个上层变量，意味着要进行一次下层优化操作。因此，合理地选择一些较好解放入初始种群中，有极大的可能性来节约计算资源，故而十分合理。

本章提出的 BPSO-QMDC 就是基于一种新的假设来做种群预处理。可以预想，问题的最优解总是来源于一些极点。因此，只要足够的初始化的个体能够接近一些极点，它们能够收敛到最优解的概率就大。但是一般情况下，上下层函数的极点是不好求的，在实际问题中其形式更加复杂。为了产生一些接近极点的个体，只能从样本点出发来采用近似的策略。首先随机的产生一些上层决策变量 $\boldsymbol{x}_{\mathrm{u}}$；其次以之为参数去求解下层优化问题，从而获得其对应的下层最优解 $\boldsymbol{x}_{\mathrm{l}}$。所求得的可行解对$(\boldsymbol{x}_{\mathrm{u}},\boldsymbol{x}_{\mathrm{l}})$将被带入上下层目标函数和约束函数中求得其对应的函数值。通过挑选一些互相靠近的解来建立原函数的一个局部近似；最后用其来优化此近似函数，就可以得到一些靠近原函数极点的解。将这些解放入种群，将有助于后续的优化。当然，为了在开始阶段保证种群的多样性，一些随机产生的解也会被加入初始种群。

算法 10.3：预处理初始化。

随机产生上层种群 $\mathrm{pop_u}$，种群大小为 n_{pop}
for 每一个个体 $\boldsymbol{x}_{\mathrm{u}}$ in $\mathrm{pop_u}$ **do**
  固定 $\boldsymbol{x}_{\mathrm{u}}$ 作为下层问题参数，使用 PSO 算法优化下层问题获得最优解 $\boldsymbol{x}_{\mathrm{l}}$
  代入解对$(\boldsymbol{x}_{\mathrm{u}},\boldsymbol{x}_{\mathrm{l}})$，计算上层问题函数值 f_{val}、约束值、适应度值 fitness，将其存入 DB
end for
使用 k-means 算法将 DB 中的解聚集成 k 类
for $i=1$ to k **do**
  用第 i 类中的数据，以二次函数来逼近原函数，即从$(\boldsymbol{x}_{\mathrm{u}},\boldsymbol{x}_{\mathrm{l}})$到 f_{val}和 c_{val}的映射关系。近似的函数分别记为 F'、G'
  使用传统优化算法来优化带约束 G'的函数 F'以得到近似函数的最优解对$(\boldsymbol{x}_{\mathrm{u}}',\boldsymbol{x}_{\mathrm{l}}'')$
  固定上层解 $\boldsymbol{x}_{\mathrm{u}}'$作为参数 $\boldsymbol{x}_{\mathrm{l}}''$作为一个初始粒子，使用 PSO 算法去优化下层问题得到下层问题的最优解 $\boldsymbol{x}_{\mathrm{l}}'$
  代入原函数计算新求出解对$(\boldsymbol{x}_{\mathrm{u}}',\boldsymbol{x}_{\mathrm{l}}')$的 f_{val}，c_{val}及 fitness，将其存入 DB 中
  从 X_{u} 中寻找适应度值最差的粒子，并替换成 $\boldsymbol{x}_{\mathrm{u}}'$
end for
输出初始化的种群 $\mathrm{pop_u}$，以及其存储在 DB 中的相关信息

10.3.5 基于二次近似的局部搜索

经典的粒子群算法中一般没有局部搜索操作。为了提高双层优化中解的收敛速度，本节提出一种新的基于二次近似的精英局部搜索算子，并将之融入 PSO 中。此局部搜索算子试图在精英粒子周围，使用二次函数构建其飞行的大致趋势，而有预见性地找到一个潜在的更优粒子作为本次局部搜索的结果。

图 10.1

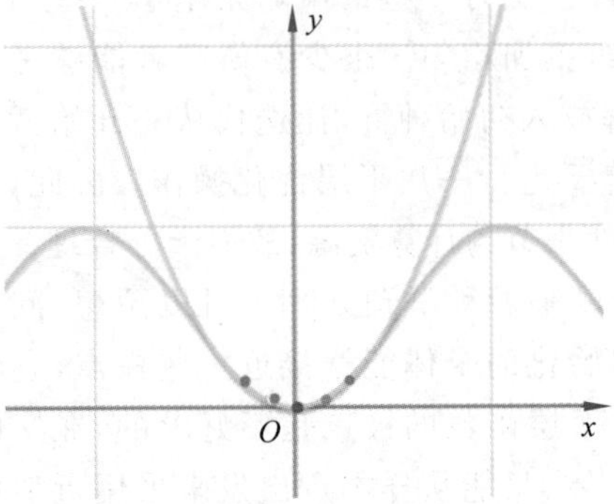

图 10.1 精英局部搜索算子图示

如图 10.1 所示，假设我们已经求出了一些解：蓝色和红色的点（扫描图 10.1 旁的二维码观看）。本算子选出其中的精英粒子（红点）作为局部搜索的中心点。然后选出靠近此精英的点（绿色），使用这些点像种群初始化阶段所提及的那样，建立其近似二次函数。随后优化此二次近似函数，得到其最优解（黑色）作为原函数的一个潜在解。将之带入原函数，计算其函数值，约束值及适应度值。评价其是否比红色的点更好，如果其适应度值更大，则用本次局部搜索得到的解（黑色）替换原有精英（红色），本次局部搜索成功。否则，本次局部搜索失败，原始结果保持不变。

此局部搜索算法在双层粒子群算法的上下层都可以使用。但是，在上下层的一些处理略有不同。在上层时，评价局部搜索结果所得到的新解时，其还要进行一次下层优化以得到完整解对。而在下层时，只需要直接计算其适应度，按照适应度值评价即可。在 10.3.6 节将会对适应度评价函数做详细讨论。

算法 10.4：适应度评估。

对于已选定的精英 $\boldsymbol{x}_{\mathrm{u}}$，在 DB 中寻找其 k 个最近的邻居

将 k 个最近的邻居作为数据，建立从解对$(\boldsymbol{x}_{\mathrm{u}}, \boldsymbol{x}_{\mathrm{l}})$到其上层目标函数值和约束值的二次近似映射函数，分别记为 F'、G'

使用传统优化算法去优化带约束 G' 的 F' 得到新的最优解对$(\boldsymbol{x}'_{\mathrm{u}}, \boldsymbol{x}''_{\mathrm{l}})$

固定 $\boldsymbol{x}'_{\mathrm{u}}$作为参数，$\boldsymbol{x}''_{\mathrm{l}}$作为下层初始种群的粒子，使用 PSO 优化下层问题得到下层最优解 $\boldsymbol{x}'_{\mathrm{l}}$

代入新解对$(\boldsymbol{x}'_{\mathrm{u}}, \boldsymbol{x}'_{\mathrm{l}})$到原函数，计算函数值 f_{val}、约束值 c_{val}、适应度值 fitness，并将其一起存入 DB

if $\boldsymbol{x}'_{\mathrm{u}}$.fitness $>$ $\boldsymbol{x}_{\mathrm{u}}$.fitness **then**

$\boldsymbol{x}_{\mathrm{u}} = \boldsymbol{x}'_{\mathrm{u}}$

end if

输出 $\boldsymbol{x}_{\mathrm{u}}$ 作为局部搜索的结果

10.3.6 约束处理以及适应度函数

约束处理对于优化问题一直都很重要。在进化算法中，出现了很多约束处理的方法。

然而，其大多都是用来处理单层优化问题。对于双层优化问题，约束处理被嵌套的难度掩盖住了，所以很少有人关注。大多数双层优化算法对于解好坏的评价和约束处理都是基于比较的。这种粗糙的评估方法在大多数情况下是简单有效的。然而，对于这样的一些情况，当最优解的值位于约束边界时，一些轻微违反约束的解将更有可能在未来收敛到最优解。因此，这种情况的约束处理应该采取更合理的方式。

本节提出一种动态球收缩的适应度评价函数。如图 10.2 所示，假想可行区域是一个球面，然后违反约束的区域是更大的一个球面，而所有的个体都在这个两个球中自由飞行。图中绿色的点是不可行解，红色的点是全局最优解，黑色的点是一些可行解。可以看到，绿色点相比黑色点离红色点更近，因此其在后期经过进化更有可能收敛到全局最优解，所以更加有潜力。所以我们设计的算子，在开始迭代阶段，允许解可以有一定的约束违反空间。一部分轻微违反约束而在外部飞行的个体也能参与到进化迭代中来。伴随着迭代次数的增加，我们允许的约束违反度越来越小。直到外面的球缩小而与可行区域的边界重合，这时所有的粒子最终在不知不觉之间都被牵引到了可行区域。

图 10.2

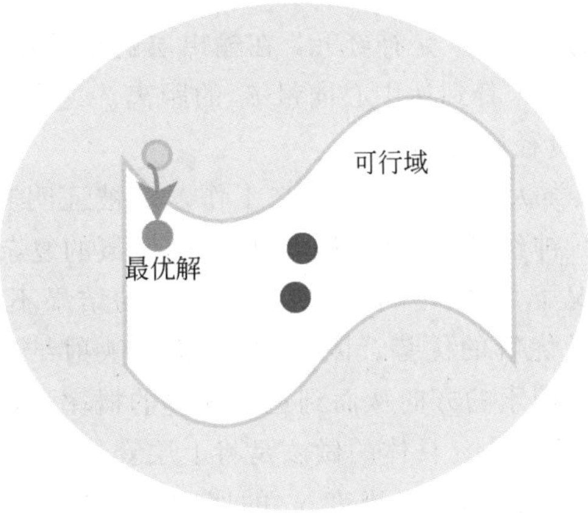

图 10.2　潜力不可行解与可行解分布图

$$
\begin{aligned}
&\text{Fitness}(\boldsymbol{x}) = \max F_{\text{val}} - \left[F(\boldsymbol{x}) + \sum_{i=1}^{n_c} \text{cv}_i(\boldsymbol{x}) \mathrm{e}^{-t_{\max}/t^4} \right] \\
&\text{cv}_i(\boldsymbol{x}) = \min[0, G_i(\boldsymbol{x})] \\
&\max F_{\text{val}} = \max[F(\boldsymbol{x}_k)], \quad k = 1 \sim n_{\text{pop}}
\end{aligned}
\tag{10-3}
$$

我们给出的适应度函数如式(10-3)所示，其中 n_c 代表约束函数的数量；$\max F_{\text{val}}$ 表示种群中最差解的函数值。约束违反 $\sum_{i=1}^{n_c} \text{cv}_i(\boldsymbol{x})$ 在开始迭代阶段对适应度的影响并不大。因此，一些违反约束的解，在开始阶段也允许参与到竞争中来。随着迭代代数 t 的增大，$(-t_{\max}/t^4)$ 将会趋向于 0，$(\mathrm{e}^{-t_{\max}/t^4})$ 将会趋向 1，随即将会把个体适应度值拉小变差。约束处理对适应度函数的影响，将使得那些违反约束的个体，伴随着迭代次数的增大而逐渐在竞争中被淘汰。

10.3.7　RBF 指导下的下层搜索改进策略

双层优化问题的一个最大难题是搜索可行解：获得一个可行解意味着一个下层优化问

题的解决。如果一个特定的从上层决策变量到下层最优解之间的函数已然确定,那么许多计算资源将被节省。此种映射关系建立的可能性在 BLEAQ 系列算法的文献[1]中有所提到。这些算法使用二次函数来近似逼近这种映射关系,随后使用建立的近似二次函数直接获得下层最优解(当解是唯一单解时)。这种策略在一些情况下,有可能是可行的。然而,简单的二次函数在表达复杂的上层变量到下层最优解的映射关系时,有些欠弱而不太理想。其次,通过映射关系获得的下层潜在最优解,直接用来作为下层最优解时,其对映射函数的精确度有着极高的要求。

本节提出一种改进的策略:使用 RBF 神经网络建立上下层之间的映射,随后用此近似映射函数所求得的下层最优解来指导下层的粒子群搜索。RBF(radial basis function) 神经网络是一种机器学习方法,可以用来在局部逼近任意非线性函数。此网络一般由三层组成:输入层;由非线性的径向基函数组成的隐含层;还有线性的输出层。模型可用如下公式表达。

$$\varphi(\boldsymbol{x})=\sum_{i=1}^{n}\omega_i\rho(\|\boldsymbol{x}-\boldsymbol{c}_i\|) \tag{10-4}$$

其中,n 是隐含层神经元的数目;ω_i 是神经元 i 在输出层的权重;$\boldsymbol{c}_i$ 是神经元 i 的中心向量;$\rho(\|\boldsymbol{x}-\boldsymbol{c}_i\|$ 是径向基函数,意味着到达中心向量 $\boldsymbol{c}_i$ 的距离。之所以这个函数叫作径向基函数就是因为其关于中心向量径向对称。

RBF 神经网络模仿人类大脑皮层的结构来工作。已被证明其可以任意精度近似任意连续函数。我们使用 RBF 神经网络来近似上下层之间潜藏的复杂关系,但是由于缺少样本点,网络的精度在一些情况下可能并不高。所以其映射的结果不能直接作为下层最优解。但是也不容忽略,其靠近最优解的优势。因此,我们将其映射结果作为下层粒子群搜索的起始点,这样将会指导下层搜索的方向从而到达最优解的概率更高。RBF 神经网络已经是机器学习里面一个很成熟的方法。具体的做法是将上层变量 $\boldsymbol{x}_{\mathrm{u}}$ 作为 RBF 神经网络的输入数据,而分别拟合其到下层最优解每一维度 $\boldsymbol{x}_{li}$ 的回归曲线,记作 $\mathrm{RBF}^{i}_{\mathrm{model}}$。最终学习到的模型由各个维度的拟合曲线 $\mathrm{RBF}^{i}_{\mathrm{model}}$ 组合而成 $\mathrm{RBF}^{i}_{\mathrm{model}}$。模型的总误差是各个维度曲线误差的均值。只需要提供足够的样本点,机器学习算法就会拟合出很好的结果。为了获取足够样本点,本章所提出的算法在每一代都会将获得的可行解对($\boldsymbol{x}_{\mathrm{u}}$,$\boldsymbol{x}_{\mathrm{l}}$)及其函数值、约束值、适应度值存放在 DB。

本章提出的 BPSO-QMDC 算法从整体框架到具体实现细节已经介绍完毕。针对双层优化问题所面临的各个求解难点,此算法都有针对性地设计了解决方案。下面首先对算法的收敛性做理论分析,然后通过一些实验验证算法的效果。

10.4 实验及结果分析

为了验证所提出算法的性能,本节设计了一些实验,进行了结果的分析,最后给出了总结。

10.4.1 实验及参数设置

使用标准的测试函数进行实验。主流有两组测试函数:一组是 BLTP 系列,用来给早期的带约束的双层优化做研究，其函数大多是线性或者二次函数；另一组是 SMD 系列，其由 Sinha 在 2014 年设计出来，其测试函数的维度可以被动态地调整，并且覆盖上下层许多复杂的函数性质。

使用安装了 Windows 7 操作系统的普通台式机（Inter（R）i5-6600、3.3GHz、8GB RAM）作为实验的硬件环境。当然，其上面还安装了 MATLAB 2017 作为软件环境。对于 BLTP 系列问题，种群大小设置为 $n=30$，最大迭代次数设置为 $t_{\max}=20$。因为 SMD 系列问题的复杂性，种群规模设置为 $n=50$，最大迭代次数设置为 $t_{\max}=40$。针对不同类型的问题设计不同的种群规模，有利于求得的结果更精确而使用很少的计算资源。然而这样会丢失算法的通用性。使用统一而简单的实验设置有利于评价算法的一般性能。接下来运行每一个问题 30 次，以表格的形式给出其统计结果。

10.4.2　结果及分析

对于表 10.1 和表 10.2，我们比较了算法的精确性。被挑选来作为比较算法的 SABLA 和 BLEAQ 是双层进化计算领域的新算法。从结果可以发现，在大多数情况下，如 TP、SMD1、SMD2 问题等，本文的 BPSO-QMDC 可以获得像 SABLA 一样非常精确的结果。BPSO-QMDC 算法求出的结果已然超过给定的精度，小于 10e−06，从而表明该算法的有效性。在另外一些问题中，如 TP5、TP9、TP10、BPSO-QMDC 的表现比另外两个算法都好。然而，也存在一些令人不太满意的情况。对于问题 SMD4 和 SMD10，我们算法未能求出好的结果。分析原因可能是基于极点的种群预处理方法虽然在别的问题有效，但是在此处导致粒子群在开始阶段陷入了局部最优解。而此时实验所规定的种群规模和迭代次数让其未能跳出局部最优，算法就停止运行了。对于问题 TP2，出现了一种奇怪的现象：尽管上层最优函数值已经很精确，但是下层最优函数值却很差。分析原因发现：其获得的最优解可以保证上层函数的最优性，但是对于下层问题而言，尽管求得的也是其最优解，其代入后的函数值却比真正最优解的下层函数值大。所以，评价一个双层优化问题的解时，如果上层的适应度值相等时，应该去考虑下层函数值和适应度值的大小。

表 10.1　TP 系列问题求解精确度比较

问题编号	BPSO-QMDC		SABLA		BLEAQ	
	UL Acc	LL Acc	UL Acc	LL Acc	UL Acc	LL Acc
TP1	1.00e−06	1.00e−06	1.00e−06	1.00e−06	7.96e−03	1.00e+02
TP2	1.00e−06	1.00e+02	1.34e−06	3.53e−06	8.23e−03	2.12e+02
TP3	1.08e−05	2.05e−05	1.00e−06	1.00e−06	1.00e−06	1.00e−06
TP4	1.10e−03	4.56e−06	8.21e+02	1.00e−05	3.78e+02	1.00e−06
TP5	1.00e−06	1.00e−06	4.46e−06	7.77e−05	7.43e−03	1.77e−02
TP6	7.76e−04	1.00e−06	1.75e−04	1.00e−06	1.75e−02	1.02e−06
TP7	7.85e−04	1.00e−06	1.00e−06	1.00e−06	1.00e−06	1.00e−06
TP8	1.00e−06	1.00e+02	3.24e−05	1.00e−06	3.23e−04	1.00e−06
TP9	1.00e−06	1.00e−06	1.00e−06	1.72e−05	2.96e−02	1.03e−02
TP10	1.00e−06	1.00e−06	1.00e−06	4.65e−04	1.00e−06	1.33e−03

表 10.2　SMD 系列问题求解精度比较

问题编号	BPSO-QMDC		SABLA		BLEAQ	
	UL Acc	LL Acc	UL Acc	LL Acc	UL Acc	LL Acc
SMD1	1.00e−06	1.00e−06	1.00e−06	1.00e−06	1.00e−06	1.00e−06
SMD2	1.00e−06	1.00e−06	1.00e−06	1.00e−06	3.07e−06	3.51e−06
SMD3	1.00e−06	1.00e−06	1.00e−06	1.00e−06	8.80e−06	6.30e−06
SMD4	1.01e+01	1.15e+01	1.00e−06	1.00e−06	1.00e−06	3.25e−06
SMD5	1.00e−06	1.00e−06	1.00e−06	1.00e−06	1.00e−06	1.00e−06
SMD6	1.35e−05	1.24e−06	1.00e−06	1.00e−06	1.00e−06	1.00e−06
SMD7	1.00e−06	1.00e−06	1.00e−06	1.00e−06	1.00e−06	6.00e−06
SMD8	1.00e−06	1.00e−06	2.76e−03	6.77e−04	1.29e−03	3.21e−04
SMD9	1.00e−06	1.00e−06	1.78e−06	1.77e−06	3.44e−06	4.88e−06
SMD10	4.75e+01	3.73e+01	3.80e−06	3.90e−06	3.81e−03	3.64e−03

表 10.3 和表 10.4 中的结果展示的是：确保算法达到相同的精度，然后统计其上下层的函数评估次数。结果表明对于一些 TP 问题和 SMD 问题，本章提出的算法使得上层函数的评估次数有了大幅度下降。然而，对于下层问题，毕竟使用的是基于迭代的 PSO，函数的评估次数在 TP 系列问题上与 BLEAQ 算法相比依然很高。但是在 SMD 系列问题上有不同的表现，下层的迭代次数甚至优于 BLEAQ。分析原因可以发现，BLEAQ 使用二次函数近似上层变量到下层的映射关系，将映射的解作为下层的最优解。这种方法在函数关系较为简单的 TP 系列问题中可能发挥作用，而对于 SMD 系列问题则无效。而本章使用的 RBF 神经网络模型，适合逼近复杂关系，通过在 SMD 系列问题中的表现结果，可以进一步验证其发挥了一定作用。最后需要遗憾指出的是，对于一些没有求出最优解的测试函数，如 SMD4 和 SMD10，函数的评估次数将会非常高，因为其直到最大的迭代次数用完才退出。算法针对这些问题的处理，还须进一步提升。

表 10.3　TP 系列问题上下层函数评估次数比较

问题编号	BPSO-QMDC		SABLA		BLEAQ	
	UL FE	LL FE	UL FE	LL FE	UL FE	LL FE
TP1	3.65e+02	9.02e+04	1.30e+03	1.79e+05	4.98e+02	2.28e+03
TP2	3.74e+02	1.61e+05	1.27e+03	1.89e+05	8.89e+02	2.73e+03
TP3	9.50e+01	2.85e+04	1.62e+03	1.80e+05	1.23e+02	2.84e+02
TP4	3.76e+02	4.21e+05	1.17e+03	1.78e+05	5.33e+02	1.21e+03
TP5	7.85e+02	3.60e+05	1.28e+03	1.92e+05	1.67e+02	1.47e+03
TP6	2.58e+03	1.86e+06	1.26e+03	1.82e+05	8.30e+02	1.78e+03
TP7	2.41e+03	3.46e+06	1.57e+03	1.95e+05	1.29e+02	2.99e+02

续表

问题编号	BPSO-QMDC		SABLA		BLEAQ	
	UL FE	LL FE	UL FE	LL FE	UL FE	LL FE
TP8	3.65e+03	1.61e+05	2.11e+03	2.95e+05	5.64e+02	2.50e+03
TP9	3.66e+02	4.57e+05	1.29e+03	1.92e+05	1.72e+02	7.40e+02
TP10	6.16e+02	5.31e+05	1.69e+03	1.83e+05	8.99e+02	7.72e+02

表 10.4　SMD 系列问题上下层函数评估次数比较

问题编号	BPSO-QMDC		SABLA		BLEAQ	
	UL FE	LL FE	UL FE	LL FE	UL FE	LL FE
SMD1	1.38e+02	1.33e+05	1.18e+03	1.81e+05	5.83e+02	1.22e+05
SMD2	2.08e+02	6.31e+04	1.21e+03	1.94e+05	5.40e+02	1.73e+05
SMD3	1.38e+02	1.33e+05	1.18e+03	1.80e+05	5.23e+02	1.42e+05
SMD4	1.06e+03	5.20e+06	2.32e+03	2.93e+05	5.18e+02	1.33e+05
SMD5	3.86e+02	2.98e+05	2.32e+03	2.38e+05	8.50e+02	3.72e+05
SMD6	1.62e+03	2.29e+05	1.39e+03	2.25e+05	1.56e+03	7.26e+03
SMD7	4.35e+02	1.33e+05	1.21e+03	1.95e+05	4.73e+02	1.42e+05
SMD8	4.72e+02	4.38e+05	2.33e+03	3.15e+05	1.29e+03	6.71e+05
SMD9	6.96e+02	3.52e+05	1.61e+03	2.48e+05	5.44e+02	1.98e+05
SMD10	3.58e+03	3.62e+06	1.21e+03	1.92e+05	7.01e+02	2.58e+05

为了验证本章算法中动态约束处理的作用，此处特别地设置了一个对比实验。实验统计了问题 TP1 和 TP2 在 30 次实验里种群中违反约束的解的数目。如图 10.3 所示，横坐标代表着迭代次数，而纵坐标代表着在每一代中违反约束的个体的数目。可以发现曲线的趋

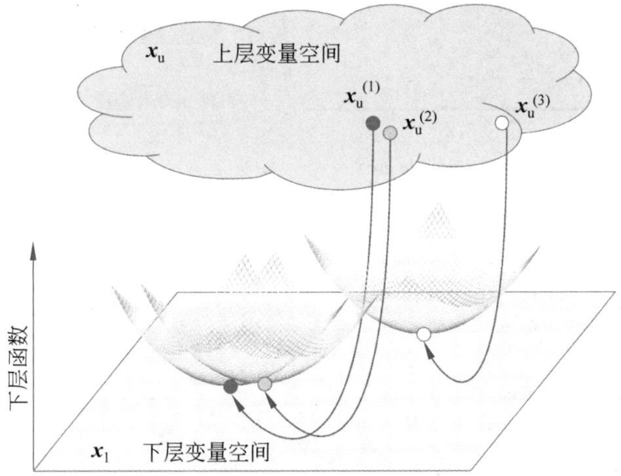

图 10.3　上层决策变量到下层最优解映射图示

势与算法中所描述的一样：在开始阶段，一部分解允许违反约束。随着种群迭代次数的增加，违反约束的解的数目将会显著下降。为了对比此算子的作用，尝试使用基于比较的约束处理算子。将会发现：对于一些问题，如 TP1，无论是求得结果的精确度和还是函数的评估次数都不再像本章表中数据表现得那样好。在图 10.4 中，通过分析和画出 TP1 上层问题解的可行域，发现其最优解在可行域边界上。由此可见，本章提出的动态约束处理方法发挥了一定作用。因此，球收缩动态约束方法能够使用统一的适应度函数值来控制约束的违反范围，适合求解那些最优解在可行域边界上的问题。

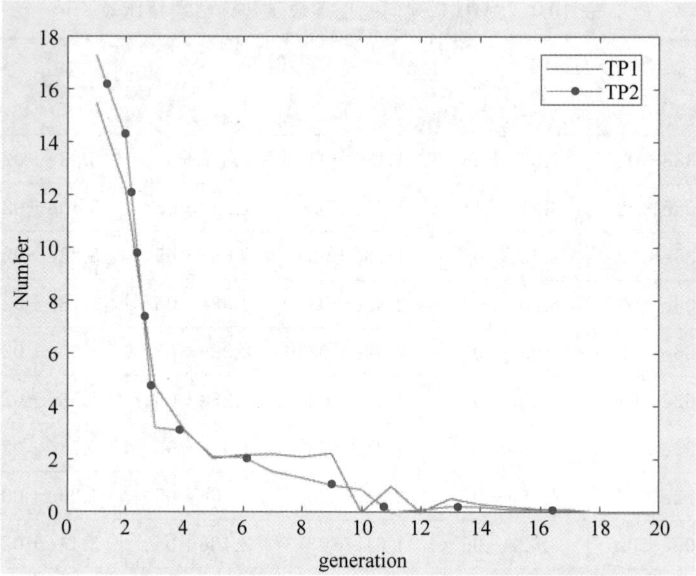

图 10.4　TP1 和 TP2 违反约束解的数量趋势

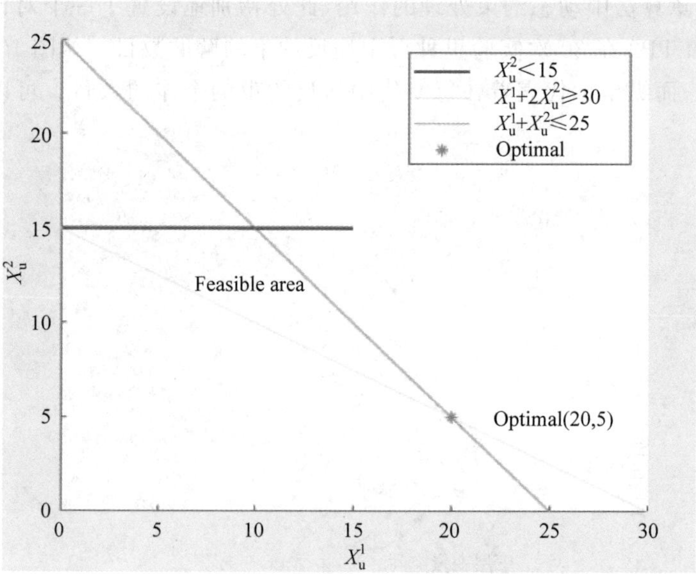

图 10.5　TP1 的可行域和最优值

本章主要对新提出的 BPSO-QMDC 进行了详细介绍。其使用嵌套的粒子群算法来求解双层优化问题。一系列新的算子被设计出来提高算法的收敛精度,节约计算资源。其中包括:基于极点的种群预处理,基于超球面的变异算子,基于二次函数近似的局部搜索,基于动态球收缩的约束处理,基于 RBF 神经网络指导的下层粒子群搜索等。实验结果表明,在这些算子的共同合作下,整个算法用来求解双层优化问题是有效的。

第 11 章 基于遗传算法的视频服务器部署问题研究

本章针对“在既有的网络拓扑结构中安放服务器并满足带宽和用户需求”这一实际中存在的双层优化问题做了一定研究：构建出一种双层的优化模型，并分别有针对性地设计出遗传算法和 SPFA 最小费用流算法优化上下层各自的目标。实验结果表明，在节点规模很大且链路稠密的复杂网络中，本算法能够在较短时间内求得较好服务器部署方案，使得部署和流量的成本最低，三网融合如图 11.1 所示。

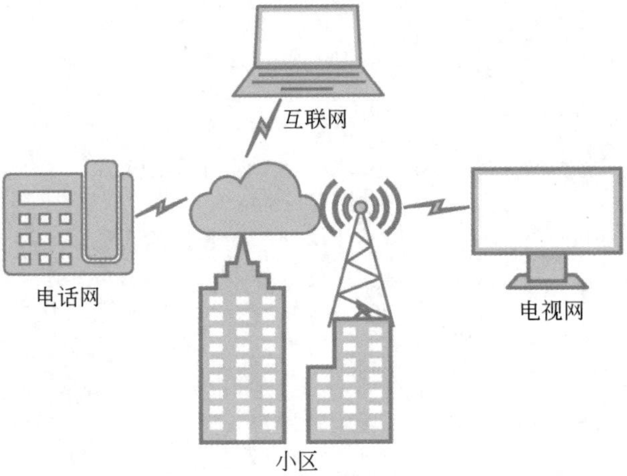

图 11.1　三网融合

11.1 问题背景

现如今随着消费生活水平的提高，人们对高清视频的需求量越来越大。特别是 4K 超高清电视的普及，使得需要传输的视频数据信息量非常大。所以其对带宽链路的传输速率有了更进一步的要求。然而基于现有的三网融合技术的网络拓扑结构已然形成，其成功地将语音、电视及宽带三种业务整合在统一的系统中。考虑成本，运营商很少会为提供视频服务而去专门单独架设链路。因此，在既有的网络拓扑结构中，寻找合适的视频服务器安放位置，并同时满足链路带宽限制和用户流量需求，使得部署和流量成本最小，已经成为一个急需解决的问题。许多运营商在业务拓展的过程中，都面临着这种相似的问题。而很少有一种合理的模型或者算法能够完全适用此类问题的求解。所以，深入地结合已有的模型特别是双层优化模型，设计出有效的算法来求解此类问题，有利于节约能耗和成本，降低视频服务费用，便民利商，进一步加快我国的信息化进程，图 11.2 为视频流量服务器安置图。

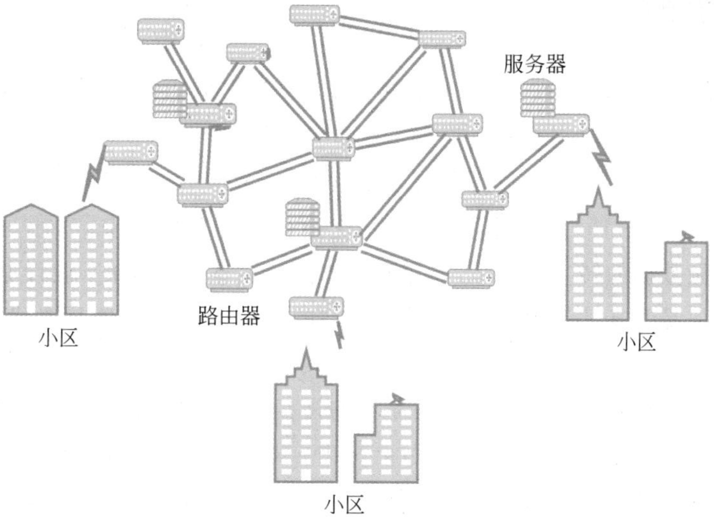

图 11.2　视频流量服务器安置图

查阅相关文献，发现此问题与设施选址问题比较类似，即都是考虑部署成本和输送成本，在众多的候选节点中选择一个合适的位置安置已有装备，使得最终的部署代价和输送花费各自最小。所不同的是，本问题所面临的节点和链路数目较多，网络链路中相对的约束更加复杂。总而言之，这是一个典型的基于网络的组合优化问题。当节点数目和链路数目较多时，其 Np-hard 属性将会凸现出来。我们可以尝试使用双层优化模型来进行建模：上层决策变量是服务器位置和数量，上层目标是在确定服务器位置和数量后使服务器代价最小；下层决策变量是各个链路中所规划的流量，对应目标是使这些流量占用的带宽租赁费用最少。上层决定下层，每确定一种上层方案，都需要求解一次下层优化问题。同时，此模型还带有约束，即链路中流量不能超越其带宽上限，以及流向消费节点的流量必须满足消费节点的需求。针对这一问题和模型，传统方法因为组合爆炸大多已经不大适用，而启发式搜索方式将会是一种可行的方案。虽然启发式搜索在解决这类问题时有优势，但是当迭代次数和种群规模很大时，其需要分配足够多的计算资源，才能逐渐收敛到比较满意的解。我们所遇到的视频服务器部署问题，首先要搜索选择合适的服务器位置。在确定了位置之后，优化线路中流量的规划，更是需要大量的计算资源。考虑到当节点数目增多时，其间的链路更是爆炸性增长。所以结合前人的研究成果，所设计的求解方案是：上层使用遗传算法锁定合适的服务器位置，确定服务器数量；下层使用改装后的 SPFA 最小费用流算法，在上层决策变量确定下，优化链路中的流量规划。SPFA(shortest path faster algorithm)最早由西南交通大学段凡在 1994 年提出，其主要用来求单源最短路径，也可用于判断图中是否存在负权的环。因为 SPFA 在大家所熟知的 Bellman-Ford 的基础上使用优先队列来减少了冗余操作，因此更加高效。

下面我们将详细描述这个问题，抽象一些变量，并符号化表示。然后建立双层优化模型，使得问题更加清晰、有层次性而更有利于求解。

11.2 问题描述

某地区打算在已有电信网络中，部署视频存储服务器，以满足各个小区的视频流量需求，同时使得运营商的部署成本和流量宽带成本各自最小。

图 11.3 便是需要部署视频流量服务器的网络拓扑图。灰色节点代表网络拓扑中内部的网络节点 SNode(0～10)。其可以是网关、交换机等一些中继节点，用来部署视频服务器，也可以用来做数据的转发。每一个视频服务器的成本是固定的，假设其可以向外提供的流量无上限，但是受其部署网络节点周围链路的宽带限制。白色节点代表各个小区，可以称之为消费节点 CNode(0～6)。其位于网络边缘，并总与某一个网络节点 SNode 直接相连。因为小区人口数量大致固定，所以其需求的视频流量一般也固定为一常数值。该值用白色节点 CNode 旁边的数字表示，已在图上标出。与消费节点直接相连的链路，距离比较近，且一般由小区后期自己接入。所以其链路成本可以不用考虑，带宽租用单价为 0，流量限制也可以忽略，假设其带宽无限且总可以满足其周边小区流量需求。网络节点之间的链路，根据距离的远近和传输介质的不同，其单价成本各不相同，宽带容量也会有相应的限制。图中节点间连线旁的括号标出了每条链路的带宽限制和单价成本。括号内前一个数字代表其能传输的最大流量(单位：Gpbs)，后一个数字代表链路宽带的单价(单位：元/Gpbs)。

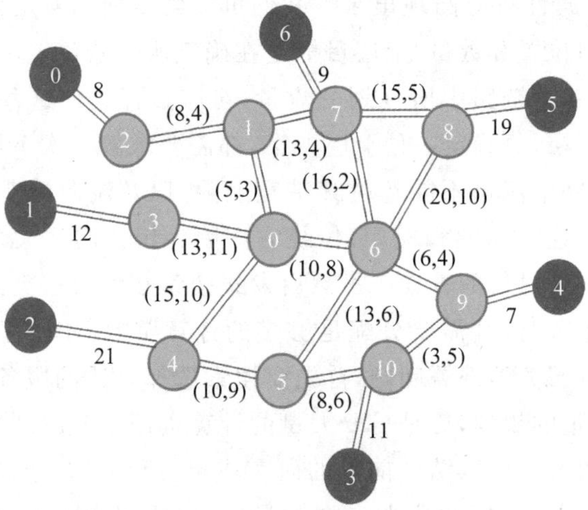

图 11.3　视频流量服务器部署网络拓扑图

假设链路是双通的，上行和下行流量互相不受影响，所以上下行单价和流量限制相同。但是如果上下行同时有流量通过，则需要各自计费。

有了以上拓扑图的介绍和符号抽象，现在需要解决的问题可以描述为：在 SNode 节点中找出至少一个节点部署服务器，且规划出从服务器部署点到各个 CNode 的链路和流量大小，在满足各个链路宽带上限和 CNode 需求的情况下，使得部署成本和宽带流量成本各自最小。

11.3 双层优化模型建立及仿真

双层优化模型层级分明，上下层各有目标需要优化，但是又相互约束。上层目标为主，下层目标为辅。上层决定下层，下层又对上层的目标产生影响。而本问题先要确定视频服务器的数量和位置，然后才能确定后面的流量规划。服务器位置和数量决定流量规划走向，其各自都要求其成本目标最小。所以双层优化模型的特点和本问题基本吻合，使用双层模型对本问题进行建模，将对问题的求解和算法设计更有利。根据 11.2 节网络拓扑图的描述，其中的一些变量抽象成数学符号后，模型整体可以用如下公式描述，即

$$
\begin{aligned}
&\min F(\boldsymbol{x}_{\mathrm{u}},\boldsymbol{x}_{\mathrm{l}})=\sum_{i=1}^{n}x_{\mathrm{u}}^{i}\cdot \mathrm{cost}\\
&\text{s.t. } \min f(\boldsymbol{x}_{\mathrm{u}},\boldsymbol{x}_{\mathrm{l}})=\sum_{i=1}^{n}\sum_{j=1}^{m}\sum_{z=1}^{k}x_{\mathrm{u}}^{i}\cdot x_{\mathrm{l}}^{ijz}\cdot p_{ijz}\\
&\text{s.t.} \sum_{i=1}^{n}\sum_{j=1}^{m}\sum_{z=1}^{k}x_{\mathrm{u}}^{i}\cdot x_{\mathrm{l}}^{ijz}\cdot g_{ijz}^{e}\leqslant c_{e},\quad e=1\sim w\\
&\quad\sum_{i=1}^{n}\sum_{z=1}^{k}x_{\mathrm{l}}^{ijz}=q_{j},\quad j=1\sim m
\end{aligned}
\tag{11-1}
$$

第 1 个公式代表上层目标，表示服务器的部署费用最小。其中向量 $\boldsymbol{x}_{\mathrm{l}}$（下层决策变量）代表所有链路中流过的流量。向量 $\boldsymbol{x}_{\mathrm{u}}$（上层决策变量）代表是否选择当前节点作为部署节点，其为一个二进制向量。对所有的 SNode 节点从 1 到 n 进行编号，x_{u}^{i} 表示第 i 个 SNode 放置服务器的情况。其可以取 0、1 两个值，1 表示在此节点放置视频服务器，0 表示不放。cost 代表部署一个服务器的成本，其为固定的常数。

第 2 个公式表示下层目标，表示视频数据流过链路的宽带租赁费用最小。对所有 CNode 从 1 到 m 进行编号。同时对从某一个固定 SNode 出发到达固定 CNode 的所有可通路径，从 1 到 k 进行编号。则 x_{l}^{ijz} 表示从第 i 个内部节点 SNode 经过其之间的第 z 条路径流向第 j 个消费节点 CNode 的流量。p_{ijz} 表示这条链路的单价费用，其由组成这条链路的所有弧的单价求和得到。

第 3 个不等式代表下层目标的不等式约束，表示链路中的流量不能超过其宽带上限。对网络中所有的弧从 1 到 w 进行编号（每个弧正反编号两次），则 c_e 表示第 e 段弧的宽带上限。g_{ijz}^{e} 表示从第 i 个中间节点 SNode 经过其之间的第 z 条路径流向第 j 个 CNode 的流量 x_{l}^{ijz} 是否流过第 p 个弧。其取二进制值，0 表示流过，1 表示没有流过。整个不等式表示所有流过当前弧的流量不能超过其带宽上限。

第 4 个等式代表下层的等式约束，表示到达消费节点 CNode 的流量需要满足消费节点的流量需求。q_j 表示第 j 个消费节点 CNode 的流量需求。对于从 1 到 m 的所有消费节点，流向其视频流量总和要满足其流量需要。

以上 4 个公式共同组成了一个双层优化模型。虽然下层决策变量看似和上层目标函数无关，但是其在无形中影响着其上层决策变量的组合，对服务器数量的多少也有一定影响。之所以称为双层优化模型，是因为上下层目标所代表的利益种群不同。上层目标代表着运

营商的利益诉求,其一般只需要部署好视频服务器就好。而下层目标则代表着用户的利益诉求,带宽租赁费用一般由用户买单。所以两个目标是独立而又相互制约的层级关系。运营商是主动方,用户是被动方,上层决定下层。

11.3.1 算法设计

对于这样一个双层优化模型,当 CNode 和 SNode 的数量比较大时,其间的弧和链路将会爆炸式增长。并且下层变量即路径中的流量 $\boldsymbol{x}_l$ 的值会随着上层变量节点服务器的部署状态 x_u 的变化而变化。因此,其求解难度非常大。每确定一种部署方案,都需要求解一次下层优化问题来确定其流量规划方案。如果使用基于嵌套的进化方法,计算的复杂度将会高的无法想象。所以,本节打算分步骤求解。上层利用遗传算法擅长组合出优良解的特性,先使用遗传算法来确定视频服务器的部署节点。然后下层使用传统的 SPFA 最小费用流算法,来快速求解确定了部署节点后的流量规划。上下层结合,进化计算理论和传统的图优化算法相搭配,使得此离散双层优化问题能够得到更好的解决。

1. 上层 GA 选址

遗传算法是由 J. H. Holland 提出的一种求解最优解的计算模型。其主要思想是:根据达尔文的生物进化理论,来对种群中的解进行交叉,变异操作以组合良好的基因,然后优胜劣汰地从种群中不断地选择出更优的解,最终达到收敛到最优解的目的。我们所要求解的双层优化问题,其上层所牵扯的视频服务器选址问题,就是一个组合优化问题。如果采用暴力穷举的搜索方法,当中间节点 SNode 数目很多时,其搜索域将会变得非常大,难以找到最优解。而遗传算法能够在解空间中组合更好的基因向着最好解不断收敛,最终达到最优解。所以遗传算法,有益于将那些优势位置的节点挑选出来,组合出更好的视频服务器部署方案。

当然,要使用遗传算法来解决实际问题,还必须根据具体问题来设计出合理的编码、交叉、变异,以及选择算子。只有良好算子的有机结合,才能使遗传算法发挥出其优势。下面我们将根据本章的具体问题,设计相应的遗传算子。

1) 整数集合编码

我们采用一种整数集合的编码方式,就是将那些可能被会放置服务器(放置服务器后成本较小)的 SNode 序号放入一个集合中,去重后作为最终的视频服务器部署点。为了开始时先产生可行的解,即能够满足 CNode 流量需求和流量所经过弧的带宽上限,我们初始产生解时尽量选择那些与消费节点直连的点。另外,有一些与消费节点直连的点,对其本身所直连的弧按照带宽单价大小进行排序后,计算其在满足消费节点流量需求下的最小单弧宽带花费。如果此花费大于一个服务器的部署成本,那么还不如直接在此节点上部署视频服务器。所以这样的节点称为必选点,必须出现在最终的最优解的编码集合中,且后面的交叉,变异操作都对这样一些节点无效。

如图 11.4 所示,红色标注的点都可以用来做初始解的编码。按照本章提到的编码方式,我们就可以编码得到两个解:$\boldsymbol{x}_{u1}=[2,4,7,10]$、$\boldsymbol{x}_{u2}=[3,7,8,9]$。对于解的解释是,比如第一个解 x_{u1} 表示在序号为 2、4、7、10 的中间点部署视频服务器。

当然,开始这样部署,各个消费节点不能够共享视频服务器的资源,将会使得所需要部

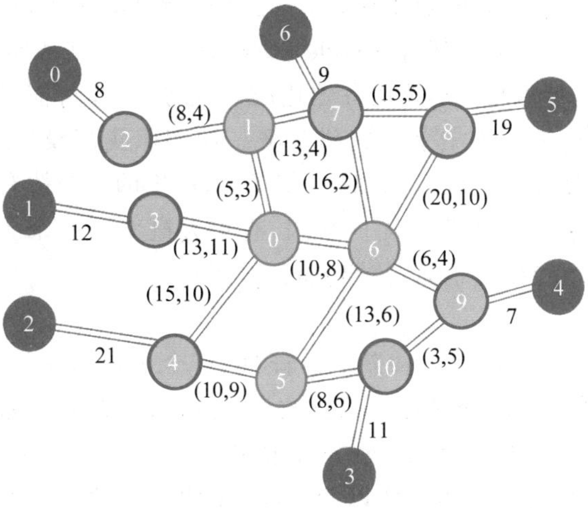

图 11.4　编码示例图

图 11.4

署的服务器数量较多,代价较大。然而随着后期的迭代,在各种遗传算子的共同作用下,将会让部署位置不断向中间节点收拢,逐渐进化出较好的结果。这种整数集合编码方法,有利于产生可行解,同时适合于后期产生更好的解,符合遗传算法的编码规则。

2) 交叉算子

交叉的目的是结合父带个体的优良基因,从而产生更好的子代。基于本章整数集合的编码方式,本节的交叉操作就是从两个集合中选出一些比较有优势的节点序号,从而组建出新的集合来作为子代。对于那些必选点,当然必须以最大的概率来保留。除过必选点,对于那些父代个体其节点序号的并集,应该以一个稍大的概率对其进行选择。对于并集和必选点之外的节点,以一个较小的概率进行保留。

所以交叉算子在此处,相对比较简单,但是在后期却也十分有效。以先前编码的两个解 $\boldsymbol{x}_{u1}=[2,4,7,10]$、$\boldsymbol{x}_{u2}=[3,7,8,9]$为例子加以说明。解 x_{u1} 含有序号 4,解 x_{u2} 含有序号 8。如图 11.5 所示,中间节点 SNode 4 和 SNode 8 直连的消费节点分别是 CNode 2、CNode 5,其流量需求各自为 21、19,由此可以看出需求非常大,且通向这两个点的路径带宽单价都

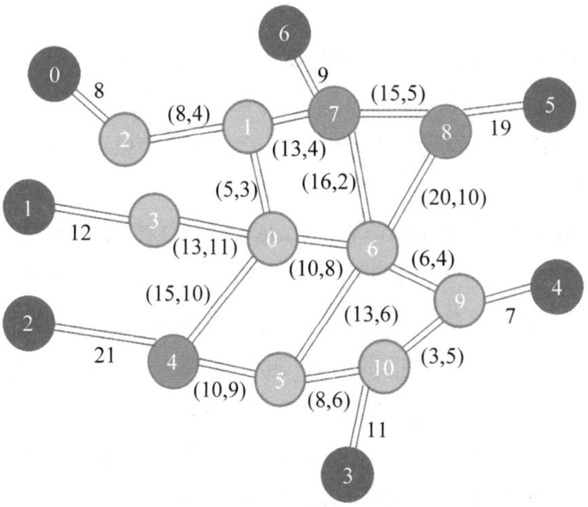

图 11.5　交叉示例图

比较高。所以,它们有可能直连的效果比较好,也有可能是必选点,所以经过交叉后其会以极大的概率保留下去。两个解中都有 SNode 7,在图中可以发现通向此点的链路比较多,且带宽单价比较便宜。说明在此处部署服务器比较有优势,这样可能不仅能够覆盖自身直连的消费节点,还能为周边临近消费节点提供服务。而按照我们设计的交叉算子,其保留下去的概率也是很大的。所以两个解 x_{u1} 和 x_{u2} 交叉后,产生的新个体有极大的可能性是 $\boldsymbol{x}_{u3}=[2,4,7,8]$。这个新解结合了父带的优良基因,有很大概率是一个更好的解。不过其是否更好,仍然需要在迭代中经受其他算子的检验。

3) 变异算子

变异操作的目的是用来产生一些新的可能性,让个体跳出局部最优,以进入新的搜索空间进行探索。本节所设计的变异算子的目的是,让服务器部署所选择的节点不仅仅分布在网络拓扑的边缘,而是向中心移动。在网络拓扑中心的节点部署服务器,有利于消费节点共享资源,降低服务器部署费用。所以,变异算子的重要性不言而喻。前两种算子都是基于边缘节点的,而变异算子则有可能给种群带来向更好发展的机遇。变异示例如图 11.6 所示。

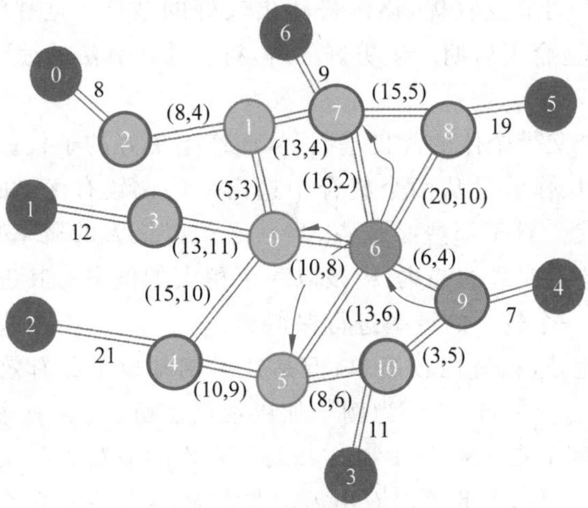

图 11.6　变异示例图

所以,基于上面目的,我们设计了对应的变异算子。对于每一个个体,每次以一个概率值 p_m 对其进行变异操作。所设计的变异操作有以下几种可能。

(1) 抖动变异:从个体编码集合中随机找一个非必选点,然后找到其邻居节点,即与当前节点直接相连的中间节点 SNode,进行序号替换。

(2) 增加变异:随机从所有中间节点 SNode 序号中找到一个节点,此节点序号不能出现在当前解的编码集合序号中。然后将选中节点的序号加入个体编码集合。

(3) 减少变异:从个体编码集合中随机找出一个非必选点,进行移除。

这 3 种策略,对每个个体每次只按照概率随机选择一种执行。第一种概率设置较大,因为从其邻居节点中找到一个可以替换当前节点且花费更小的节点的可能性是比较大的,并且能保证其解是可行解的概率更大。且这种操作有利于边缘节点向中间靠拢,有利于做到真正的资源共享,从而减少链路带宽租用花费。后两种变异策略设置概率较小,主要用来探寻搜索空间中其他的可能性。另外,其还用来维持服务器数量的平衡,探索合适的服务器部署数量和位置。当然，其结果有可能会更好，跳出局部最优；也可能很差，产生不可行解。同交叉操作一样，最终结果需要经受进化中选择算子的检验。好的变异，将会被保留下去。

4）选择算子

选择算子的主要目的是在进行了交叉、变异算子后，重新评价解的好坏，选择出优秀的个体，从而让新产生的优秀基因得以保存。我们使用传统的赌轮选择算子，即每次依概率选择出那些部署费用和宽带费用较小的个体。之所以依照概率选择，是因为那些当前看起来不是很好的个体，在未来的进化中也有转变成更好解的可能性。当然适应度函数的评价标准主要依上层目标值为参考。目标值越小适应度值越大。不过，其目标值只有在下层优化问题能够求出最优解且满足约束的条件下有效。否则必须加上很大的惩罚项才能使其适应度值变小。下层问题是否能够求出可行解且满足约束，其涉及流量规划的计算，即下层优化问题的求解，将在接下来的内容展开介绍。

2. 下层 SPFA 流量规划

在这个问题中，当上层决策变量即服务器的部署节点确定后，对于下层问题，我们要求的是：在满足带宽上限和消费节点流量需求的情况下，得到总带宽租赁费用最小的流量规划方案。这是一个类似的最小费用最大流问题。所不同的是，最小费用最大流问题一般是从单一源点出发到单一汇点。而这个问题有多个源点和多个汇点，所以问题的形式更加复杂。

下面先给出网络流的一些基本概念。

容量网络：设 $G(V,E)$ 是一个有向网络，在定点集合 V 中指定了两个顶点，一个点是网络的开始点，称为源点；另一个为网络的结束点，称为汇点。对于弧集合 E 中的每一条弧 $<u,v>\in E$，都有一个限制弧容量的值 $c(u,v)>0$，也有一个代表弧代价费用的值 $p(u,v)\geqslant 0$。一般地，将这样的网络 G 称为容量网络。

弧的流量：通过容量网络 G 中一些弧上的实际流量，记作 $f(u,v)$。

网络流：通过 G 的弧上所有流量的集合 $f=\{f(u,v)\}$。

可行流：满足如下两个条件的网络流称为可行流。

(1) 弧流量限制条件：$0\leqslant f(u,v)\leqslant c(u,v)$。

(2) 平衡条件：除了源点和汇点，网络 G 中其余各点流入流量等于流出流量总和。

源点：流出流量总和－流入的流量总和＝f。

汇点：流入流量总和－流出的流量总和＝f。

最大流：在容量网络 G 中，满足弧限制条件和平衡条件，且具有最大流量的可行流称为网络最大流，简称最大流。

最小费用最大流：在保证最大流量的前提下，结合弧上的代价 $p(u,v)$，计算从源点到汇点的费用，使得费用最小的可行流。

对原问题进行抽象，可以将节点之间的带宽单价看成节点间的路径，那么要得到最小费用和，自然先需要知道最短路径了。只有最短的路径才越廉价。让流量不断地流过最廉价的路径，其最终的带宽租赁总费用将可能会最小。但是也存在一些问题，只沿着最短路径以每条弧的流量限度 $c(u,v)$ 扩增流量，很可能会使得一些弧被卡死，阻塞后面的流而陷入局部最优，最终得不到最小费用流甚至是最大流。比如以下例子。

图 11.7 是一个从源点 1 到汇点 6 的容量网络，假设所有弧费用相同全为 1，箭头上数字代表弧上的容量。那么如果以最短路径最大流量限制规划此网络，则有可能只找到一条路径[1,2,4,5]，其他路径都被卡死，最终最大流量只能是 3。所以，必须对这一问题进行解决，沿着增广路径扩增网络流是一个很好的方法。对增光路的相关概念进行简单的回顾。

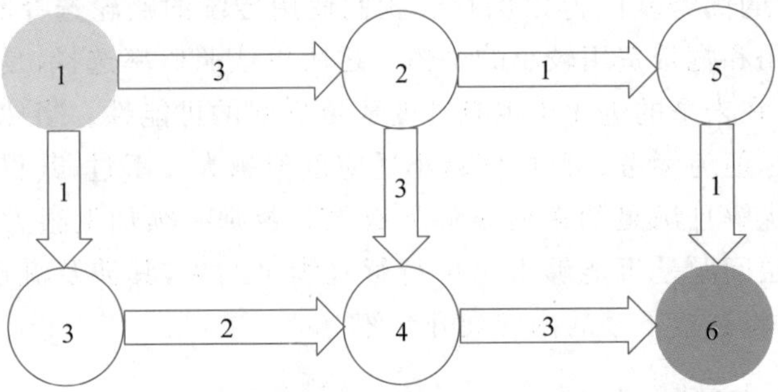

图 11.7 增广路径必要性示意图

链：在容量网络中，前后相互由弧相连的顶点序列$(u_1, u_2, \cdots, u_n, v)$称为一条链。链按照方向可以分为两类。

(1)前向弧：方向与链的正方向一致的弧，其集合记作 P^+。

(2)后向弧：方向与链的正方向相反的弧，其集合记作 P^-。

增广路：设 f 是容量网络 G 中的一个可行流，P 是从源点到汇点的一条链，若 P 满足下列条件，即

① 在 P^+ 中的所有前向弧$\langle u,v\rangle$上，$0\leqslant f(u,v)<c(u,v)$。

② 在 P^- 中的所有后向弧$\langle u,v\rangle$上，$0<f(u,v)\leqslant c(u,v)$。

则称 P 为关于可行流 f 的一条增广路。

有了增广路的概念后，每次沿着增广路扩增流的同时，需要添加一个反向弧。通过此操作，就能让后面的流能够自我调整路径而不至于卡死。如图 11.8 所示，在走完路[1,2,4,6]后添加了反向弧，因此而可以继续找到第二条增广路[1,3,4,2,5,6]，沿着其继续扩增网络流可以增加大小为 1 的流量。最终求得的最大流是 4，大于只沿最短路径扩增的情况。其实，分析发现，添加反向弧相当于退流，把原来经过链[1,2,4]大小为 3 的流量退还回去 1，而剩下大小为 2 的流量，从而让链[1,2,5,6]可以有大小为 1 的流量流过，链[1,3,4,6]也有大小为 1 的流量流过。而最终经过调整后，链[1,2,4,6]只有大小为 2 的流量流过。

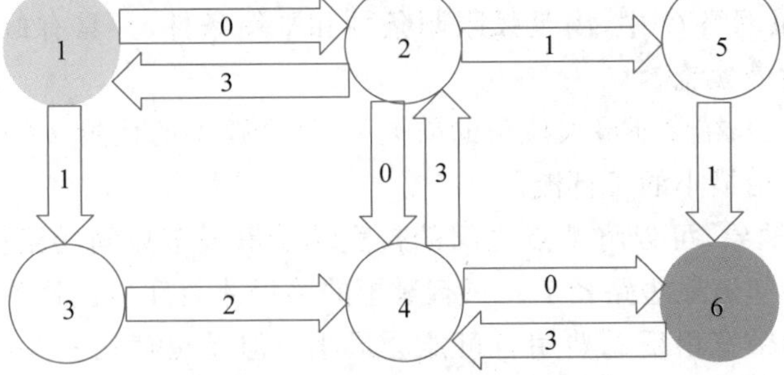

图 11.8 增广路添加后向弧

已有研究表明，每次沿着增广路扩流，最终可以求得容量网络的最大流。而沿着最小费用的增广路扩流，也可以求得容量网络的最小费用最大流。求最小费用的增广路可以用最短路径算法 SPFA 来解决。

SPFA 是一种计算单源最短路径的有效算法。其首先找到从某一源点出发到指定节点的所有当前可知的较短路径，并经过不断的松弛操作，来更新当前可知的最短路径，直到所有可能的路径都探索完毕，从而得到最终的所有最短路径。一般的做法是：使用一个队列来保存待优化的节点，初始时只有源点。使用一个数组来保存源点到所有点的最短路径，初始值除了到源点本身赋值为 0，其余都赋值为无穷大。然后，不断地取出队列里点 u，找到 u 直接指向的点集合$\{v\}$，并用 u 当前的最短路径去对$\{v\}$中的点进行松弛操作，以更新数组中的值。如果在$\{v\}$中点的最短路径值在数组中有所调整，并且在$\{v\}$中的点不在队列中，则将此点放入队列尾部。重复此过程直到队列为空，此时数组中保存的就是源点到各点的最短路径。

使用 SPFA 寻找最小费用增广路时，需要做一定的改装。首先，其所有链路中每条弧是否可通的标准将不再按照求最短路径标准来进行。而应该按照增广路的标准来进行，即其链中前向弧都是非饱和，弧 $0\leqslant f(u,v)<c(u,v)$；后向弧都是非零流弧，$0<f(u,v)\leqslant c(u,v)$。同时，在每次确定一条增广路后，都需要添加链中所有弧的反向弧，流量大小与正向弧相等。需要注意的是，原问题中的链路是双通网络，因此 2 个节点之间如果都添加反向弧，其弧最大有可能将会有 4 条，而不是 2 条，不可以将双通和反向弧混为一谈。

此外，最小费用最大流问题是从一个源点出发到一个汇点结束。而问题中我们需要放置的服务器往往不止一个，消费节点也有很多个。所以，必须对原有问题进行改装，以让增广路扩流算法可以适用。我们需要在这里添加一个全局的超级源点和汇点，来将问题进行转化。如图 11.9 所示，添加超级源 S 连接各个已确定部署服务器的 SNode，假设 S 到各个安放服务器的节点 SNode 之间的费用是 0，带宽不受限制而可以无限大。如图 11.10 所示，添加超级汇点 C 连接所有消费节点 CNode，假设各个 CNode 到 C 的弧的费用是 0，带宽限制等于其消费节点的流量需求。这样使用改装后的 SPFA 求超级源 S 到超级汇点 C 的最

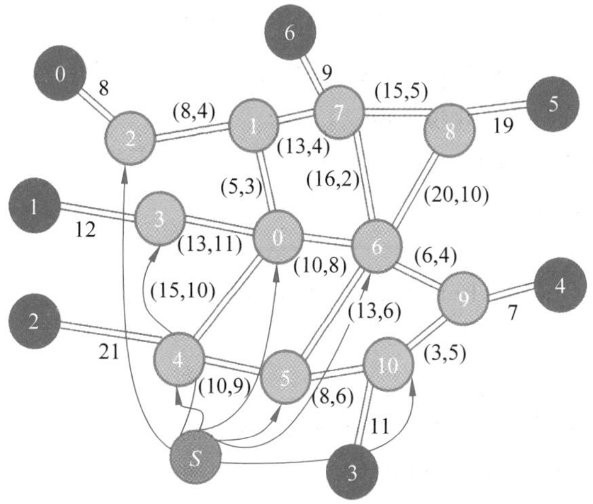

图 11.9　添加超级服务器节点示意图

小费用增广路,不断沿着增广路扩增其流直到最大,就可以得到最小费用最大流。如果最终的最小费用最大流的流量和等于各个消费节点 CNode 所需求的流量和,则表示当前下层流量规划问题求得最优解,其费用就是最终的最小费用。否则,当前下层优化问题无解,其上层服务器部署方案不合理。

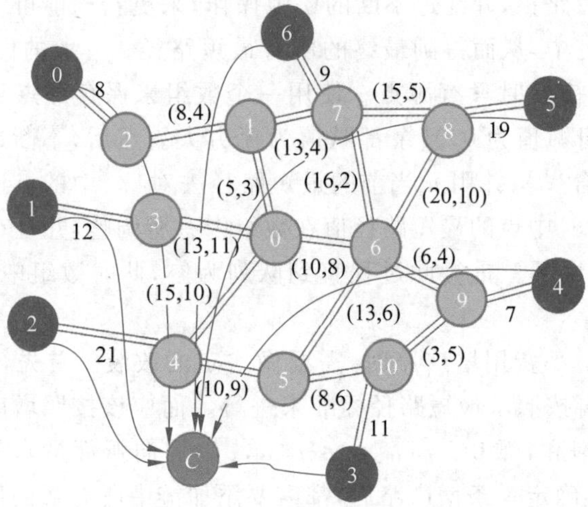

图 11.10　添加超级消费节点示意图

经过以上的铺垫和假设,使用 SPFA 扩展增广路来求解最小费用最大流的算法过程如下所述。

算法 11.1: SPFA 流量规划。

添加超级源点 S,来连接所有已经在上层用 GA 算法选定的服务器部署节点
添加它们之间的单向弧(从 S 出发),带宽单价为 0,宽带限制无限大
添加超级汇点 C,来连接所有消费节点,添加其之间的单向弧(指向 C),带宽单价为 0,宽带限制等于各个消费节点的流量需求
累加所有消费节点流量需求和,记为 $\text{MaxFlow}=\sum_{j=1}^{m} q_j$
设 $f=\{\}$ 为当前求得的流量集合,其流量和 SumFlow=0,花费和 SumCost=0
while SumFlow< MaxFlow **do**
　使用改装的 SPFA 求从 S 到 C 的最小费用增广路 f_i,如果没有求到则 break
for 弧 $<u,v>$ **in** f_i
if $\text{min}C>c(u,v)$
　　$\text{min}C=c(u,v)$; $\text{PerCost}+=p(u,v)$
end if
end for
　让增广路 f_i 以 min$C$ 计流,将其放入集合 f 中
累计流量和 SumFlow+=min$C$
累计费用和 SumCost+=min$C$×PerCost
更新增广路流过弧的带宽限制 $c(u,v)=c(u,v)-\text{min}C$;并添加其对应后向弧

```
end while
if SumFlow==MaxFlow
    流量规划成功,输出最小费用最大流 f,以及其代价 SumCost
else
    流量规划失败,输出失败
end if
```

3. GA_SPFA 算法流程

如前两节所描述的那样,我们设计了遗传算法来求解上层优化问题,得到其服务器的部署方案。然后使用 SPFA 扩展增广路的方法求解下层的流量规划问题,从而评价上层所给出的服务器部署方案是否可行。

下面我们对整个算法的框架做一个整体的描述。

算法 11.2：GA_SPFA 整体框架。

1　网络预处理,找出必选点,计算找出每个节点的邻居

2　根据上面阐述的编码规则,循环编码多次并使用算法 11.1 评价其下层流量规划是否满足要求,直到得到 n 个可行个体组成初始种群

3　记录每个个体的上下层花费,找出上层花费最小(上层一样则比较下层)的个体作为 **best** 个体,计数迭代次数 $t=0$

4　使用上文提到的交叉算子对 n 个个体进行前后两两交叉,将 s 个子代保存

5　使用上文提到的变异算子对 n 个个体进行变异操作,将 m 个变异子代保存

6　使用算法 11.1 对 $s+m$ 个个体进行下层优化,找出其下层优化成功的 z 个

7　记录上下层花费,从 z 个个体中找出下层花费最小的与 **best** 比较,来更新 **best**

8　使用上文提到的赌轮选择算子从 $z+n$ 个个体中选择出 $n-1$ 个与 **best** 个体一起作为新的种群

9　评价 **best** 是否已满足需求,或者迭代次数是否达到指定规模。若是,则退出;否则转向步骤 4 继续迭代并更新迭代次数 $t=t+1$

11.3.2　实验及总结

我们采用不同规格的网络拓扑结构对本章所提出的模型和算法进行验证。随着拓扑结构规格的提升,其服务节点 SNode、消费节点 CNode,以及经过其中的链路数目依次增加。采用统一的软硬件环境,硬件依旧使用普通台式机(Inter(R) i5-6600、3.3GHz、8GB RAM),软件使用 Java 语言实现(JDK 1.8、Eclipse 4.6)。每种规格的模型运行 30 次,统计其求出最优解的运行时间。时间越短,代表算法性能越好。实验结果,取其执行时间的平均值。

根据不同规格网络拓扑的实验结果见表 11.1,本算法在 CNode 和 SNode 及连边数都在 100 以内的网络拓扑结构中,可以在 2s 内求出最优值。在 CNode 和 SNode 大于 300,连

边超过 1000 的网络中，本算法可以在 2min 以内找到较好的结果，20min 以内有时可以收敛到最优值。在实际的视频服务器部署项目中，CNode 往往以小区为单位，一个实际网络拓扑结构中的节点应该是不会无限扩增的，因此，本章提出的算法以现有的计算资源，是可以在可接受时间内满足实际需求的。

表 11.1 不同规格网络拓扑结构实验结果

SNode 大小	CNode 大小	Arc 大小	时间/ms
50	10	90	1201
160	70	600	42015
300	130	1000	88 762
800	360	3000	1 053 176

另外本章所设计的算法，在华为 2017 年精英挑战赛中，经过在线代码执行结果评估，获得西北赛区二等奖。

第 12 章 粒子群算法中惯性权重的分析

粒子群算法中的惯性权重 ω 的变化会影响算法的搜索能力，Shi 和 Eberhart 研究发现，ω 较大时算法具有较强的全局搜索能力，ω 较小时算法倾向于局部搜索。Shi 等提出了利用线性减少 ω 的方法来改进算法的性能，提高函数的收敛精度和收敛速度。但是，此种算法使得 ω 的改变独立于算法的运行状况，不能适应算法运行中的复杂、非线性变化等特性。

本章针对惯性权重线性递减粒子群算法不能适应于复杂的非线性优化搜索过程的问题，提出了两种改进的粒子群算法，具体安排如下：12.1 节介绍了一种动态改变惯性权重的粒子群算法；12.2 节提出了一种简化的粒子群优化算法。

12.1 动态改变的惯性权重

Shi 和 Eberhart 研究发现，ω 较大时算法具有较强的全局搜索能力，ω 较小时算法具有较强的局部搜索能力。LDW 使得惯性权重线性减少，其变化公式为

$$\omega=\omega_{\max}-\frac{t(\omega_{\max}-\omega_{\min})}{t_{\max}} \tag{12-1}$$

式中：t 为当前迭代次数；$t_{\max}$ 为最大迭代次数；通常 $\omega_{\max}=0.9$，$\omega_{\min}=0.4$。实验证明，LDW 在优化方程性能上有明显效果，但是 LDW 中的 ω 变化只与迭代次数线性相关，不适于较复杂的优化问题。

本节在文献[8]的基础上，设计了一个动态改变的惯性权重，使得 ω 与粒子聚集度及全局最优值变化的速度有关。

12.1.1 动态改变惯性权重的提出

全局最优值反映了粒子群中所有粒子的运动效果，在智能过程中，当前代所得的全局最优值总要优于或至少不差于上一次智能所得结果。以全局最小化问题为例，$f(\mathbf{Gbest}(t))\leqslant f(\mathbf{Gbest}(t-1))$，$f$ 为目标函数。定义 vel 为全局最优值变化的速度：

$$\mathrm{vel}=\frac{\min(|f(\mathbf{Gbest}(t))|,|f(\mathbf{Gbest}(t-1))|)}{\max(|f(\mathbf{Gbest}(t))|,|f(\mathbf{Gbest}(t-1))|)} \tag{12-2}$$

由上式可知，$0<\mathrm{vel}<1$，且 vel 值越小，种群智能速度越快。在智能后期，$\mathrm{vel}=1$，说明算法停滞(陷入局部最优)或找到全局最优值。

影响算法性能的另一个因素是种群聚集度。在智能前期($t<t_{\max}/2$)，ω 随着种群聚集

度的减小而增大，这样做有助于扩大粒子的搜索范围保持种群的多样性；在智能后期($t \geqslant t_{\max}/2$)时，ω 随着种群聚集度的减小而减小，这样做有助于加强算法的局部搜索能力。种群聚集度 s 定义如下：

$$s = \frac{1}{NL} \sum_{i=1}^{N} \sqrt{\sum_{j=1}^{n} (x_{ij} - \overline{x_j})^2} \tag{12-3}$$

其中，N 为种群规模；n 为变量个数；x_{ij} 为第 i 个粒子的第 j 维取值；L 为搜索空间中两个粒子之间的最大距离。由式(12-3)知，$0 < s < 1$。

在以上工作的基础上，本节提出了一种动态改变的惯性权重。

$$\omega = \begin{cases} 0.2 + \text{vel} \cdot \omega_h - s \cdot \omega_s & t < t_{\max}/2 \\ 0.2 - \text{vel} \cdot \omega_h + s \cdot \omega_s & t \geqslant t_{\max}/2 \end{cases} \tag{12-4}$$

12.1.2 动态改变权重的粒子群(DPSO)算法流程

动态改变权重的粒子群算法(DPSO)流程如下。

Step 1：选择适当的参数，给定种群规模 N，在定义范围内随机初始粒子的速度与位置，产生初始种群 pop(t)，$t=0$。

Step 2：将粒子的 **Pbest**(t)设置为当前位置。

Step 3：将目标函数值最小的粒子所在位置作为 **Gbest**(t)。

Step 4：按照式(12-2)、式(12-3)和式(12-4)分别计算 vel、s 和 ω。

Step 5：对于种群中的每一个粒子，按照式(2-7)和式(2-5)更新粒子的速度与位置得到新种群 $\overline{\text{pop}(t+1)}$。

Step 6：对 $\overline{\text{pop}(t+1)}$ 中的所有粒子以概率 p_{m} 进行高斯变异得到新种群 pop($t+1$)。

Step 7：使得 pop($t+1$)中所有粒子的位置都在定义范围内，令 $t=t+1$。

Step 8：计算粒子的适应度，更新粒子的全局极值和个体极值。

Step 9：判断算法的停止准则是否满足，若满足转向 Step 10；否则转向 Step 4。

Step 10：输出 **Gbest**，算法结束。

12.1.3 数值实验

1. 测试函数

为了验证算法(DPSO)的有效性，本节我们选了文献[2]中的 3 个标准无约束全局优化测试函数。

例 **12.1**：

$$f_1(\boldsymbol{X}) = \sum_{i=1}^{n} x_i^2$$

其中，$n=20$，$-100 \leqslant x_i \leqslant 100$($i=1,2,\cdots,n$)，该函数的全局极小值为 0。

例 **12.2**：

$$f_2(\boldsymbol{X}) = \sum_{i=1}^{n} \left(\sum_{j=1}^{i} x_j \right)^2$$

其中，$n=20$，$-100 \leqslant x_i \leqslant 100$($i=1,2,\cdots,n$)，该函数的全局极小值为 0。

例 12.3：

$$f_3(\boldsymbol{X})=\sum_{i=1}^{n}|x_i|+\prod_{i=1}^{n}|x_i|$$

其中，$n=20$，$-10\leqslant x_i\leqslant 10(i=1,2,\cdots,n)$，该函数的全局极小值为 0。

2. 模拟结果

对这 3 个测试函数，用本节算法 DPSO 进行了计算，并和文献[2]中的 LDW 进行了比较。结果见下表。在运行 DPSO 和 LDW 时参数取下值：种群规模为 600；智能代数为 2000；$c_1=c_2=2$；$\omega_h=0.2$；$\omega_s=0.02$；变异概率 $p_m=0.7$。

对每个函数独立运行 30 次，记录 30 次所得函数的最优值、平均值和最差值。

表 12.1 算法 DPSO 与 LDW 对测试函数 $f_1\sim f_3$ 的数值结果比较

函数	算法	最优值	平均值	最差值
f_1	DPSO	1.14×10^{-4}	1.8972×10^{-4}	2.325×10^{-4}
	LDW	1.897×10^{-4}	2.1725×10^{-4}	2.753×10^{-4}
f_2	DPSO	9.237×10^{-4}	1.298×10^{-3}	1.756×10^{-3}
	LDW	9.759×10^{-4}	1.373×10^{-3}	1.774×10^{-3}
f_3	DPSO	9.872×10^{-4}	1.271×10^{-3}	1.716×10^{-3}
	LDW	1.328×10^{-3}	1.724×10^{-3}	1.927×10^{-3}

由表 12.1 可以看出：对所有测试函数，在函数评估次数相同的情况下，本节算法所得的最优值、平均值和最差值均要优于 LDW，而且所得结果与已知最优值的误差不是很大。因此，本节算法能较精确地找到全局最优值。

12.2 基于平滑函数和一维搜索的粒子群优化算法

本节提出了一种简化的粒子群优化算法，该算法使得粒子的飞行无记忆性，结合平滑函数和一维搜索重新生成停止智能粒子的位置，增强了在最优点附近的局部搜索能力。仿真结果表明，本节算法是有效的。

12.2.1 简化的粒子群优化算法

在标准粒子群算法的智能方程中，ω 使粒子具有扩展搜索空间的能力，但是 ω 的取值一般为经验法，不具有通用性，为了减少 ω 对算法的影响，令 $\omega=0$。此时，智能方程如下：

$$v_{ij}(t+1)=c_1r_{1j}(t)(\text{Pbest}_{ij}(t)-x_{ij}(t))+c_2r_{2j}(t)(\text{Gbest}_j(t)-x_{ij}(t)) \tag{12-5}$$

$$x_{ij}(t+1)=x_{ij}(t)+v_{ij}(t+1) \tag{12-6}$$

当 ω 为零时，粒子速度本身无记忆性，这样粒子将收缩到当前全局最好位置。同时，当 $\boldsymbol{X}_g(t)=\mathbf{Pbest}_g(t)=\mathbf{Gbest}_g(t)$ 时，第 g 个粒子停止智能。为了改善当前全局最好位置，即提高停止智能的第 g 个粒子的质量，本节采用基于平滑函数的一维搜索技巧重新生成停止智能粒子的位置。

文献[8]提出了一种能保证以概率 1 收敛于全局最优解的随机粒子群算法，并对其全局收敛性进行了理论分析，给出了两种停止智能粒子的重新生成方法。本章结合了平滑函数和一维搜索：若在第 t 代某粒子停止智能，则对第 t 代的所有粒子进行基于平滑函数的一维搜索，所得目标函数值最小的粒子为该停止智能粒子的新位置。本节考虑的问题为全局最小化问题。

12.2.2 重新生成停止智能的粒子位置

1. 平滑函数

平滑函数的构造如下：

$$F(\boldsymbol{X},\mathbf{Gbest})=f(\mathbf{Gbest})+\frac{1}{2}\{1-\operatorname{sign}[f(\boldsymbol{X})-f(\mathbf{Gbest})]\}\cdot[f(\boldsymbol{X})-f(\mathbf{Gbest})] \tag{12-7}$$

式中：$f(\boldsymbol{X})$为原问题的目标函数；**Gbest** 为目前找到的全局最好值，此函数有如下的性质。

性质 1：若算法找到某个点 $\boldsymbol{X}\in S$，S 为搜索空间，使得 $f(\boldsymbol{X})<f(\mathbf{Gbest})$，则 $f(\boldsymbol{X},\mathbf{Gbest})=f(\boldsymbol{X})$。

性质 2：若算法一旦找到某个点 $\boldsymbol{X}\in S$，使得 $f(\boldsymbol{X})\geqslant f(\mathbf{Gbest})$，则 $F(\boldsymbol{X},\mathbf{Gbest})=f(\mathbf{Gbest})$。

2. 一维搜索算子

一维搜索算子是从某个点出发，沿某个方向寻找函数最优点的方法，若在点 $\boldsymbol{X}$ 处沿适当的方向进行一维搜索，可得出比 $\boldsymbol{X}$ 更好的点。若在第 t 代，某粒子停止智能，则对第 t 代的所有粒子进行一维搜索，设 $\boldsymbol{X}$ 为被选择的一点，可按如下 4 种情形进行一维搜索。

首先计算 $F(\boldsymbol{X},\mathbf{Gbest})$在 $\boldsymbol{X}$ 处的梯度近似值 $\Delta\boldsymbol{y}$ 如下：$\Delta\boldsymbol{y}=(\Delta F_1,\Delta F_2,\cdots,\Delta F_n)^{\mathrm{T}}$，其中 $\Delta F_i=\dfrac{f(\boldsymbol{X}+\delta\boldsymbol{e}_i)-f(\boldsymbol{X})}{\delta}$，$\boldsymbol{e}_i$ 为第 i 个分量，为 1，其余为 0 的 n 维单位向量且 $\delta>0$ 充分小，$i=1,2,\cdots,n$。

情形 1：若 $|\Delta\boldsymbol{y}|>\varepsilon$（$\varepsilon$ 为正小数）且 $F(\boldsymbol{X},\mathbf{Gbest})<f(\mathbf{Gbest})$或 $f(\boldsymbol{X})=f(\mathbf{Gbest})$，则在 $\boldsymbol{X}$ 处，$\boldsymbol{d}=-\Delta\boldsymbol{y}$ 为 $F(\boldsymbol{X},\mathbf{Gbest})$的一个下降方向，对 $\boldsymbol{X}$ 沿 $\boldsymbol{d}$ 做一维搜索，即确定 α^* 使 $\min\limits_{\alpha\in\mathbf{R}}F(\boldsymbol{X}+\alpha\boldsymbol{d},\mathbf{Gbest})=F(\boldsymbol{X}+\alpha^*\boldsymbol{d},\mathbf{Gbest})$，令 $\boldsymbol{z}=\boldsymbol{X}+\alpha^*\boldsymbol{d}$ 为一维搜索后的点。由数学分析可证 $\boldsymbol{z}$ 优于 $\boldsymbol{X}$。

情形 2：若 $|\Delta\boldsymbol{y}|>\varepsilon$（$\varepsilon$ 为正小数）且 $F(\boldsymbol{X},\mathbf{Gbest})\geqslant f(\mathbf{Gbest})$而 $f(\boldsymbol{X})>f(\mathbf{Gbest})$，则在 $\boldsymbol{X}$ 处，$\boldsymbol{d}=-\Delta\boldsymbol{y}$ 为 $F(\boldsymbol{X},\mathbf{Gbest})$的一个下降方向，对 $\boldsymbol{X}$ 沿 $\boldsymbol{d}$ 做一维搜索，即确定 α^* 使 $\min\limits_{\alpha\in\mathbf{R}}F(\boldsymbol{X}+\alpha\boldsymbol{d},\mathbf{Gbest})=F(\boldsymbol{X}+\alpha^*\boldsymbol{d},\mathbf{Gbest})$，令 $\boldsymbol{z}=\boldsymbol{X}+\alpha^*\boldsymbol{d}$ 为一维搜索后的点。对这种情况，一维搜索的步长在开始时可以大一点，便于加快搜索速度。

情形 3：若 $|\Delta\boldsymbol{y}|<\varepsilon$（$\varepsilon$ 为正小数）且 $F(\boldsymbol{X},\mathbf{Gbest})\geqslant f(\mathbf{Gbest})$，随机产生若干搜索方向 $d_1,d_2,\cdots,d_n$ 及若干随机数 $\delta_1,\delta_2,\cdots,\delta_n\in(0,1)$，若对某个 d_j 和 δ_i 有 $F(\boldsymbol{X}+\delta_i\boldsymbol{d}_j,\mathbf{Gbest})<f(\boldsymbol{X},\mathbf{Gbest})$，则在 S 上对 $\boldsymbol{X}$ 沿 d_j 做一维搜索，即确定 α^* 使 $\min\limits_{\alpha\in\mathbf{R}}F(\boldsymbol{X}+\alpha\boldsymbol{d}_j,\mathbf{Gbest})=F(\boldsymbol{X}+\alpha^*\boldsymbol{d}_j,\mathbf{Gbest})$令 $\boldsymbol{z}=\boldsymbol{X}+\alpha^*\boldsymbol{d}_j$ 为一维搜索后的点。由数学分析可证 $\boldsymbol{z}$ 优于 $\boldsymbol{X}$。否则，在 $\boldsymbol{X}$ 附近很难进一步减小函数值，令 $\boldsymbol{z}=\boldsymbol{X}$。

情形 4：若 $|\Delta \boldsymbol{y}|<\varepsilon$（$\varepsilon$ 为正小数）且 $F(\boldsymbol{X},\mathbf{Gbest})<f(\mathbf{Gbest})$，令 $\boldsymbol{z}=\boldsymbol{X}$。

在一维搜索后所得新点中，寻找目标函数值最小的点，将此点作为停止智能粒子的新位置。

12.2.3　算法流程（NPSO）

算法流程（NPSO）如下。

Step 1：选择适当的参数，给定种群规模 N，在定义范围内随机初始粒子的速度与位置，产生初始种群 $\mathrm{pop}(t)$，$t=0$。

Step 2：将粒子的 **Pbest**(t) 设置为当前位置。

Step 3：将目标函数值最小的粒子所在位置作为 **Gbest**。

Step 4：对于种群中的每一个粒子，按照式(12-5)和式(12-6)更新粒子的速度与位置得到种群 $\overline{\mathrm{pop}(t+1)}$。

Step 5：对于停止智能的粒子按照本章所述方法重新生成停止智能粒子的位置。

Step 6：对 $\overline{\mathrm{pop}(t+1)}$ 中的所有粒子已概率 p_{m} 进行高斯变异得到新种群 $\mathrm{pop}(t+1)$。

Step 7：使得 $\mathrm{pop}(t+1)$ 中所有粒子的位置都在定义范围内，令 $t=t+1$。

Step 8：计算粒子的适应度，更新粒子的全局极值和个体极值。

Step 9：判断算法的停止准则是否满足，若满足转向 Step 10；否则转向 Step 4。

Step 10：输出 **Gbest**，算法结束。

12.2.4　数值实验

本节采用同 12.1.3 节相同的测试函数，并用本节算法 NPSO 进行了计算，并和文献[2]中的 LDW 及 12.1 节提出的 DPSO 算法进行了比较。结果见下表。参数取值如下：种群规模为 600；智能代数为 2000；$c_1=c_2=2$；变异概率 $p_{\mathrm{m}}=0.7$。对每个函数独立运行 30 次，记录 30 次所得函数的最优值、平均值和最差值。

由表 12.2 可以看出：对于例 12.1，本节算法 NPSO 所得的最优值要优于 LDW 所得的最优值；对于例 12.3，NPSO 求得的平均值和最差值均要优于 LDW 所得相应结果而且在最差值方面要优于 DPSO。综上：本章所提出的两种算法在性能上都要优于 LDW，而且对于某些例子 DPSO 要优于 NPSO。

表 12.2　算法 NPSO、DPSO 与 LDW 对测试函数 $f_1 \sim f_3$ 的数值结果比较

函　数	算　法	最　优　值	平　均　值	最　差　值
f_1	NPSO	1.378×10^{-4}	3.180×10^{-4}	4.802×10^{-4}
	DPSO	1.14×10^{-4}	1.8972×10^{-4}	2.325×10^{-4}
	LDW	1.897×10^{-4}	2.1725×10^{-4}	2.753×10^{-4}
f_2	NPSO	1.660×10^{-3}	1.857×10^{-3}	2.253×10^{-3}
	DPSO	9.237×10^{-4}	1.298×10^{-3}	1.756×10^{-3}
	LDW	9.759×10^{-4}	1.373×10^{-3}	1.774×10^{-3}
f_3	NPSO	1.507×10^{-3}	1.536×10^{-3}	1.547×10^{-3}
	DPSO	9.872×10^{-4}	1.271×10^{-3}	1.716×10^{-3}
	LDW	1.328×10^{-3}	1.724×10^{-3}	1.927×10^{-3}

参考文献

[1] 袁亚湘，孙文瑜. 最优化理论与方法[M]. 北京：科学出版社，2005.

[2] 王宇平. 进化计算的理论和方法[M]. 北京：科学出版社，2011.

[3] 陈开周. 最优化计算方法[M]. 西安：西安电子科技大学出版社，1988.

[4] 蔡自兴，徐光佑. 人工智能及其应用[M]. 2版. 北京：清华大学出版社，1996.

[5] 玄光南，程润伟. 遗传算法与工程设计[M]. 北京：科学出版社，2000.

[6] 盛骤，谢式千，潘承毅. 概率论与数理统计[M]. 2版. 北京：高等教育出版社，2002.

[7] 马振华. 现代应用数学手册：运筹学与最优化理论卷[M]. 北京：清华大学出版社，2001.

[8] 方开泰，王元. 数论方法在统计中的应用[M]. 北京：科学出版社，1996.